建设工程读图识图与工程量清单计价系列

装饰装修工程读图识图与造价

本书编委会 编写

ZHUANGSHI ZHUANGXIU GONGCHENG
DUTU SHITU YU ZAOJIA

U0364028

知识产权出版社
全国百佳图书出版单位

内容提要

本书主要依据《建设工程工程量清单计价规范》GB 50500—2013、《房屋建筑与装饰工程工程量计算规范》GB 50854—2013、《建筑制图标准》GB/T 50104—2010、《总图制图标准》GB/T 50103—2010、《房屋建筑制图统一标准》GB/T 50001—2010 等现行标准规范编写，内容包括装饰装修工程识图、装饰装修工程费用构成与计算、装饰装修工程定额、工程量清单计价理论知识、装饰装修工程定额工程量计算、装饰装修工程清单计价工程量计算、装饰装修工程施工图预算的编制与审查以及装饰装修工程竣工结算与竣工决算。

本书可作为装饰装修工程造价人员、招投标编制人员及从事预算的业务人员的工具用书，也可用作高等学校装饰装修工程造价、工程管理等专业领域基层人员的培训用书。

责任编辑：陆彩云　徐家春　　　　　　　　责任出版：卢运霞

图书在版编目（CIP）数据

装饰装修工程读图识图与造价/《装饰装修工程读图识图与造价》编委会编写. ——北京：知识产权出版社，2013.9

（建设工程读图识图与工程量清单计价系列）

ISBN 978-7-5130-2336-8

Ⅰ. ①装… Ⅱ. ①装… Ⅲ. ①建筑装饰—建筑制图—识别②建筑装饰—工程造价 Ⅳ. ①TU767②TU723.3

中国版本图书馆 CIP 数据核字（2013）第 233683 号

建设工程读图识图与工程量清单计价系列

装饰装修工程读图识图与造价

本书编委会　编写

出版发行：知识产权出版社

社　　址：北京市海淀区马甸南村 1 号	邮　　编：100088
网　　址：http：//www.ipph.cn	邮　　箱：lcy@cnipr.com
发行电话：010—82000893	传　　真：010—82000860 转 8353
责编电话：010—82000860 转 8573	责编邮箱：xujiachun625@163.com
印　　刷：北京雁林吉兆印刷有限公司	经　　销：新华书店及相关销售网点
开　　本：720mm×960mm　1/16	印　　张：19.5
版　　次：2014 年 1 月第 1 版	印　　次：2014 年 1 月第 1 次印刷
字　　数：355 千字	定　　价：49.00 元

ISBN 978-7-5130-2336-8

《装饰装修工程读图识图与造价》
编写人员

主　编　佟立国
参　编　（按姓氏笔画排序）
　　　　于　涛　马文颖　王永杰　刘艳君
　　　　何　影　张建新　李春娜　邵亚凤
　　　　姜　媛　赵　慧　陶红梅　曹美云
　　　　曾昭宏　韩　旭　雷　杰

前　言

　　建筑装饰业是集文化、艺术和技术于一体的综合性行业，它是基本建设中的重要组成部分。建筑装饰所涉及的主要是建筑工程中可接触到或可见到的部位。随着建筑市场进一步对外开放，装饰装修行业也得到了快速发展，人们对装饰装修工程质量的要求也越来越高。因此，装饰装修工程的造价管理问题开始逐步得到重视。

　　目前，国家已颁布实施《建筑制图标准》GB/T 50104—2010、《总图制图标准》GB/T 50103—2010、《房屋建筑制图统一标准》GB/T 50001—2010、《建设工程工程量清单计价规范》GB 50500—2013、《房屋建筑与装饰工程工程量计算规范》GB 50854—2013 等最新制图标准与清单计价规范，如何更好地将新规范运用到实际工作中，已成为从事工程造价相关人员迫切需要解决的问题。基于上述原因，我们编写了本书，旨在帮助广大工程造价人员解决实际应用问题。

　　本书共分为八章，内容包括装饰装修工程识图、装饰装修工程费用构成与计算、装饰装修工程定额、工程量清单计价理论知识、装饰装修工程定额工程量计算、装饰装修工程清单计价工程量计算、装饰装修工程施工图预算的编制与审查以及装饰装修工程竣工结算与竣工决算。

　　本书内容由浅入深，从理论到实例，方便查阅，可操作性强。可作为装饰装修工程造价人员、招投标编制人员及从事预算的业务人员的工具用书，也可用作高等学校装饰装修工程造价、工程管理等专业领域基层人员的培训用书。

　　由于编者水平有限，书中错误及不当之处在所难免，敬请广大读者和同行给予批评指正。

编　者
2014 年 1 月

目　录

1 装饰装修工程识图

1.1 装饰装修工程施工图概述

1.1.1 装饰装修工程构造项目

建筑装饰施工图是用于表达建筑物室内室外装饰形状和施工要求的图样，这就会涉及一些专业知识。要看懂建筑装饰施工图首先需要了解建筑装饰构造上的基本知识。下面简单介绍一般图样构造项目的概念。

1. 室外构造项目

1）檐头即屋顶檐门的立面，常用琉璃、面砖等材料饰面。

2）外墙是室内外中间的界面，常用的饰面有面砖、琉璃、涂料、石渣、石材等材料，也有用玻璃或铝合金幕墙板做成幕墙的，其目的是打造明快、挺拔、具有现代感的建筑物。

3）幕墙指悬挂在建筑结构框架表面上的非承重墙，其自重及作用的风荷载通过连接件传递给建筑结构框架。玻璃幕墙由玻璃与固定它的金属型材骨架组成。铝合金幕墙是由铝合金幕墙板与固定它的金属型材骨架组成。

4）雨篷、外门、门廊、台阶、花台或花池等构成门头，是建筑物的主要出入口部分。

5）门面指的是商业用房，它包括主出入门的有关内容以及招牌和橱窗。

6）室外装饰还包括阳台、窗头（窗洞口的外向面装饰）、遮阳板、栏杆、围墙、大门以及其他建筑装饰小品等项目。

2. 室内构造项目

1）天棚（也称天花板）是室内空间的顶界面。它是室内装饰的重要组成部分，其设计常常要综合考虑审美要求、建筑照明、物理功能、管线敷设、设备安装、检修维护、防火安全等多方面内容。

2）室内空间的底界面是楼地面，通常是指在普通水泥或混凝土地面以及其他地层表面上所做的饰面层。

3）在室内内墙（柱）面是人们视觉接触最多的部位，所以它的装饰也要从艺术性、接触感、防火及管线敷设、使用功能等多方面综合考虑。

4）隔墙指建筑内部在隔声和遮挡视线上有一定要求的封闭型非承重墙，

而不能隔声的室内不封闭式非承重墙称为隔断。隔断的制作都很精致，多做成镂空花格或折叠式。有的固定，有的活动，主要起到划定室内小空间的作用。

5）内墙装饰形式非常丰富。高度在 1.5m 以上墙面装饰形式采用饰面板（砖）饰面称护壁，高度在 1.5m 以下的称为墙裙。壁龛是在墙体上凹进去一块的装饰形式，踢脚是墙面下部起保护墙脚面层作用的装饰构件。

6）室内门窗的形式多样。按材料的不同分成铝合金门窗、塑钢门窗、木门窗、和钢门窗等；按不同开启方式，门可分为平开、推拉、弹簧、转门和折叠等，窗有固定、平开、推拉、转窗等。此外还有厚玻璃装饰门等。

门窗的装饰构件包括贴脸板（遮挡靠里皮安装门、窗产生的缝隙）、窗台板（安装在窗下槛内侧，保护窗台和装饰窗台面的作用）、筒子板（包钉镶贴在门窗洞口两侧墙面及过梁底面用木板、金属、石材等材料）等。筒子板也称为门或窗套。另外窗还有窗帘盒，用来安装窗帘的轨道，并可遮挡窗帘上部，增加装饰效果。

7）室内装饰还包括楼梯踏步和栏杆（板）以及壁橱和服务台、柜（吧）台等。装饰构造项目很多，此处不过多介绍了。

上面叙述的这些装饰构造的共同作用是：一方面保护主体结构在室内外多种环境因素影响下，更具耐久性；另一方面可以满足人们的使用要求和精神需求，从而进一步实现建筑的使用和审美功能。

室内装饰的部分构造图，如图 1-1 所示。

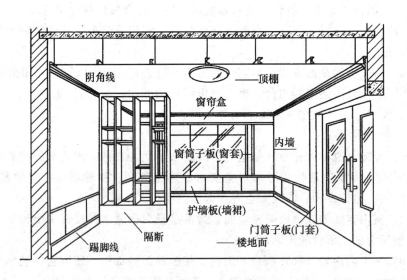

图 1-1 室内装饰构造图

1.1.2 装饰装修工程施工图的概念

建筑设计人员依据国家的建筑方针政策、设计规范、设计标准，查阅有关资料并结合建设项目委托人提出的具体要求，在已经通过批准的初步设计的基础上，应用制图学原理，运用国家统一规定的符号、线型、数字、文字表示拟建建筑物或构筑物及建筑设备各部位之间的空间联系及其实际形状尺寸的图样，并且应用于拟建项目的施工建造及预算编制的整套图样，称为建筑工程施工图。建筑工程施工图通常需求的份数较多，因此必须复制。因为复制出来的图样一般是蓝色，所以通常又把建筑工程施工图称作蓝图。

用于建筑装饰装修施工的蓝图称为建筑装饰装修工程施工图。建筑装饰装修工程施工图与建筑工程施工图是不可以分开的，除局部部位需另外绘制，大部分都是在建筑施工图的基础上加以标注或说明。

1.1.3 装饰装修工程施工图的作用

装饰装修工程施工图是建设单位（业主）委托施工单位展开施工的依据，它也是工程造价师（员）计算工程数量、工程预算编制、工程造价核算、衡量工程投资效益的依据。

1.1.4 装饰装修工程施工图的特点

虽说建筑装饰施工图和建筑施工图在绘制原理和图示标识形式方面有很多方面基本一致，但由于专业分工和图示内容是不同的，存在差异也是必然的。其差异反映在图示方法上主要有以下几个方面。

1）由于建筑装饰工程涉及面广，除了与建筑，与水、暖、电等设备及与家具、陈设、绿化及各种室内配套产品有关外，还与钢、铁、铝、铜、木等不同材质的结构处理有关。所以，建筑装饰施工图里常出现建筑制图、家具制图、园林制图及机械制图等多种画法并存的现象。

2）建筑装饰施工图表达的内容很多，它除了标明建筑的基本结构外，还要表明装饰的形式、结构与构造。为了翔实起见，符合施工要求，装饰施工图一般都是将建筑图的一部分放大后进行图示，所用比例较大，因此有建筑局部放大图之说。

3）建筑装饰施工图图例部分没有统一标准，更多的是在流行中相互沿用，各个地方不免大同小异，有的还不具有普遍意义，需加文字说明。

4）标准定型化设计少，可采用的标准图不多，导致基本图中大部分局部图及装饰配件需要画详图来标明其构造。

5）建筑装饰施工图因为所用比例较大，大多又是建筑物某一装饰部位或某一装饰空间的局部图示，笔力较为集中，有些细部描绘比建筑施工图更细腻。例如将大理石板画上石材肌理，镜面或玻璃画上反光，把抛光线加在金属装饰制品画上等。图像更真实、生动，并具有一定的装饰感，使人容易看懂，构成了装饰施工图自身形式上的特点。

1.2 装修施工图的基本要素

1.2.1 图线

1）图线的宽度 b 受到图样的复杂程度和比例的影响，选用时要遵循现行国家标准《房屋建筑制图统一标准》GB/T 50001—2010 中有关图线的规定。

2）应根据图样的功能进行总图制图，根据表 1-1 规定的线型选用。

表 1-1　图线

名称		线型	线宽	用途
实线	粗		b	1）新建建筑物±0.000 廓线 2）新建铁路、管线
	中		0.7b 0.5b	1）新建构筑物、道路、桥涵、边坡、围墙、运输设施的可见轮廓线 2）原有标准轨距铁路
	细		0.25b	1）新建建筑物±0.000 高度以上的可见建筑物、构筑物轮廓线 2）原有建筑物、构筑物、原有窄轨、铁路、道路、桥涵、围墙的可见轮廓线 3）新建人行道、排水沟、坐标线、尺寸线、等高线
虚线	粗		b	新建建筑物、构筑物地下轮廓线
	中		0.5b	计划预留扩建的建筑物、构筑物、铁路、道路、运输设施、管线、建筑红线及预留用地各线
	细		0.25b	原有建筑物、构筑物、管线的地下轮廓线
单点长画线	粗		b	露天矿开采界限
	中		0.5b	土方填挖区的零点线
	细		0.25b	分水线、中心线、对称线、定位轴线
双点长画线	粗		b	用地红线
	中		0.7b	地下开采区塌落界限
	细		0.5b	建筑红线
折断线			0.5b	断线
不规则曲线			0.5b	新建人工水体轮廓线

注：根据各类图样所表示的不同重点确定使用不同粗细线型。

1.2.2 比例

1）总图制图选取的比例应当符合表 1-2 的规定。

表 1-2 比例

图名	比例
现状图	1∶500、1∶1000、1∶2000
地理交通位置图	1∶25000～1∶200000
总体规划、总体布置、区域位置图	1∶2000、1∶5000、1∶10000、1∶25000、1∶50000
总平面图、竖向布置图、管线综合图、土方图、铁路、道路平面图	1∶300、1∶500、1∶1000、1∶2000
场地园林景观总平面图、场地园林景观竖向布置图、种植总平面图	1∶300、1∶500、1∶1000
铁路、道路纵断面图	垂直 1∶100、1∶200、1∶500 水平 1∶1000、1∶2000、1∶5000
铁路、道路横断面图	1∶20、1∶50、1∶100、1∶200
场地断面图	1∶100、1∶200、1∶500、1∶1000
详图	1∶1、1∶2、1∶5、1∶10、1∶20、1∶50、1∶100、1∶200

2）一个图样应当选择一种比例，若是铁路、道路、土方等的纵断面图，可以在水平方向和垂直方向上选择不同的比例。

1.2.3 计量单位

1）总图中坐标、标高、距离的单位是"m"。坐标用小数点标注三位，不足时用"0"补齐；标高、距离用小数点后两位数来标注，不足时用"0"补齐。详图可以用"mm"作单位。

2）建筑物、构筑物、铁路、道路的方位角（或是方向角）以及铁路、道路转向角的度数，应当标注写到"s"，如有特殊情况，另加说明。

3）铁路纵坡度用千分计，道路纵坡度、场地平整坡度、排水沟沟底纵坡度则用百分计，取小数点后一位，不足时用"0"补齐。

1.2.4 坐标标注

1）总图要按照上北下南的方向来绘制。视场地的形状或布局可向左或向右偏转，但不应超过 45°。指北针或风玫瑰图应该在总图中绘出，如图 1-2 所示。

2）坐标网格绘制采用细实线。测量坐标网要绘成交叉十字线，坐标的代号用"X、Y"来表示；建筑坐标网要绘成网格通线，如果自设坐标代号则用"A、B"表示，如图 1-2 所示。坐标值如果为负数，要注"—"号；为正数，可以省略"＋"号。

3）如果总平面图上存在测量和建筑两种坐标系统，此时两种坐标系统的

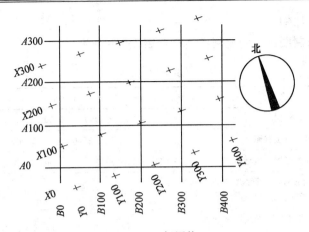

图 1-2　坐标网格

注：图中 X 为南北方向轴线，X 的增量在 X 轴线上；Y 为东
西方向轴线，Y 的增量在 Y 轴线上。A 轴相当于测量坐标网中的
X 轴，B 轴相当于测量坐标网中的 Y 轴

换算公式要在附注中注明。

4）根据设计不同阶段的要求来标注表示建筑物、构筑物位置的坐标，如果建筑物和构筑物与坐标轴线平行，可以标注其对角坐标。当其与坐标轴线成一定角度或当建筑平面复杂时，应当标注三个以上的坐标，并在图纸上标注。视工程具体情况，建筑物、构筑物也可以采用相对尺寸来定位。

5）一张图上的主要建筑物和构筑物采用坐标定位时，视工程具体情况也可以采用相对尺寸来定位。

6）建筑物、构筑物、铁路、道路、管线等要标注以下部位的坐标或定位尺寸。

① 建筑物、构筑物的外墙轴线交点。

② 圆形建筑物、构筑物的中心。

③ 皮带走廊的中线或交点。

④ 铁路道岔的理论中心，铁路、道路的中线或转折点。

⑤ 管线（包括管沟、管架或管桥）的中线交叉点和转折点。

⑥ 挡土墙墙顶外侧边缘和转折点（结构面）。

1.2.5　标高注法

1）建筑物总平面要用±0.000 标高接近地面处的平面标注。字符要与建筑长边书写平行。

2）总图中标注的标高应是绝对标高。若要标注相对标高，则应注明相对标高与绝对标高的换算关系。

3）建筑物、构筑物、铁路、道路、水池等要按以下规定标注有关部位的标高。

① 建筑物标注室内±0.000 处的绝对标高在一栋建筑物内宜标注一个±0.000标高，当有不同地坪标高以相对±0.000 的数值标注。

② 建筑物室外散水，标注建筑物四周转角或两对角的散水坡脚处标高。

③ 构筑物标注其有代表性的标高，并用文字注明标高所指的位置。

④ 铁路标注轨顶标高。

⑤ 道路标注路面中心线交点及变坡点标高。

⑥ 挡土墙标注墙顶和墙趾标高，路堤、边坡标注坡顶和坡脚标高，排水沟标注沟顶和沟底标高。

⑦ 场地平整标注其控制位置标高，铺砌场地标注其铺砌面标高。

4）标高符号应按现行国家标准《房屋建筑制图统一标准》GB/T 50001—2010 的有关规定进行标注。

1.2.6 名称和编号

1）总图上的建筑物、构筑物应注写名称，名称宜直接标注在图上。当图样比例小或图面无足够位置时，也可编号列表标注在图内。当图形过小时，可标注在图形外侧附近处。

2）总图上的铁路线路、铁路道岔、铁路及道路曲线转折点等，应进行编号。

3）铁路线路编号应符合下列规定：

① 车站站线宜由站房向外顺序编号，正线宜用罗马字表示，站线宜用阿拉伯数字表示。

② 厂内铁路按图面布置有次序地排列，用阿拉伯数字编号。

③ 露天采矿场铁路按开采顺序编号，干线用罗马字表示，支线用阿拉伯数字表示。

4）铁路道岔编号应符合下列规定：

① 道岔用阿拉伯数字编号。

② 车站道岔宜由站外向站内顺序编号，一端为奇数，另一端为偶数。当编里程时，里程来向端宜为奇数，里程去向端宜为偶数。不编里程时，左端宜为奇数，右端宜为偶数。

5）道路编号应符合下列规定：

① 厂矿道路宜用阿拉伯数字，外加圆圈顺序编号。

② 引道宜用上述数字后加—1、—2编号。

6）厂矿铁路、道路的曲线转折点，应用代号 JD 后加阿拉伯数字顺序编号。

7）一个工程中，整套总图图纸所注写的场地、建筑物、构筑物、铁路、道路等的名称应统一，各设计阶段的上述名称和编号应一致。

1.3 装饰装修工程常用图例

1.3.1 总平面图图例

总平面图图例应符合表 1-3 的规定。

表 1-3 总平面图图例

序号	名 称	图 例	备 注
1	新建筑物	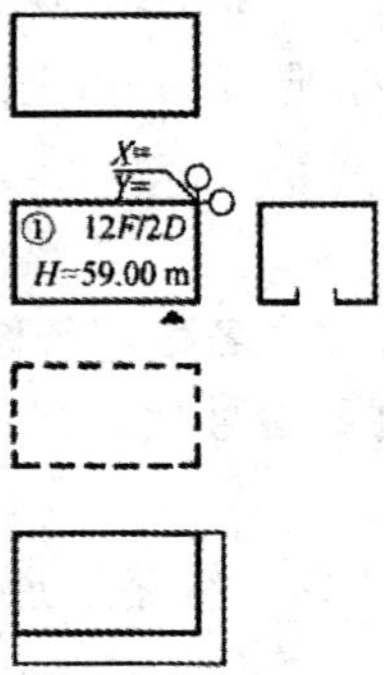 X= Y= ① 12F/2D H=59.00 m	新建建筑物以粗实线表示与室外地坪相接处±0.000外墙定位轮廓线 建筑物一般以±0.000高度处的外墙定位轴线交叉点坐标定位，轴线用细实线表示，并标明轴线号 根据不同设计阶段标注建筑编号，地上、地下层数，建筑高度，建筑出入口位置（两种表示方法均可，但同一图纸采用一种表示方法） 地下建筑物以粗虚线表示其轮廓 建筑上部（±0.000以上）外挑建筑用细实线表示 建筑物上部轮廓用细虚线表示并标注位置
2	原有建筑物		用细实线表示
3	计划扩建的预留地或建筑物		用中粗虚线表示
4	拆除的建筑物		用细实线表示
5	建筑物下面的通道	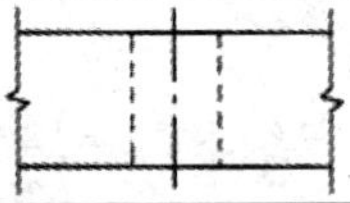	—
6	散状材料露天堆场	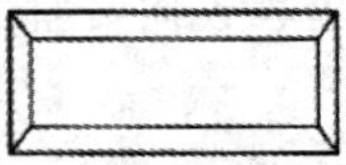	需要时可注明材料名称
7	其他材料露天堆场或露天作业场	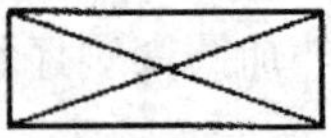	需要时可注明材料名称
8	铺砌场地	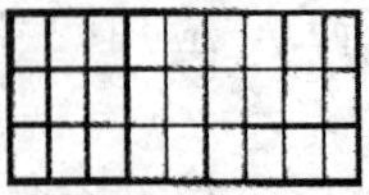	—

续表

序号	名 称	图 例	备 注
9	敞棚或敞廊	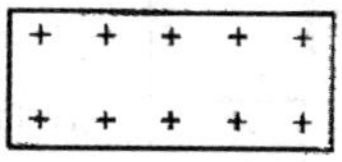	—
10	高架式料仓	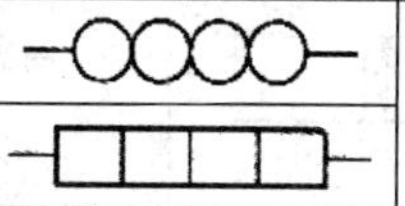	—
11	漏斗式贮仓		左、右图为底卸式 中图为侧卸式
12	冷却塔（池）	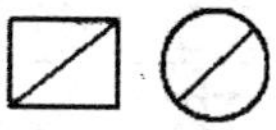	应注明冷却塔或冷却池
13	水塔、贮罐	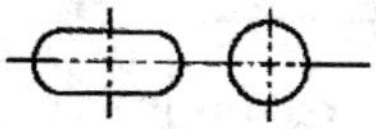	左图为卧式贮罐 右图为水塔或立式贮罐
14	水池、坑槽		也可以不涂黑
15	明溜矿槽（井）		—
16	斜井或平硐		—
17	烟囱		实线为烟囱下部直径，虚线为基础，必要时可注写烟囱高度和上、下口直径
18	围墙及大门		—
19	挡土墙	 5.00 1.50	挡土墙根据不同设计阶段的需要标注 墙顶标高 墙底标高
20	挡土墙上设围墙		
21	台阶及无障碍坡道	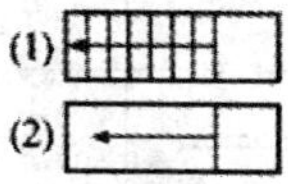 (1) (2)	(1) 表示台阶（级数仅为示意） (2) 表示无障碍坡道
22	露天桥式起重机	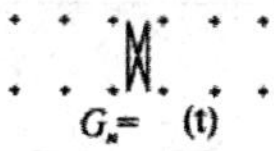 $G_n=$ (t)	起重机起重量 G，以 t 计算 "+"为柱子位置
23	露天电动葫芦	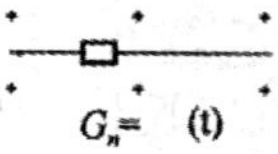 $G_n=$ (t)	起重机起重量 G，以 t 计算 "+"为支架位置

续表

序号	名　称	图　例	备　注
24	门式起重机	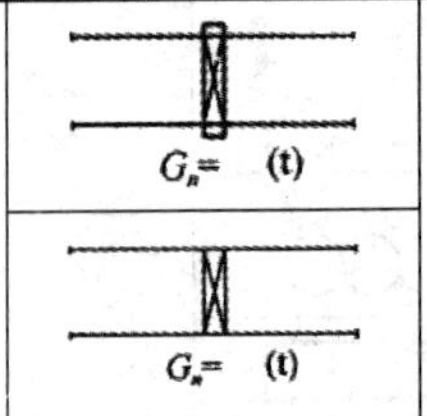 $G_n=$ (t)　　$G_n=$ (t)	起重机起重量 G，以 t 计算 上图表示有外伸臂 下图表示无外伸臂
25	架空索道		"I"为支架位置
26	斜坡卷扬机道		—
27	斜坡栈桥（皮带廊等）	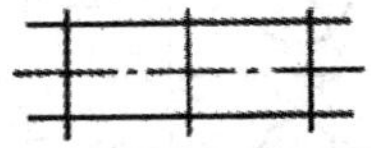	细实线表示支架中心线位置
28	坐标	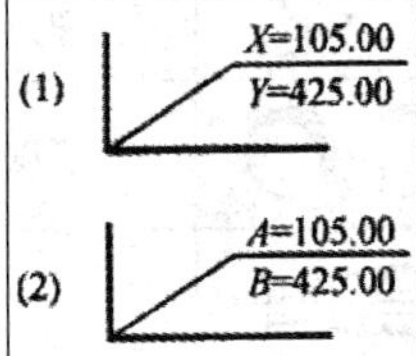 (1) $X=105.00$ $Y=425.00$ (2) $A=105.00$ $B=425.00$	(1) 表示地形测量坐标系 (2) 表示自设坐标系 坐标数字平行于建筑标注
29	方格网交叉点标高	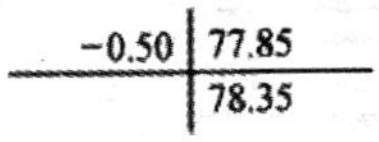 -0.50 | 77.85 | 78.35	"78.35"为原地面标高 "77.85"为设计标高 "−0.50"为施工高度 "−"表示挖方（"+"表示填方）
30	填方区、挖方区、未整平区及零线	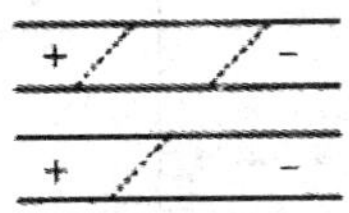 + — +	"+"表示填方区 "−"表示挖方区 中间为未整平区 点画线为零点线
31	填挖边坡	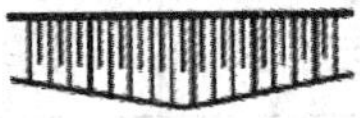	—
32	分水脊线与谷线		上图表示脊线 下图表示谷线
33	洪水淹没线	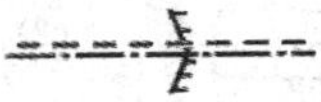	洪水最高水位以文字标注
34	地表排水方向		
35	截水沟	 40.00	"1"表示1%的沟底纵向坡度，"40.00"表示变坡点间距离，箭头表示水流方向

续表

序号	名 称	图 例	备 注
36	排水明沟	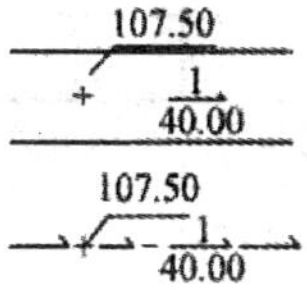 107.50 1 40.00 107.50 1 40.00	上图用于比例较大的图面 下图用于比例较小的图面 "1"表示1‰的沟底纵向坡度，"40.00"表示变坡点间距离，箭头表示水流方向 "107.50"表示沟底变坡点标高（变坡点以"+"表示）
37	有盖板的排水沟	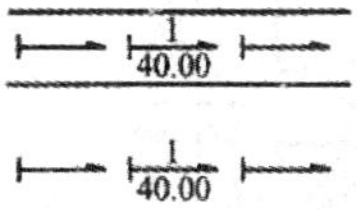 1 40.00 1 40.00	—
38	雨水口	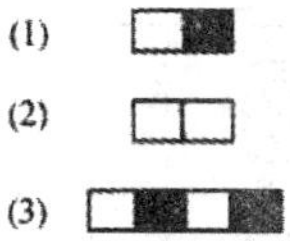 (1) (2) (3)	(1) 雨水口 (2) 原有雨水口 (3) 双落式雨水口
39	消火栓井		—
40	急流槽		箭头表示水流方向
41	跌水	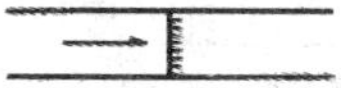	
42	拦水（坝）		—
43	透水路堤		边坡较长时，可在一端或两端局部表示
44	过水路面		—
45	室内地坪标高	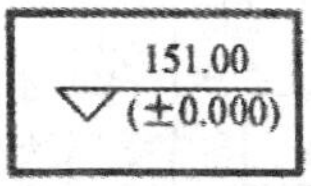 151.00 （±0.000）	数字平行于建筑物书写
46	室外地坪标高	 143.00	室外标高也可采用等高线
47	盲道		—
48	地下车库入口	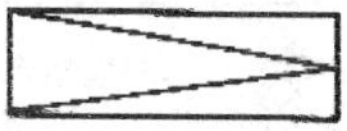	机动车停车场
49	地面露天停车场		
50	露天机械停车场		露天机械停车场

1.3.2 常用装饰装修材料图例

常用装饰装修材料图例见表 1-4。

表 1-4 常用装饰装修材料图例

序号	名 称	图 例	备 注
1	自然土壤		包括各种自然土壤
2	夯实土壤		—
3	砂、灰土		—
4	砂砾石、碎砖三合土		—
5	石材		—
6	毛石		—
7	普通砖		包括实心砖、多孔砖、砌块等砌体。断面较窄不易绘出图例线时，可涂红，并在图纸备注中加注说明，画出该材料图例
8	耐火砖		包括耐酸砖等砌体
9	空心砖		指非承重砖砌体
10	饰面砖		包括铺地砖、马赛克、陶瓷锦砖、人造大理石等
11	焦渣、矿渣		包括与水泥、石灰等混合而成的材料
12	混凝土		1) 本图例指能承重的混凝土及钢筋混凝土 2) 包括各种强度等级、骨料、添加剂的混凝土 3) 在剖面图上画出钢筋时，不画图例线 4) 断面图形小，不易画出图例线时，可涂黑
13	钢筋混凝土		
14	多孔材料		包括水泥珍珠岩、沥青珍珠岩、泡沫混凝土、非承重加气混凝土、软木、蛭石制品等
15	纤维材料		包括矿棉、岩棉、玻璃棉、麻丝、木丝板、纤维板等
16	泡沫塑料材料		包括聚苯乙烯、聚乙烯、聚氨酯等多孔聚合物类材料

续表

序号	名　称	图　例	备　注
17	木材		1) 上图为横断面，左图为垫木、木砖或木龙骨 2) 下图为纵断面
18	胶合板		应注明为×层胶合板
19	石膏板	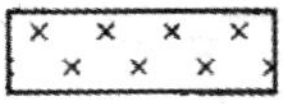	包括圆孔、方孔石膏板、防水石膏板、硅钙板、防火板等
20	金属	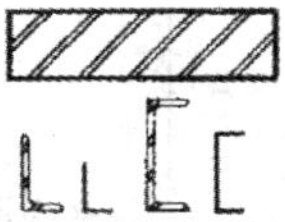	1) 包括各种金属 2) 图形小时，可涂黑
21	网状材料		1) 包括金属、塑料网状材料 2) 应注明具体材料名称
22	液体		应注明液体名称
23	玻璃		包括平板玻璃、磨砂玻璃、夹丝玻璃、钢化玻璃、中空玻璃、夹层玻璃、镀膜玻璃等
24	橡胶		—
25	塑料		包括各种软、硬塑料及有机玻璃等
26	防水材料		构造层次多或比例大时，采用上图图例
27	粉刷		本图例采用较稀的点

注：1、2、5、7、8、13、14、16、17、18图例中的斜线、短斜线、交叉斜线等均为45°。

1.3.3　常用建筑装修构造及配件图例

常用建筑装修构造及配件图例见表1-5。

表1-5　常用建筑装修构造及配件图例

序号	名　称	图　例	备　注
1	墙体		1) 上图为外墙，下图为内墙 2) 外墙细线表示有保温层或有幕墙 3) 应加注文字或涂色或图案填充表示各种材料的墙体 4) 在各层平面图中防火墙宜着重以特殊图案填充表示

13

序号	名称	图例	备注
2	隔断		1) 加注文字或涂色或图案填充表示各种材料的轻质隔断 2) 适用于到顶与不到顶隔断
3	玻璃幕墙		幕墙龙骨是否表示由项目设计决定
4	栏杆		—
5	楼梯	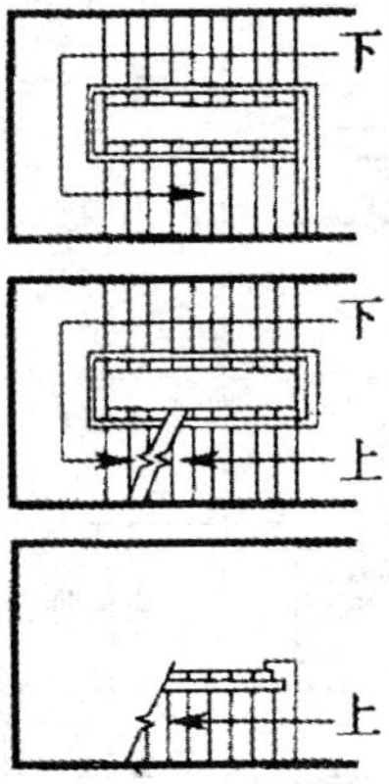	1) 上图为顶层楼梯平面，中图为中间层楼梯平面，下图为底层楼梯平面 2) 需设置靠墙扶手或中间扶手时，应在图中表示
6	坡道	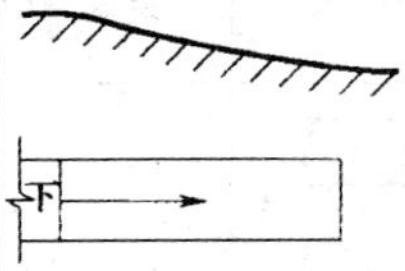	长坡道
		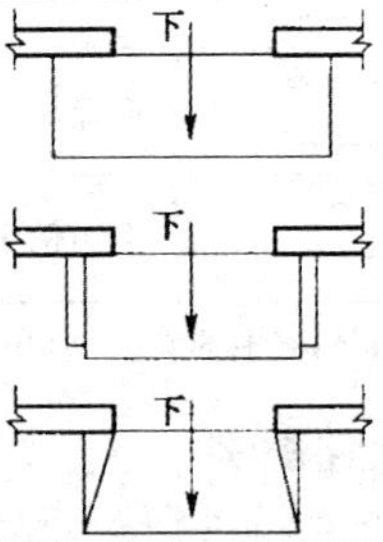	上图为两侧垂直的门口坡道，中图为有挡墙的门口坡道，下图为两侧找坡的门口坡道
7	台阶	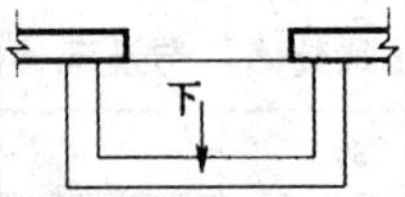	—
8	平面高差	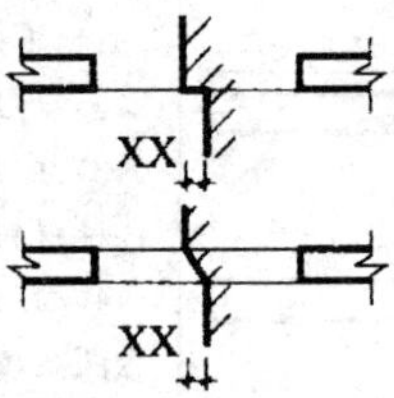 XX XX	用于高差小的地面或楼面交接处，并应与门的开启方向协调

序号	名 称	图 例	备 注
9	检查口		左图为可见检查口，右图为不可见检查口
10	孔洞		阴影部分亦可填充灰度或涂色代替
11	坑槽		—
12	墙预留洞、槽	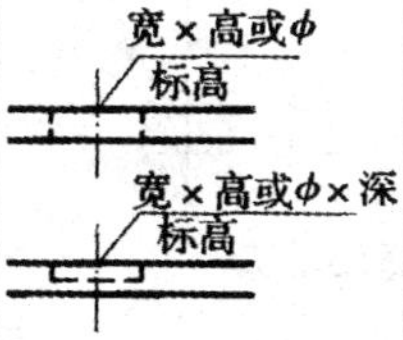	1）上图为预留洞，下图为预留槽 2）平面以洞（槽）中心定位 3）标高以洞（槽）底或中心定位 4）宜以涂色区别墙体和预留洞（槽）
13	地沟	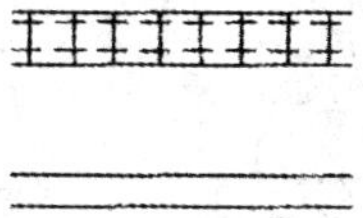	上图为有盖板地沟，下图为无盖板明沟
14	烟道	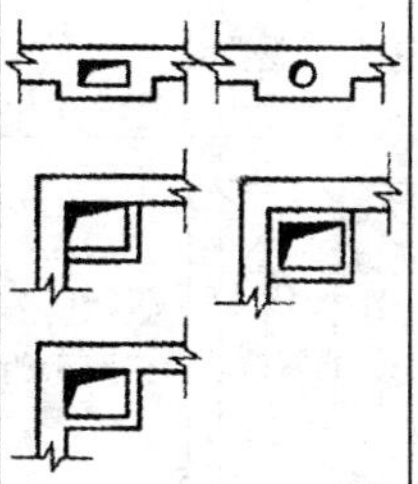	1）阴影部分亦可填充灰度或涂色代替 2）烟道、风道与墙体为相同材料，其相接处墙身线应连通 3）烟道、风道根据需要增加不同材料的内衬
15	风道	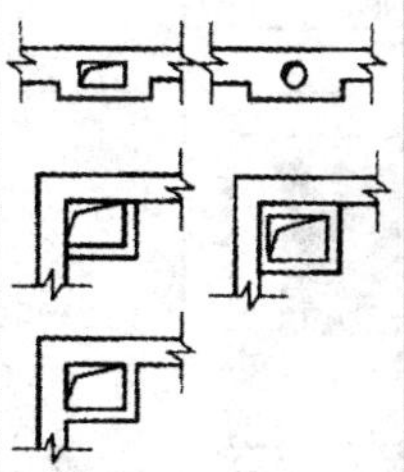	
16	新建的墙和窗	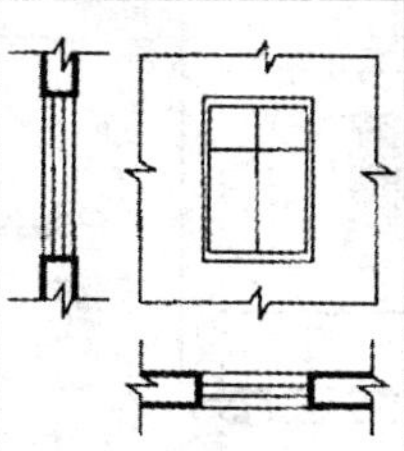	—

15

序号	名　称	图　例	备　注
17	改建时保留的墙和窗	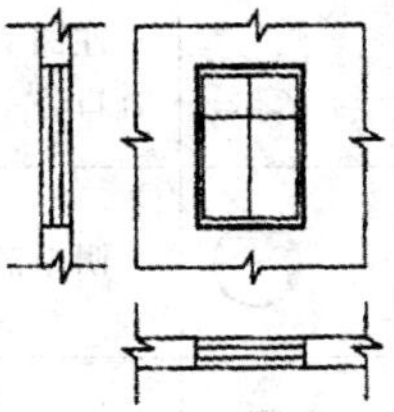	只更换窗，应加粗窗的轮廓线
18	拆除的墙	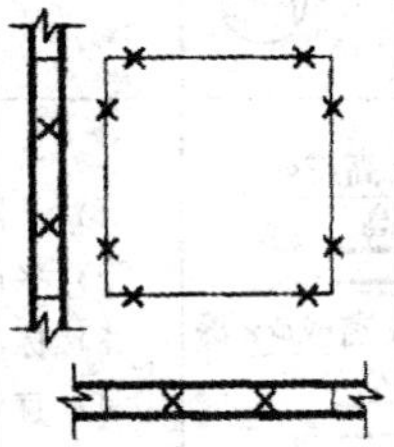	—
19	改建时在原有墙或楼板新开的洞	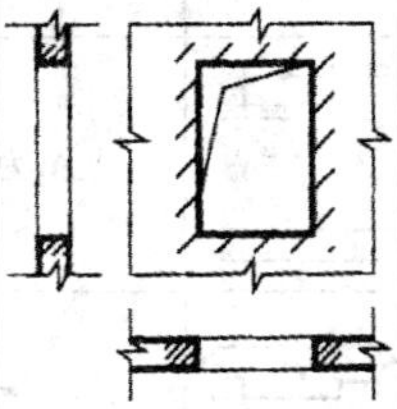	—
20	在原有墙或楼板洞旁扩大的洞	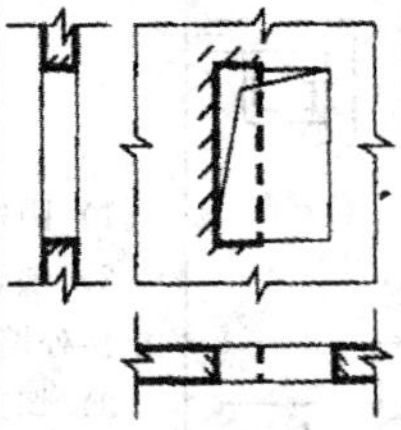	图示为洞口向左边扩大
21	在原有墙或楼板上全部填塞的洞	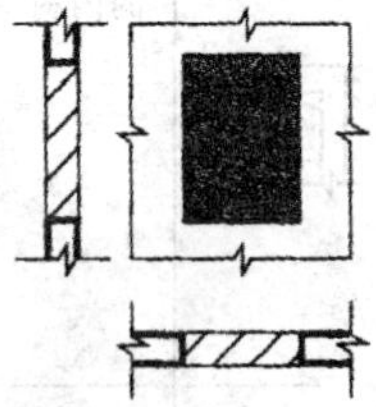	图中立面填充灰度或涂色
22	在原有墙或楼板上局部填塞的洞	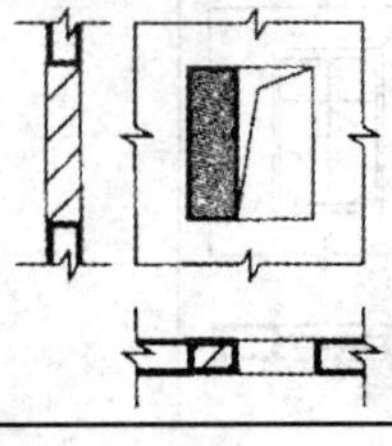	左侧为局部填塞的洞，图中立面填充灰度或涂色

续表

序号	名　称	图　例	备　注
23	空门洞	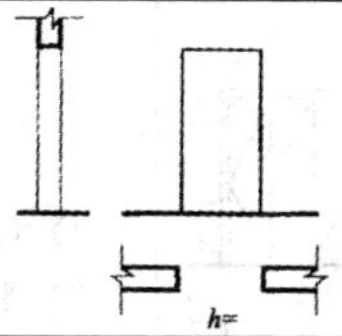	h 为门洞高度
24	单面开启单扇门（包括平开或单面弹簧） 双面开启单扇门（包括双面平开或双面弹簧） 双层单扇平开门	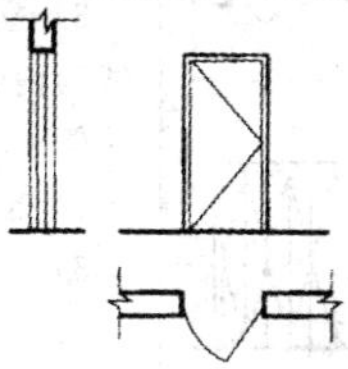	1) 门的名称代号用 M 表示 2) 平面图中，下为外，上为内 3) 立面图中，开启线实线为外开，虚线为内开，开启线交角的一侧为安装合页一侧。开启线在建筑立面图中可不表示，在立面大样图中可根据需要绘出 4) 剖面图中，左为外，右为内 5) 附加纱扇应以文字说明，在平、立、剖面图中均不表示 6) 立面形式应按实际情况绘制
25	单面开启双扇门（包括平开或单面弹簧） 双面开启双扇门（包括双面平开或双面弹簧） 双层双扇平开门	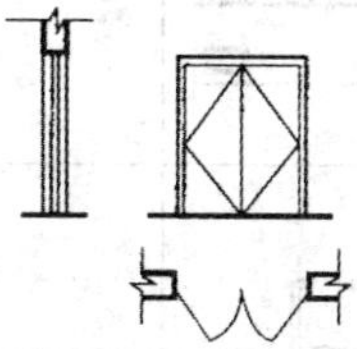	1) 门的名称代号用 M 表示 2) 平面图中，下为外，上为内门开启线为90°、60°或45°，开启弧线宜绘出 3) 立面图中，开启线实线为外开，虚线为内开，开启线交角的一侧为安装合页一侧。开启线在建筑立面图中可不表示，在立面大样图中可根据需要绘出 4) 剖面图中，左为外，右为内 5) 附加纱扇应以文字说明，在平、立、剖面图中均不表示 6) 立面形式应按实际情况绘制

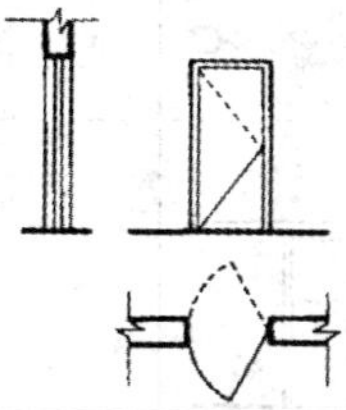

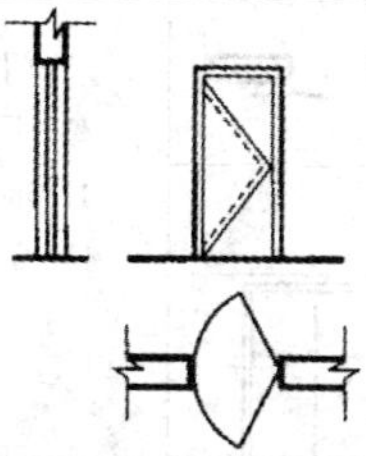

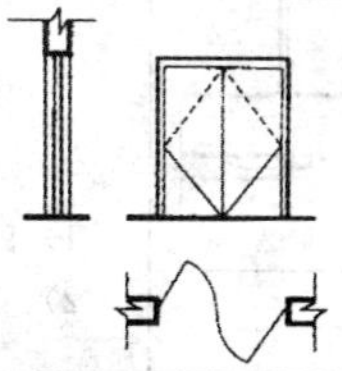

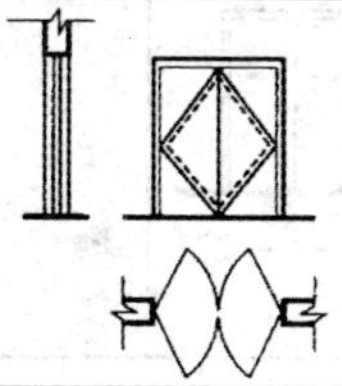

序号	名　称	图　例	备　注
26	折叠门	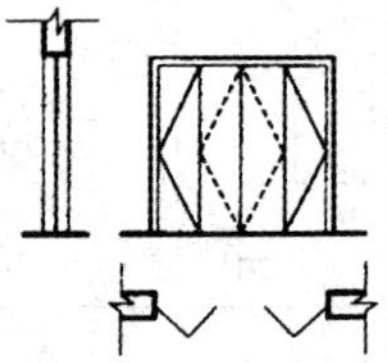	1）门的名称代号用 M 表示 2）平面图中，下为外，上为内 3）立面图中，开启线实线为外开，虚线为内开，开启线交角的一侧为安装合页一侧 4）剖面图中，左为外，右为内 5）立面形式应按实际情况绘制
	推拉折叠门	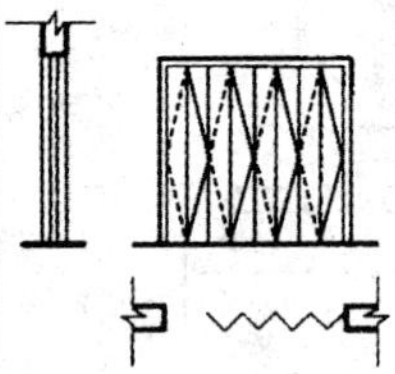	
27	墙洞外单扇推拉门	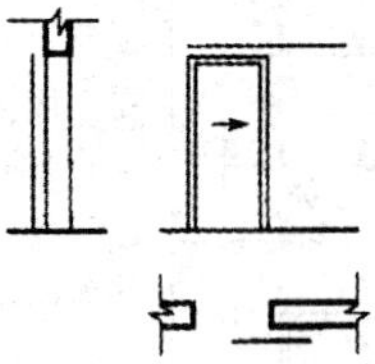	1）门的名称代号用 M 表示 2）平面图中，下为外，上为内 3）剖面图中，左为外，右为内 4）立面形式应按实际情况绘制
	墙洞外双扇推拉门	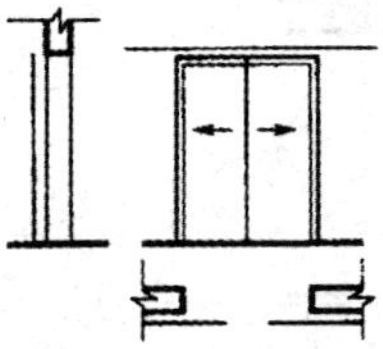	
	墙中单扇推拉门	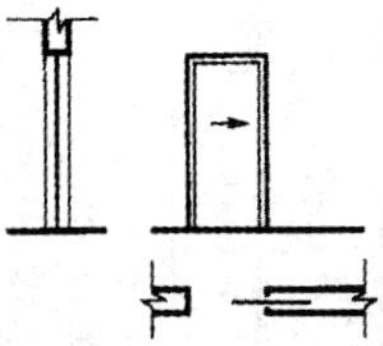	1）门的名称代号用 M 表示 2）立面形式应按实际情况绘制
	墙中双扇推拉门	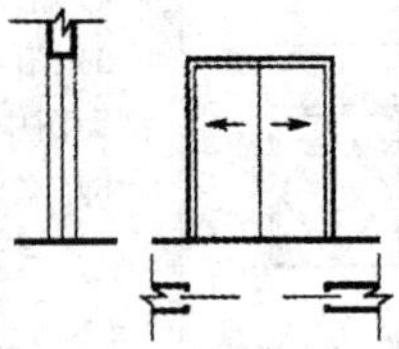	

序号	名 称	图 例	备 注
28	推杠门	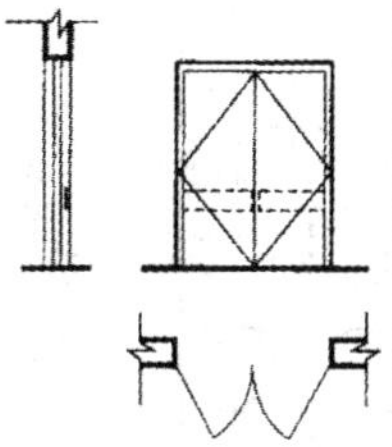	1）门的名称代号用 M 表示 2）平面图中，下为外，上为内，门开启线为 90°、60°或 45° 3）立面图中，开启线实线为外开，虚线为内开，开启线交角的一侧为安装合页一侧。开启线在建筑立面图中可不表示，在立面大样图中可根据需要绘出 4）剖面图中，左为外，右为内 5）立面形式应按实际情况绘制
29	门连窗	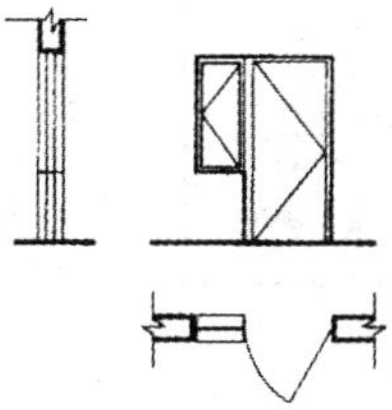	
30	旋转门	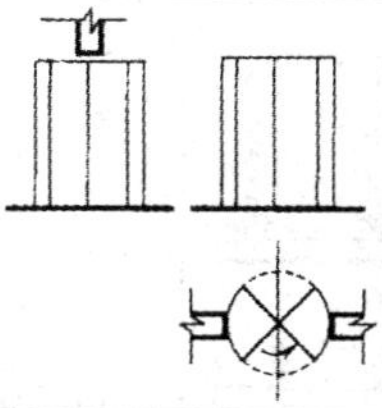	
	两翼智能旋转门	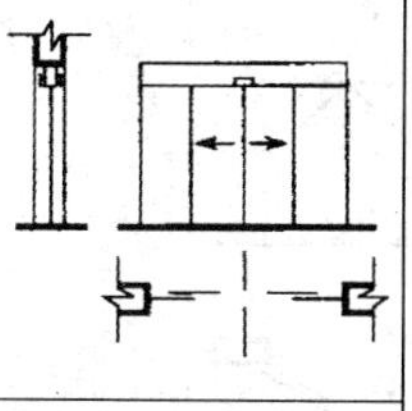	1）门的名称代号用 M 表示 2）立面形式应按实际情况绘制
31	自动门	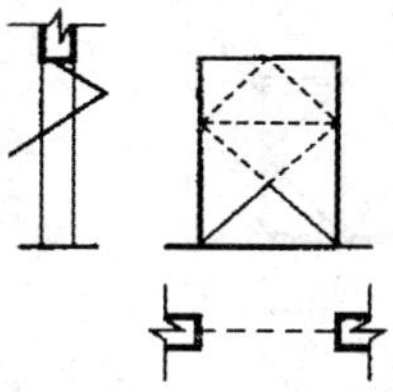	
32	折叠上翻门	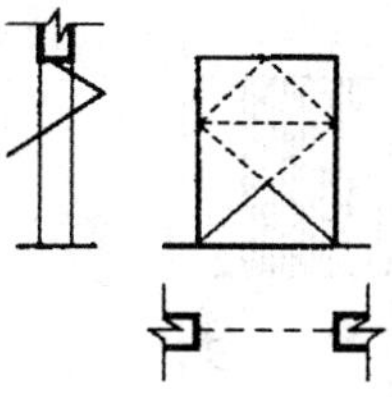	1）门的名称代号用 M 表示 2）平面图中，下为外，上为内 3）剖面图中，左为外，右为内 4）立面形式应按实际情况绘制

序号	名　称	图　例	备　注
33	提升门	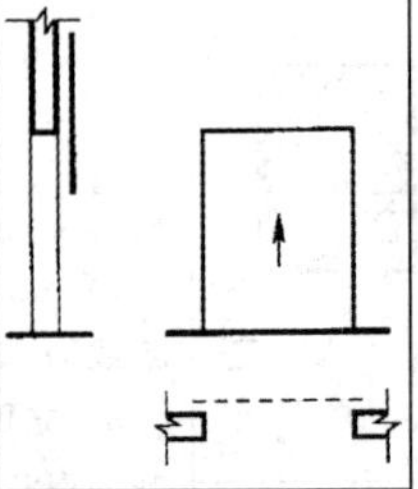	1) 门的名称代号用 M 表示 2) 立面形式应按实际情况绘制
34	分节提升门	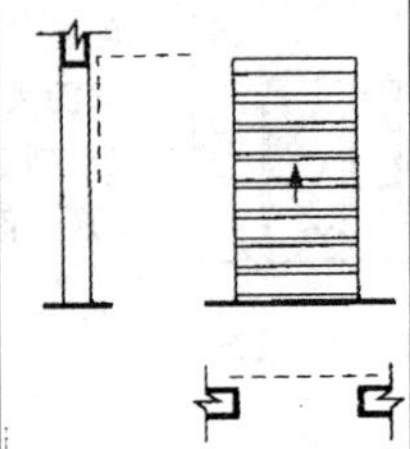	
35	人防单扇防护密闭门	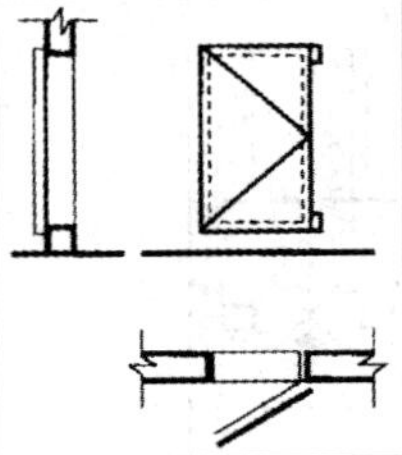	1) 门的名称代号按人防要求表示 2) 立面形式应按实际情况绘制
	人防单扇密闭门	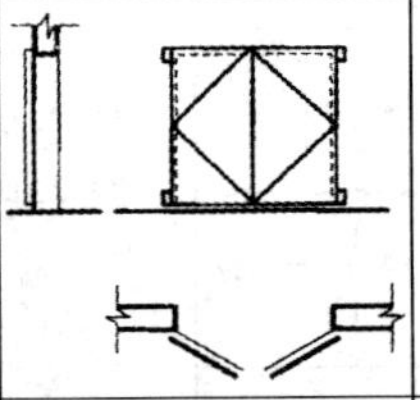	
36	人防双扇防护密闭门	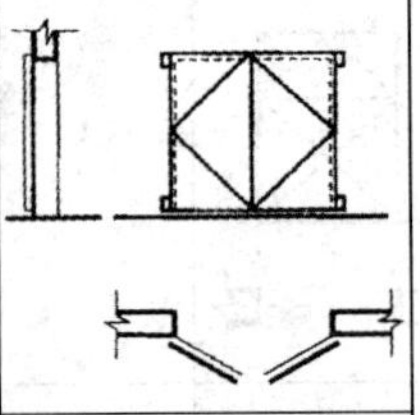	1) 门的名称代号按人防要求表示 2) 立面形式应按实际情况绘制
	人防双扇密闭门	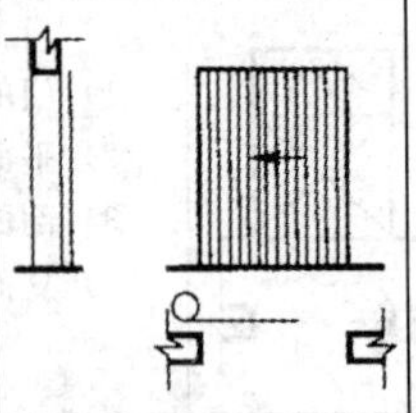	

序号	名　称	图　例	备　注
37	横向卷帘门	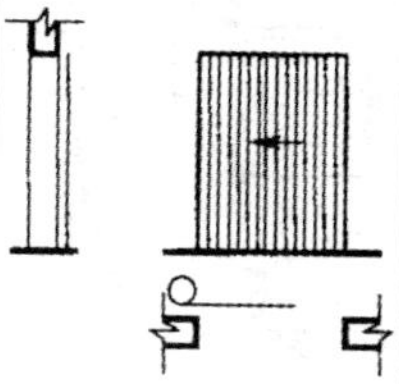	—
	竖向卷帘门	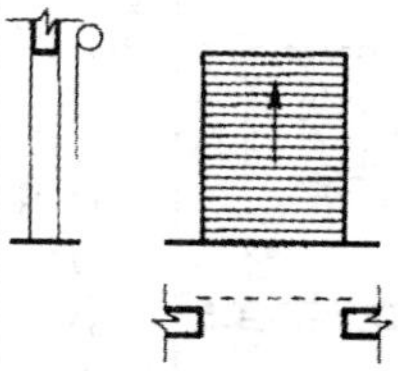	
	单侧双层卷帘门	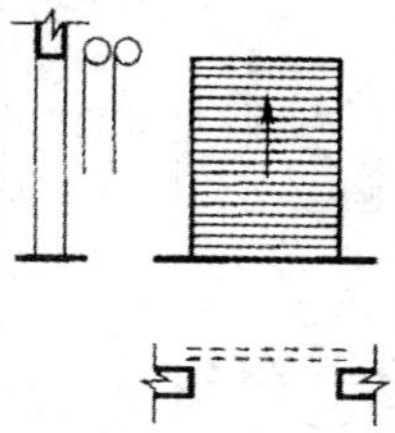	
	双侧单层卷帘门	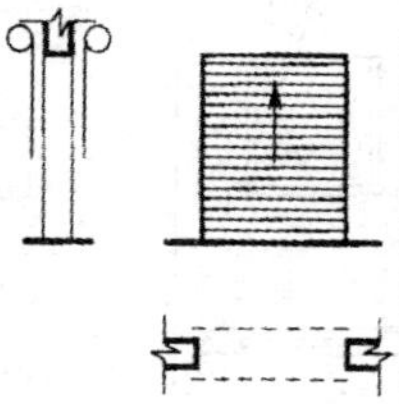	

序号	名　称	图　例	备　注
38	固定窗		
39	上悬窗	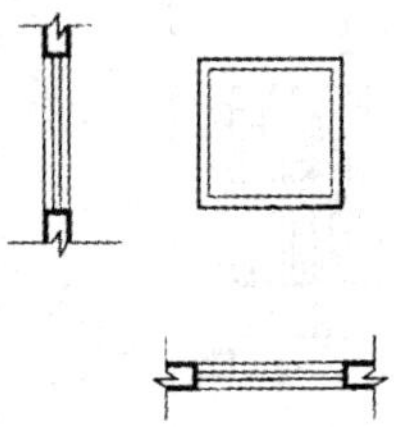	1）窗的名称代号用 C 表示 2）平面图中，下为外，上为内 3）立面图中，开启线实线为外开，虚线为内开，开启线交角的一侧为安装合页一侧。开启线在建筑立面图中可不表示，在立面大样图中可根据需要绘出 4）剖面图中，左为外，右为内。虚线仅表示开启方向，项目设计不表示 5）附加纱窗应以文字说明，在平、立、剖面图中均不表示 6）立面形式应按实际情况绘制
39	中悬窗		
40	下悬窗		

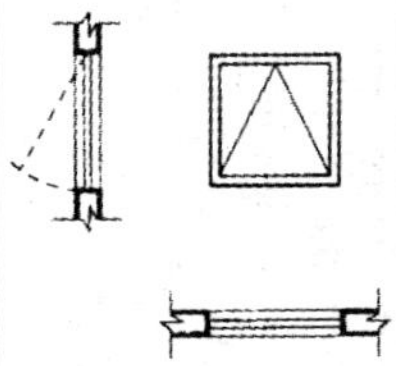

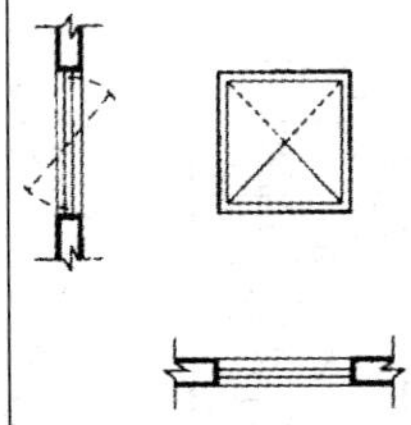

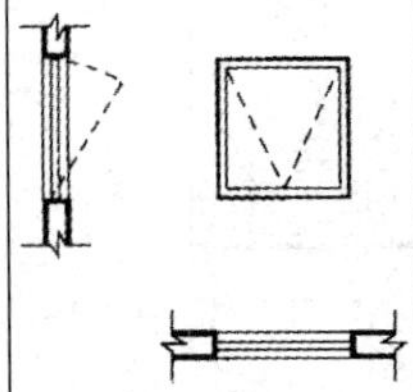

序号	名　称	图　例	备　注
41	立转窗		
42	内开平开内倾窗		
43	单层外开平开窗	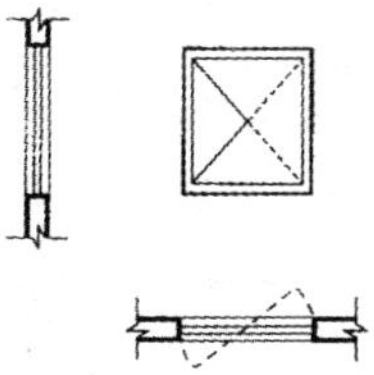	1) 窗的名称代号用 C 表示 2) 平面图中，下为外，上为内 　3) 立面图中，开启线实线为外开，虚线为内开，开启线交角的一侧为安装合页一侧。开启线在建筑立面图中可不表示，在立面大样图中可根据需要绘出 　4) 剖面图中，左为外，右为内。虚线仅表示开启方向，项目设计不表示 　5) 附加纱窗应以文字说明，在平、立、剖面图中均不表示 　6) 立面形式应按实际情况绘制
	单层内开平开窗		
	双层内外开平开窗		

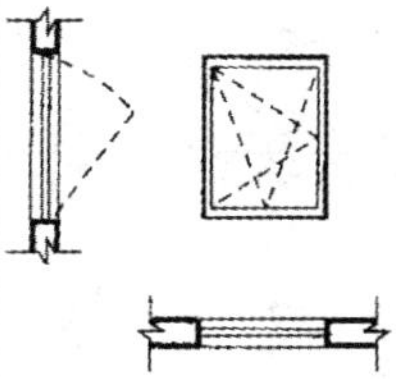

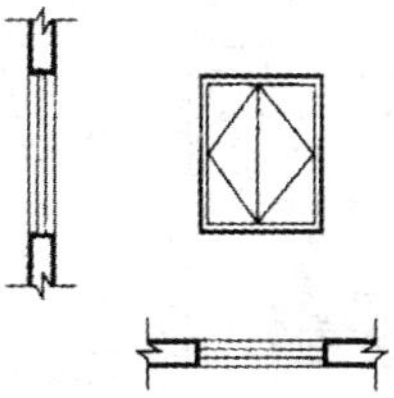

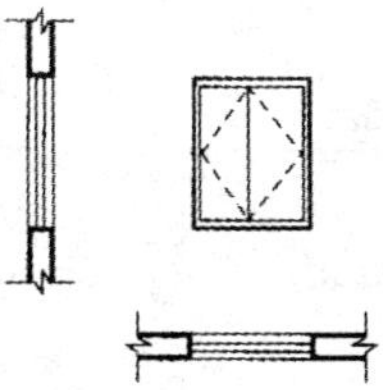

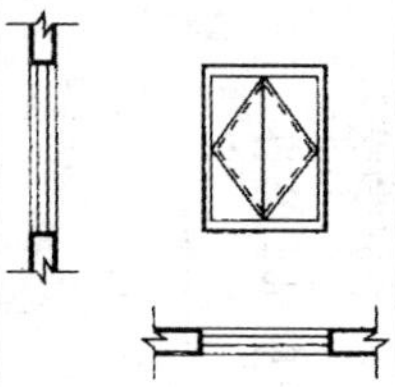

续表

序号	名　称	图　例	备　注
44	单层推拉窗	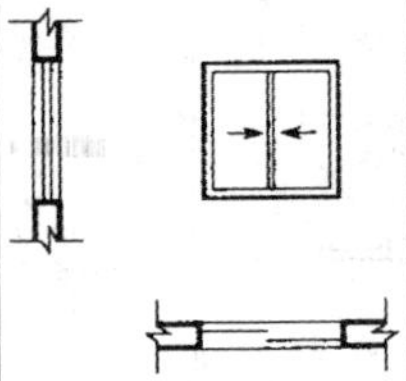	1）窗的名称代号用 C 表示 2）立面形式应按实际情况绘制
	双层推拉窗	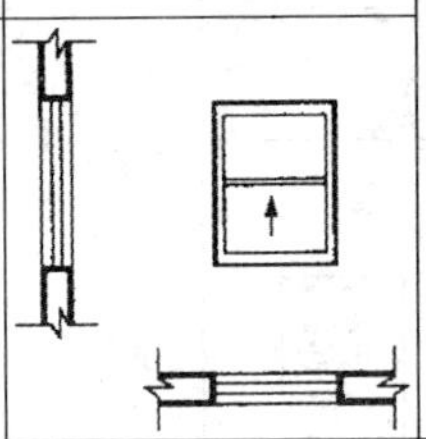	
45	上推窗	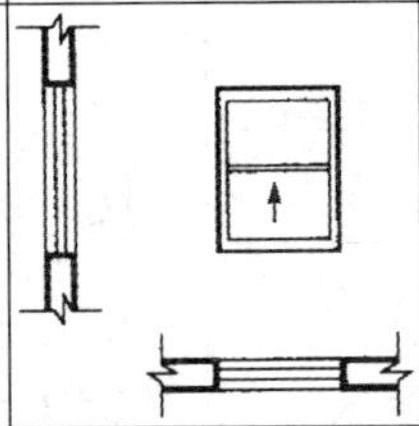	1）窗的名称代号用 C 表示 2）立面形式应按实际情况绘制
46	百叶窗	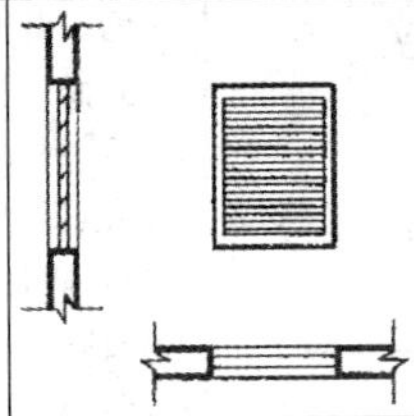	
47	高窗	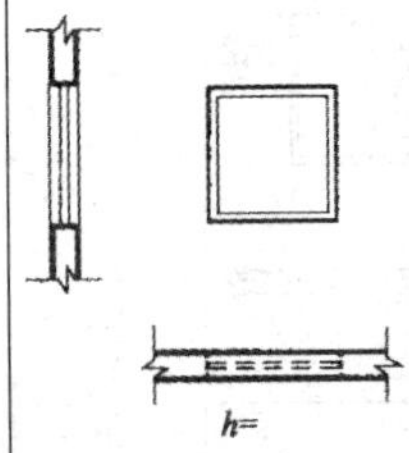 h=	1）窗的名称代号用 C 表示 2）立面图中，开启线实线为外开，虚线为内开，开启线交角的一侧为安装合页一侧。开启线在建筑立面图中可不表示，在立面大样图中可根据需要绘出 3）剖面图中，左为外，右为内 4）立面形式应按实际情况绘制 5）h 表示高窗底距本层地面高度 6）高窗开启方式参考其他窗型
48	平推窗	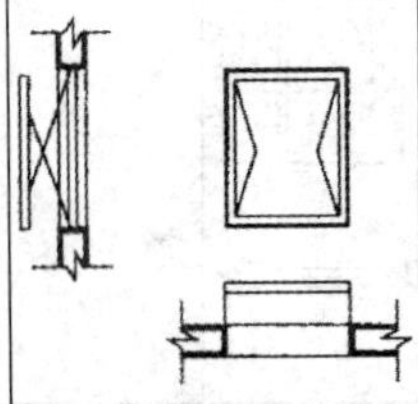	1）窗的名称代号用 C 表示 2）立面形式应按实际情况绘制

1.4 装饰装修工程施工图的识读

1.4.1 装饰装修平面图识读

装修施工图的主要图样就是装饰装修平面图,主要用在空间布局、空间关系、人流动线、家具布置等方面。目的是让客户了解平面构思意图。绘制时要力求清晰地反映各空间与家具等的功能关系,对图中符号、标注的使用不可过于随意,尤其要保证图例美观、恰当。

装饰装修平面图分为平面布置图和天棚平面图。

1. 装饰装修平面图的形成

装修平面布置图是使用一个假设的水平的剖切平面,在窗台上方位置上剖开整个经过内外装修的房屋,移去以上部分向下作出的水平投影图。其作用主要是来表明建筑室内外各种装修布置的平面形状、位置、大小和选择材料,并说明这些布置与布置间的相互关系等。

装修天棚平面图的形成方法有两种:一是假想房屋水平剖开后,把下面部分移去后向上作直接正投影;二是采用镜像投影法,把地面当做镜面,对镜中天棚作正投影。天棚平面图通常采用镜像投影法绘成。天棚平面图的作用主要是用来说明装修天棚的平面形式、尺寸以及材料,还包括灯具和各种其他室内顶部设施的位置和大小等。

建筑装修的施工放样、预算和备料、制作安装以及室内有关设备施工图的绘制都以装修平面布置图和天棚平面图为重要依据。

2. 装饰装修平面图的内容

(1) 平面布置图

1) 说明装修工程空间的平面形状和尺寸。在装饰装修平面图中的平面尺寸建筑物分为三个层次,即工程包含的主体结构或建筑空间的外包尺寸、装修局部及和工程增设装修的对应设计平面尺寸、不同房间或建筑装修分隔空间的设计平面尺寸。如果是较大规模的装修工程平面图,为了明确对照主体结构,以便于审图及识读,还需标出建筑物的轴线编号和其尺寸关系,甚至标出建筑柱位编号。

2) 说明在建筑空间内装修工程项目的平面位置和其与建筑结构间的相互尺寸的关系,并说明装饰装修工程项目具体的平面轮廓和设计尺寸。

3) 说明建筑楼地面的装修材料、装修作法、拼花图案及工艺要求。

4) 说明各种装修设置及固定式家具安装位置,说明它们与建筑结构的相互关系尺寸,还有对其数量、材质和制造(或商品成品)要求。设计者大多在平面图上画出活动式家具、装饰陈设及绿化点缀项,来进一步说明装修平面设计的合理性和适用性,它们与工程施工没有直接关联,但可以给甲方和施工人员提供有益的启示,便于对功能空间的理解和辨识。

5）说明与该平面图密切相关的各种立面图的视图投影关系和视图的位置及标号。

6）说明各剖面图的剖切位置、详图和通用配件等的位置和编号。

7）说明各种房间或装修分隔空间的平面形式、位置和以及使用功能；说明楼梯、走道、防火通道、安全门、防火门及其他流动空间的位置和尺寸。

8）表明门、窗的位置尺寸和开启方向。

9）表明台阶、水池、组景、踏步、雨篷、阳台和绿化等设施以及装饰小品的平面轮廓与位置尺寸。

（2）天棚平面图

天棚装修平面图也称天花平面图，按根据规范定义应该是用镜像投影法绘制出天棚装修平面图，来体现设计者对建筑天棚的装修平面布置和装修构造要求。天棚装修平面图的常用方式，如果是针对较小型的室内天棚平面设计，可以采用通用的简易画法，在迭级造型部位注写了标高尺寸，可以使施工人员根据常规作法恰当地使用龙骨构架及和罩面板就位安装，不用更多地查阅细部详图。

天棚装修平面图一般包括下述几方面的内容。

1）说明天棚装饰装修平面和其造型的布置形式以及各部位的尺寸关系。

2）说明天棚装饰装修所用的材料种类及其规格。

3）说明灯具的种类、布置形式和安装位置。

4）说明空调送风、消防自动报警和喷淋灭火系统和与吊顶有关的音响等设施等的布置形式和安装位置。

5）对于需要另外设剖视图或构造详图顶装修平面图，应说明剖切位置、剖切符号以及剖切面编号。

3. 装饰装修平面布置图的识读

下面以图 1-3 为例，来了解装饰平面布置图的图示内容和识读步骤。

1）先浏览一下平面布置图中内各房间的功能布局与图样比例等，明确图中基本内容。图中可见此层室内房间布局主要有卧室、南侧客厅、北侧的餐厅、厨房及和卫生间等分区。大门向内开启并与客厅相连，此图比例为1：50。

2）注意各功能区域的平面尺寸、地面标高、家具及陈设等的布局

客厅是住宅布局中的主要空间，在图 1-3 中客厅开间为 5.76m、进深为5.76m，布影视柜、沙发等家具在其内布置，与餐厅相连，客厅地面标高是±0.000，装饰物包括花台、旱景小品等。此图的空间流线清晰且布局合理。在平面布局图内，家具、陈设、绿化等要根据比例绘制，通常选用细线表示。餐厅、楼梯间及过厅与客厅连通，空间贯通，并且客厅和餐厅地面标高相同，因此进入客厅后视线开阔。

3）理解平面布置图中的内视符号

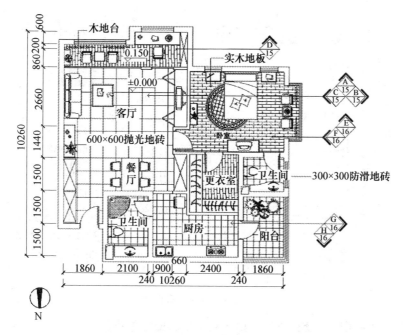

图 1-3 装饰平面布置图

为表示室内立面在平面图中的位置及名称，客厅里绘制了四面墙面的内视符号（如图 1-3），就是用该符号为站点分别从 A、B、C 等几个方向来观看所指的墙面，并且用该字母命名所指墙面立面图的编号。内视符号一般画在平面布置图的房间地面上，也可以画在平面布置图外（如图名的附近），用来表示该平面布置图所反映的各房间室内立面图的名称，都按此符号进行编号。内视投影编号宜用拉丁字母或阿拉伯数字沿顺时针方向注写在 8～12mm 的细实线方块内。

4）识读平面布置图中的详细尺寸

平面布置图对室内空间的功能及流线布局有决定作用，是天棚设计和墙面设计的基本依据和条件，要在平面布置图确定后再绘制楼地面平面图。天棚平面图、墙（柱）面装饰立面图等图样。

4. 天棚平面图的识读

下面以图 1-4 为例，说明装饰天棚图的图示内容和识读步骤。

1）在识读天棚平面图之前，要熟悉天棚所在房间平面布置图的大致情况。

2）识读天棚造型、灯具布置及其底面标高。

3）明确天棚尺寸、做法。

4）注意图中各窗口有没有窗帘以及窗帘盒的做法，明确它的尺寸。

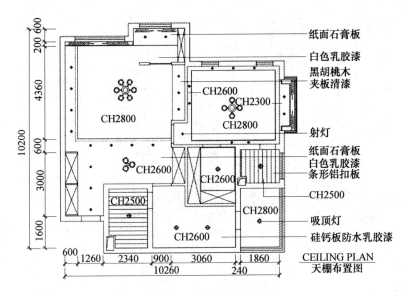

图 1-4 天棚装饰图

5）识读图中有没有与天棚相接的吊柜、壁柜等家具。

6）识读天棚平面图中有无顶角线做法。

7）注意室外阳台、雨篷等处的吊顶做法与标高。

1.4.2 装饰装修立面图识读

装饰装修立面图通常为室内墙柱面装饰装修图，主要用来表示建筑主体结构内铅垂立面的装修做法，来明确空间高度、造型、色彩、墙面材料、凹凸立体变化及家具尺寸等。

1. 装饰立面图的内容和要求

装饰装修立面图要包含投影方向可视的室内轮廓线和装修构造、构配件、门窗、固定家具、墙面作法、灯具、必要的尺寸和标高以及需要表达的非固定家具、灯具、装饰物件等。

应按一定方向和顺序绘制各墙面立面图。

通常墙面只要有不同的地方，就一定要绘制立面图。如果室内空间是圆形或多边形平面，可以分段展开绘制室内立面图，但均要在图名后加注"展开"二字。立面图一般要求如下。

1）标明立面范围内的轴线和编号，标注出立面两端轴线之间的外包尺寸。

2）绘制立面左右两端的内墙线，并标明上原有楼板线、下两端的地面线、装饰设计的天棚（天花）及其造型线。

3）标注天棚（天花）剖切部位的定位尺寸以及其他有关所有尺寸，标注

28

地面标高、建筑层高和天棚（天花）净高尺寸。

4）绘制墙面和柱面、装饰造型、固定家具、固定隔断、装饰配置和物品、广告灯箱、栏杆、门窗、台阶等的位置，标注定位尺寸及其他相关所有尺寸。可移动的家具、艺术品陈设、装饰物品和卫生洁具等通常不需要绘制，如有特别需要，则标注定位尺寸和一些相关尺寸。

5）标注立面和天棚（天花）剖切部位的材料分块尺寸、装饰材料、材料拼接线和分界线定位尺寸等。

6）标注立面上的电源插座、灯饰、通信和电视信号插孔、按钮、开关、消火栓等的位置及定位尺寸，标明材料、产品型号和编号、施工做法等。

7）标注图样名称索引符和编号、和制图比例，因为墙柱面的构造都较为细小，其作图比例一般都不应小于1∶50。

2. 识读举例

装饰立面图（图1-5）的图示内容和识读步骤如下：

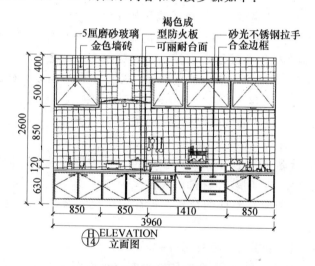

图1-5 装饰立面图

1）先要确定要读的室内立面图的房间位置，按房间顺序识读室内立面图。

2）在平面布置图中依据内视符号的指向，选出要读的室内立面图。

3）在平面布置图中明确该墙面位置中那些固定家具和室内陈设等，还应留意其定形、定位尺寸，基本了解所读墙（柱）面布置的家具、陈设等。

4）浏览选定的室内立面图，了解所读立面的装饰形式及其变化。

5）详细识读室内立面图，留意立面装饰造型和装饰面的尺寸、选材、范围、颜色及相应做法。

6）查看立面标高、其他细部尺寸、索引符号等。

1.4.3 装饰装修剖面图与详图识读

1. 装饰剖面图与详图的形成与表达

因为平面布置图、室内立面图、地面平面图、天棚平面图等的比例通常较小，很多装饰造型、材料选用、构造做法、细部尺寸等不能反映或反映不清晰，无法满足装饰施工、制作的需要，因此需放大比例画出详细图样，形成装饰详图。绘制装饰详图一般采用 $1:1 \sim 1:20$ 的比例绘制。

在装饰详图中剖切到的装饰体轮廓采用粗实线，未剖到但可以看到的投影内容用细实线表示。

2. 装饰剖面图的分类

装饰剖面图包括大剖面图以及局部剖面图。

（1）大剖面图 大剖面图要剖在层高和层数不同、地面标高及室内外空间比较复杂的部位，要符合以下要求：

1）标注轴线、轴线间尺寸、轴线编号和外包尺寸。

2）剖切部位的楼板、墙体、梁等结构部分应根据原有建筑条件图或者实际情况清楚绘制，标出各楼层地面标高、天棚净高、天棚（天花）标高、各层层高、建筑总高等尺寸，室内首层地面、标注室外地面以及建筑最高处的标高。

3）剖面图中可视的墙柱面应根据其立面图内容绘制，标注立面的定位尺寸以及其他相关尺寸，注明装饰材料和做法。

4）应绘制天棚（天花）、天窗等剖切部分的位置及关系，标注定位尺寸以及其他相关尺寸，注明装饰材料和做法。

5）应绘制出地面高差处的位置，标注定位尺寸及其他相关尺寸，标明标高。

6）标注索引符和编号、图样名称和制图比例。

（2）局部剖面图 局部剖面图要能够绘制出平面图、天棚（天花）平面图及立面图中不能清楚表达的一些复杂以及需要特殊说明的部位，应表明剖切部位装饰结构各组成部分以及这些组成部分与建筑结构之间的关系，标注出详细尺寸、标高、材料、连接方式和做法。

1）墙（柱）面装饰剖面图

墙（柱）面装饰剖面图是用来表示装饰墙（柱）面从本层楼（地）面到达本层天棚的竖向构造、尺寸及做法的施工图样。即假想用竖向剖切平面，沿着需要表达的墙（柱）面剖切，移去介于剖切平面与观察者之间的墙（柱）体，对其剩下部分作出的竖向剖面图。

墙（柱）面装饰剖面图一般由楼（地）面与踢脚线节点、墙（柱）顶部节点、墙（柱）面节点等组成，反映出墙（柱）面造型的竖向变化、工艺要求、材料选用、色彩设计、尺寸标高等。墙（柱）面装饰剖面图一般选用1：10、1：15、1：20 等比例绘制。

墙（柱）面装饰剖面图主要用于反映室内立面的构造，着重表达墙（柱）面在分层做法、色彩、选材上的要求。墙（柱）面装饰剖面图还应反映装饰基层的做法、选材等内容，如墙面防潮处理、基层板、木龙骨架等。而当构造层次复杂、凸凹变化及线角较多时，还要配置分层构造说明，画出详图索引，还要另配详图加以表达。识读时应注意墙（柱）面各节点的凹凸变化及竖向设计尺寸与各部位标高。

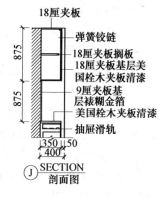

图 1-6　装饰剖面图

① 首先在室内立面图上认清墙（柱）面装饰剖面图剖切符号位置、投影方向与编号。

② 浏览墙（柱）面装饰剖面图的轴线、竖向节点组成，注意凹凸变化。

③ 识读各节点构造做法及尺寸。

图 1-6 和图 1-7 是两个比较简单的局部剖面详图。

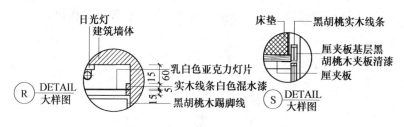

图 1-7　建筑装饰详图

2）天棚详图

天棚详图主要来表示吊顶构造、做法的剖面图或断面图。

3. 装饰详图的分类

（1）局部大样图

局部大样图是指将平面图、立面图和剖面图、天棚（天花）平面图中一些需要更清楚说明的部位单独列出来进行大比例绘制的图样，要能反映更详细的内容。

（2）节点详图

节点详图要用大比例绘制，剖切在需要详细说明的部位，一般要包含以下内容：表示节点处内部的结构形式，绘制出原有建筑结构、隐蔽装饰材料、面层装饰材料、支撑和连接材料和构件、配件以及它们之间的相互关系，标注出所有材料、构件、配件等的详细尺寸、产品型号、做法及施工要求；表示装饰面上的设备及设施安装方式及固定方法，确定收口和收边方式，标注详细尺寸和做法；还要标注索引符号和编号、节点名称和制图比例。

常见的装饰详图有以下几种：

1）装饰造型详图

独立的或依附于墙柱的装饰造型，表现装饰的艺术氛围和情趣的构造体，如花台、影视墙、壁龛、屏风、栏杆造型等的平、立、剖面图及线脚详图。

2）家具详图

主要指要进行现场制作、油漆、加工的固定式家具，如衣柜、储藏柜、书柜等。有时也包括可移动家具，如书桌、床、展示台等。

3）装饰门窗及门窗套详图

门窗是装饰工程中的主要施工内容之一。它的形式多种多样，在室内起着分割空间、烘托装饰效果的作用，它的样式、选材和工艺做法在装饰图中地位特殊。其图样有门窗及门窗套立面图、剖面图和节点详图。

4）楼地面详图

反映地面的艺术造型及细部做法等内容。

5）小品及饰物详图

小品、饰物详图包括水景、雕塑、织物、指示牌等的制作图。

2 装饰装修工程费用构成与计算

2.1 建筑装饰工程费用的概述与构成

2.1.1 建筑装饰工程费用概述

在工程建设中，建筑装饰是创造价值的生产活动。建筑装饰企业在生产过程中，既要将劳动力、装饰建筑材料和施工机械结合转化为建筑装饰产品，同时还要为社会新创造一定的价值。这些直接和间接的活动消耗、物质消耗以及为社会新创造的价值，是通过计算装饰工程的直接工程费、间接费、利润和税金、风险金与规费等来反映的，并且以货币的形式表现出来，称之为装饰工程费用。

2.1.2 建筑装饰工程费用的构成

1. 建筑装饰工程费用项目组成（按费用构成要素划分）

建筑装饰工程费按照费用构成要素划分：由人工费、材料（包含工程设备，下同）费、施工机具使用费、企业管理费、利润、规费和税金组成。其中人工费、材料费、施工机具使用费、企业管理费和利润包含在分部分项工程费、措施项目费、其他项目费中，具体如图 2-1 所示。

（1）人工费 是指按工资总额构成规定，支付给从事建筑安装工程施工的生产工人和附属生产单位工人的各项费用。内容包括以下几个部分。

1）计时工资或计件工资：是指按计时工资标准和工作时间或对已做工作按计件单价支付给个人的劳动报酬。

2）奖金：是指对超额劳动和增收节支支付给个人的劳动报酬。如节约奖、劳动竞赛奖等。

3）津贴补贴：是指为了补偿职工特殊或额外的劳动消耗和因其他特殊原因支付给个人的津贴，以及为了保证职工工资水平不受物价影响支付给个人的物价补贴。如流动施工津贴、特殊地区施工津贴、高温（寒）作业临时津贴、高空津贴等。

4）加班加点工资：是指按规定支付的在法定节假日工作的加班工资和在法定日工作时间外延时工作的加点工资。

5）特殊情况下支付的工资：是指根据国家法律、法规和政策规定，因

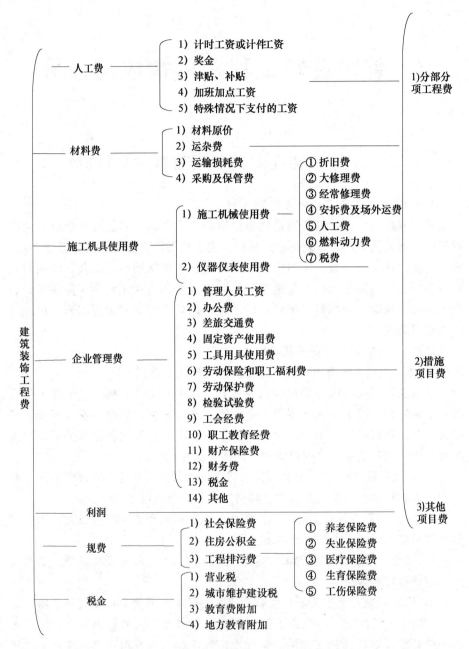

图 2-1 建筑装饰工程费用项目组成（按费用构成要素划分）

病、工伤、产假、计划生育假、婚丧假、事假、探亲假、定期休假、停工学习、执行国家或社会义务等原因按计时工资标准或计时工资标准的一定比例支付的工资。

（2）材料费 是指施工过程中耗费的原材料、辅助材料、构配件、零件、半成品或成品、工程设备的费用。内容包括以下几个部分。

1）材料原价：是指材料、工程设备的出厂价格或商家供应价格。

2）运杂费：是指材料、工程设备自来源地运至工地仓库或指定堆放地点所发生的全部费用。

3）运输损耗费：是指材料在运输装卸过程中不可避免的损耗。

4）采购及保管费：是指为组织采购、供应和保管材料、工程设备的过程中所需要的各项费用。包括采购费、仓储费、工地保管费、仓储损耗。

工程设备是指构成或计划构成永久工程一部分的机电设备、金属结构设备、仪器装置及其他类似的设备和装置。

（3）施工机具使用费 是指施工作业所发生的施工机械、仪器仪表使用费或其租赁费。

1）施工机械使用费：以施工机械台班耗用量乘以施工机械台班单价表示，施工机械台班单价应由下列七项费用组成。

① 折旧费：指施工机械在规定的使用年限内，陆续收回其原值的费用。

② 大修理费：指施工机械按规定的大修理间隔台班进行必要的大修理，以恢复其正常功能所需的费用。

③ 经常修理费：指施工机械除大修理以外的各级保养和临时故障排除所需的费用。包括为保障机械正常运转所需替换设备与随机配备工具附具的摊销和维护费用，机械运转中日常保养所需润滑与擦拭的材料费用及机械停滞期间的维护和保养费用等。

④ 安拆费及场外运费：安拆费指施工机械（大型机械除外）在现场进行安装与拆卸所需的人工、材料、机械和试运转费用以及机械辅助设施的折旧、搭设、拆除等费用；场外运费指施工机械整体或分体自停放地点运至施工现场或由一施工地点运至另一施工地点的运输、装卸、辅助材料及架线等费用。

⑤ 人工费：指机上驾驶员（司炉）和其他操作人员的人工费。

⑥ 燃料动力费：指施工机械在运转作业中所消耗的各种燃料及水、电等。

⑦ 税费：指施工机械按照国家规定应缴纳的车船使用税、保险费及年检费等。

2）仪器仪表使用费：是指工程施工所需使用的仪器仪表的摊销及维修费用。

（4）企业管理费 是指建筑安装企业组织施工生产和经营管理所需的费用。内容包括以下几个部分。

1）管理人员工资：是指按规定支付给管理人员的计时工资、奖金、津贴补贴、加班加点工资及特殊情况下支付的工资等。

2）办公费：是指企业管理办公用的文具、纸张、账表、印刷、邮电、书报、办公软件、现场监控、会议、水电、烧水和集体取暖降温（包括现场临时宿舍取暖降温）等费用。

3）差旅交通费：是指职工因公出差、调动工作的差旅费、住勤补助费，市内交通费和误餐补助费，职工探亲路费，劳动力招募费，职工退休、退职一次性路费，工伤人员就医路费，工地转移费以及管理部门使用的交通工具的油料、燃料等费用。

4）固定资产使用费：是指管理和试验部门及附属生产单位使用的属于固定资产的房屋、设备、仪器等的折旧、大修、维修或租赁费。

5）工具用具使用费：是指企业施工生产和管理使用的不属于固定资产的工具、器具、家具、交通工具和检验、试验、测绘、消防用具等的购置、维修和摊销费。

6）劳动保险和职工福利费：是指由企业支付的职工退职金，按规定支付给离休干部的经费，集体福利费、夏季防暑降温、冬季取暖补贴、上下班交通补贴等。

7）劳动保护费：是企业按规定发放的劳动保护用品的支出。如工作服、手套、防暑降温饮料以及在有碍身体健康的环境中施工的保健费用等。

8）检验试验费：是指施工企业按照有关标准规定，对建筑以及材料、构件和建筑安装物进行一般鉴定、检查所发生的费用，包括自设试验室进行试验所耗用的材料等费用，不包括新结构、新材料的试验费，对构件做破坏性试验及其他特殊要求检验试验的费用和建设单位委托检测机构进行检测的费用，对此类检测发生的费用，由建设单位在工程建设其他费用中列支。但对施工企业提供的具有合格证明的材料进行检测不合格的，该检测费用由施工企业支付。

9）工会经费：是指企业按《工会法》规定的全部职工工资总额比例计提的工会经费。

10）职工教育经费：是指按职工工资总额的规定比例计提，企业为职工进行专业技术和职业技能培训，专业技术人员继续教育、职工职业技能鉴定、职业资格认定以及根据需要对职工进行各类文化教育所发生的费用。

11）财产保险费：是指施工管理用财产、车辆等的保险费用。

12）财务费：是指企业为施工生产筹集资金或提供预付款担保、履约担保、职工工资支付担保等所发生的各种费用。

13）税金：是指企业按规定缴纳的房产税、车船使用税、土地使用税、印花税等。

14）其他：包括技术转让费、技术开发费、投标费、业务招待费、绿化费、广告费、公证费、法律顾问费、审计费、咨询费、保险费等。

（5）利润　是指施工企业完成所承包工程获得的盈利。

（6）规费　是指按国家法律、法规规定，由省级政府和省级有关权力部门规定必须缴纳或计取的费用。包括以下几个部分。

1）社会保险费

① 养老保险费：是指企业按照规定标准为职工缴纳的基本养老保险费。

② 失业保险费：是指企业按照规定标准为职工缴纳的失业保险费。

③ 医疗保险费：是指企业按照规定标准为职工缴纳的基本医疗保险费。

④ 生育保险费：是指企业按照规定标准为职工缴纳的生育保险费。

⑤ 工伤保险费：是指企业按照规定标准为职工缴纳的工伤保险费。

2）住房公积金：是指企业按规定标准为职工缴纳的住房公积金。

3）工程排污费：是指按规定缴纳的施工现场工程排污费。

其他应列而未列入的规费，按实际发生计取。

（7）税金　是指国家税法规定的应计入建筑安装工程造价内的营业税、城市维护建设税、教育费附加以及地方教育附加。

2. 建筑装饰工程费用项目组成（按造价形成划分）

建筑装饰工程费按照工程造价形成由分部分项工程费、措施项目费、其他项目费、规费、税金组成，分部分项工程费、措施项目费、其他项目费包含人工费、材料费、施工机具使用费、企业管理费和利润（见图 2-2）。

（1）分部分项工程费　是指各专业工程的分部分项工程应予列支的各项费用。

1）专业工程：是指按现行国家计量规范划分的房屋建筑与装饰工程、仿古建筑工程、通用设备安装工程、市政工程、园林绿化工程、矿山工程、构筑物工程、城市轨道交通工程、爆破工程等各类工程。

2）分部分项工程：指按现行国家计量规范对各专业工程划分的项目。如房屋建筑与装饰工程划分的土石方工程、地基处理与桩基工程、砌筑工程、钢筋及钢筋混凝土工程等。

各类专业工程的分部分项工程划分见现行国家或行业计量规范。

（2）措施项目费　是指为完成建设工程施工，发生于该工程施工前和施工过程中的技术、生活、安全、环境保护等方面的费用。内容包括：

1）安全文明施工费

① 环境保护费：是指施工现场为达到环保部门要求所需要的各项费用。

② 文明施工费：是指施工现场文明施工所需要的各项费用。

③ 安全施工费：是指施工现场安全施工所需要的各项费用。

④ 临时设施费：是指施工企业为进行建设工程施工所必须搭设的生活和

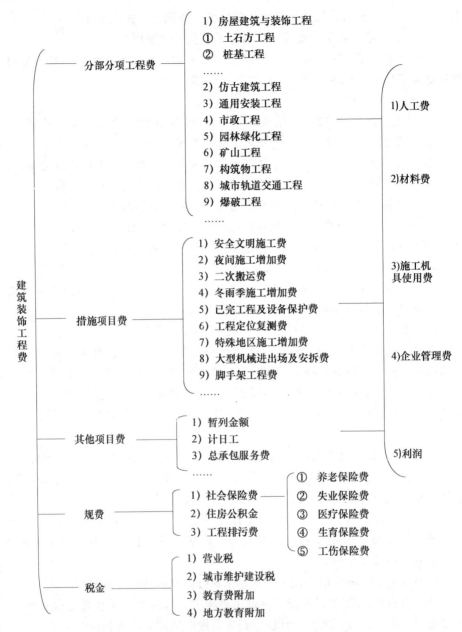

图 2-2　建筑装饰工程费用项目组成（按造价形成划分）

生产用的临时建筑物、构筑物和其他临时设施费用。包括临时设施的搭设、维修、拆除、清理费或摊销费等。

2）夜间施工增加费：是指因夜间施工所发生的夜班补助费、夜间施工降效、夜间施工照明设备摊销及照明用电等费用。

3) 二次搬运费：是指因施工场地条件限制而发生的材料、构配件、半成品等一次运输不能到达堆放地点，必须进行二次或多次搬运所发生的费用。

4) 冬雨季施工增加费：是指在冬季或雨季施工需增加的临时设施、防滑、排除雨雪，人工及施工机械效率降低等费用。

5) 已完工程及设备保护费：是指竣工验收前，对已完工程及设备采取的必要保护措施所发生的费用。

6) 工程定位复测费：是指工程施工过程中进行全部施工测量放线和复测工作的费用。

7) 特殊地区施工增加费：是指工程在沙漠或其边缘地区、高海拔、高寒、原始森林等特殊地区施工增加的费用。

8) 大型机械设备进出场及安拆费：是指机械整体或分体自停放场地运至施工现场或由一个施工地点运至另一个施工地点，所发生的机械进出场运输及转移费用及机械在施工现场进行安装、拆卸所需的人工费、材料费、机械费、试运转费和安装所需的辅助设施的费用。

9) 脚手架工程费：是指施工需要的各种脚手架搭、拆、运输费用以及脚手架购置费的摊销（或租赁）费用。

措施项目及其包含的内容详见各类专业工程的现行国家或行业计量规范。

（3）其他项目费

1) 暂列金额：是指建设单位在工程量清单中暂定并包括在工程合同价款中的一笔款项。用于施工合同签订时尚未确定或者不可预见的所需材料、工程设备、服务的采购，施工中可能发生的工程变更、合同约定调整因素出现时的工程价款调整以及发生的索赔、现场签证确认等的费用。

2) 计日工：是指在施工过程中，施工企业完成建设单位提出的施工图样以外的零星项目或工作所需的费用。

3) 总承包服务费：是指总承包人为配合、协调建设单位进行的专业工程发包，对建设单位自行采购的材料、工程设备等进行保管以及施工现场管理、竣工资料汇总整理等服务所需的费用。

（4）规费 定义同 1. 中的规费。

（5）税金 定义同 1. 中的税金。

2.2 建筑装饰工程费用的计算方法和计价程序

2.2.1 建筑装饰工程费用计算方法

1. 各费用构成要素参考计算方法

（1）人工费

$$人工费＝\sum（工日消耗量×日工资单价） \tag{2-1}$$

$$日工资单价＝〔生产工人平均月工资（计时/计件）＋平均月（奖金＋津$$
$$贴补贴＋特殊情况下支付的工资）〕/年平均每月法定工作日 \tag{2-2}$$

注：公式（2-1）、公式（2-2）主要适用于施工企业投标报价时自主确定人工费，也是工程造价管理机构编制计价定额确定定额人工单价或发布人工成本信息的参考依据。

$$人工费＝\sum（工程工日消耗量×日工资单价） \tag{2-3}$$

注：公式（2-3）适用于工程造价管理机构编制计价定额时确定定额人工费，是施工企业投标报价的参考依据。

其中，日工资单价是指施工企业平均技术熟练程度的生产工人在每工作日（国家法定工作时间内）按规定从事施工作业应得的日工资总额。

工程造价管理机构确定日工资单价应通过市场调查、根据工程项目的技术要求，参考实物工程量人工单价综合分析确定，最低日工资单价不得低于工程所在地人力资源和社会保障部门所发布的最低工资标准的：普工为 1.3 倍、一般技工为 2 倍、高级技工为 3 倍。

工程计价定额不可只列一个综合工日单价，应根据工程项目技术要求和工种差别适当划分多种日人工单价，确保各分部工程人工费的合理构成。

（2）材料费

1）材料费

$$材料费＝\sum（材料消耗量×材料单价） \tag{2-4}$$

$$材料单价＝\{（材料原价＋运杂费）×［1＋运输损耗率（\%）］\}$$
$$×［1＋采购保管费率（\%）］ \tag{2-5}$$

2）工程设备费

$$工程设备费＝\sum（工程设备量×工程设备单价） \tag{2-6}$$

$$工程设备单价＝（设备原价＋运杂费）×［1＋采购保管费率（\%）］$$
$$\tag{2-7}$$

（3）施工机具使用费

1）施工机械使用费

$$施工机械使用费＝\sum（施工机械台班消耗量×机械台班单价） \tag{2-8}$$

$$机械台班单价＝台班折旧费＋台班大修费＋台班经常修理费＋台班安拆$$
$$费及场外运费＋台班人工费＋台班燃料动力费＋台班车船税费 \tag{2-9}$$

注：工程造价管理机构在确定计价定额中的施工机械使用费时，应根据《建筑施工机械台班费用计算规则》结合市场调查编制施工机械台班单价。施工企业可以参考工程造价管理机构发布的台班单价，自主确定施工机械使用费的报价，如租赁施工机械，公式为：施工机械使用费＝$\sum$（施工机械台班消耗量×机械台班租赁单价）。

2）仪器仪表使用费

$$仪器仪表使用费＝工程使用的仪器仪表摊销费＋维修费 \qquad (2\text{-}10)$$

（4）企业管理费费率

1）以分部分项工程费为计算基础

$$企业管理费费率（\%）＝\frac{生产工人年平均管理费}{年有效施工天数×人工单价}$$
$$×人工费占分部分项工程费比例（\%） \qquad (2\text{-}11)$$

2）以人工费和机械费合计为计算基础

$$企业管理费费率（\%）＝$$
$$\frac{生产工人年平均管理费}{年有效施工天数×（人工单价＋每一工日机械使用费）}×100\% \qquad (2\text{-}12)$$

3）以人工费为计算基础

$$企业管理费费率（\%）＝\frac{生产工人年平均管理费}{年有效施工天数×人工单价}×100\% \qquad (2\text{-}13)$$

注：上述公式适用于施工企业投标报价时自主确定管理费，是工程造价管理机构编制计价定额确定企业管理费的参考依据。

工程造价管理机构在确定计价定额中企业管理费时，应以定额人工费或（定额人工费＋定额机械费）作为计算基数，其费率根据历年工程造价积累的资料，辅以调查数据确定，列入分部分项工程和措施项目中。

（5）利润

1）施工企业根据企业自身需求并结合建筑市场实际自主确定，列入报价中。

2）工程造价管理机构在确定计价定额中利润时，应以定额人工费或（定额人工费＋定额机械费）作为计算基数，其费率根据历年工程造价积累的资料，并结合建筑市场实际确定，以单位（单项）工程测算，利润在税前建筑安装工程费的比重可按不低于5％且不高于7％的费率计算。利润应列入分部分项工程和措施项目中。

（6）规费

1）社会保险费和住房公积金

社会保险费和住房公积金应以定额人工费为计算基础，根据工程所在地省、自治区、直辖市或行业建设主管部门规定费率计算。

$$社会保险费和住房公积金＝$$
$$\sum（工程定额人工费×社会保险费和住房公积金费率） \qquad (2\text{-}14)$$

式中社会保险费和住房公积金费率可以每万元发承包价的生产工人人工费和管理人员工资含量与工程所在地规定的缴纳标准综合分析取定。

2）工程排污费

工程排污费等其他应列而未列入的规费应按工程所在地环境保护等部门规定的标准缴纳，按实计取列入。

（7）税金

1）税金：

$$税金＝税前造价×综合税率（\%）\tag{2-15}$$

综合税率：

①纳税地点在市区的企业

$$综合税率（\%）＝\frac{1}{1-3\%-(3\%×7\%)-(3\%×3\%)-(3\%×2\%)}-1\tag{2-16}$$

②纳税地点在县城、镇的企业

$$综合税率（\%）＝\frac{1}{1-3\%-(3\%×5\%)-(3\%×3\%)-(3\%×2\%)}-1\tag{2-17}$$

③纳税地点不在市区、县城、镇的企业

$$综合税率（\%）＝\frac{1}{1-3\%-(3\%×1\%)-(3\%×3\%)-(3\%×2\%)}-1\tag{2-18}$$

④实行营业税改值税的，按纳税地点现行税率计算。

2. 建筑装饰工程计价参考公式

（1）分部分项工程费

$$分部分项工程费＝\sum（分部分项工程量×综合单价）\tag{2-19}$$

式中，综合单价包括人工费、材料费、施工机具使用费、企业管理费和利润以及一定范围的风险费用（下同）。

（2）措施项目费

1）国家计量规范规定应予计量的措施项目，其计算公式为：

$$措施项目费＝\sum（措施项目工程量×综合单价）\tag{2-20}$$

2）国家计量规范规定不宜计量的措施项目计算方法如下：

① 安全文明施工费

$$安全文明施工费＝计算基数×安全文明施工费费率（\%）\tag{2-21}$$

计算基数应为定额基价（定额分部分项工程费＋定额中可以计量的措施项目费）、定额人工费或（定额人工费＋定额机械费），其费率由工程造价管理机构根据各专业工程的特点综合确定。

② 夜间施工增加费

$$夜间施工增加费＝计算基数×夜间施工增加费费率（\%）\tag{2-22}$$

③ 二次搬运费

$$二次搬运费＝计算基数×二次搬运费费率（％） \qquad (2-23)$$

④ 冬雨季施工增加费

$$冬雨季施工增加费＝计算基数×冬雨季施工增加费费率（％） \quad (2-24)$$

⑤ 已完工程及设备保护费

$$已完工程及设备保护费＝计算基数×已完工程及设备保护费费率（％）$$

$$(2-25)$$

上述②～⑤项措施项目的计费基数应为定额人工费或（定额人工费＋定额机械费），其费率由工程造价管理机构根据各专业工程特点和调查资料综合分析后确定。

（3）其他项目费

1）暂列金额由建设单位根据工程特点，按有关计价规定估算，施工过程中由建设单位掌握使用、扣除合同价款调整后如有余额，归建设单位。

2）计日工由建设单位和施工企业按施工过程中的签证计价。

3）总承包服务费由建设单位在招标控制价中根据总包服务范围和有关计价规定编制，施工企业投标时自主报价，施工过程中按签约合同价执行。

（4）规费和税金 建设单位和施工企业均应按照省、自治区、直辖市或行业建设主管部门发布标准计算规费和税金，不得作为竞争性费用。

3. 相关问题的说明

1）各专业工程计价定额的编制及其计价程序，均按本通知实施。

2）各专业工程计价定额的使用周期原则上为 5 年。

3）工程造价管理机构在定额使用周期内，应及时发布人工、材料、机械台班价格信息，实行工程造价动态管理，如遇国家法律、法规、规章或相关政策变化以及建筑市场物价波动较大时，应适时调整定额人工费、定额机械费以及定额基价或规费费率，使建筑安装工程费能反映建筑市场实际。

4）建设单位在编制招标控制价时，应按照各专业工程的计量规范和计价定额以及工程造价信息编制。

5）施工企业在使用计价定额时除不可竞争费用外，其余仅作参考，由施工企业投标时自主报价。

2.2.2 建筑装饰工程计价程序

建筑装饰工程计价程序见表 2-1 至表 2-3。

表 2-1 建设单位工程招标控制价计价程序

工程名称：　　　　　　　　　　　标段：　　　　　　　　　　　第　页共　页

序号	内 容	计算方法	金额/元
1	分部分项工程费	按计价规定计算	
1.1			
1.2			
1.3			
1.4			
1.5			
2	措施项目费	按计价规定计算	
2.1	其中：安全文明施工费	按规定标准计算	
3	其他项目费		
3.1	其中：暂列金额	按计价规定估算	
3.2	其中：专业工程暂估价	按计价规定估算	
3.3	其中：计日工	按计价规定估算	
3.4	其中：总承包服务费	按计价规定估算	
4	规费	按规定标准计算	
5	税金（扣除不列入计税范围的工程设备金额）	(1＋2＋3＋4)×规定税率	

招标控制价合计＝1＋2＋3＋4＋5

表 2-2 施工企业工程投标报价计价程序

工程名称：　　　　　　　　　　　标段：　　　　　　　　　　　第　页共　页

序号	内 容	计算方法	金额/元
1	分部分项工程费	自主报价	
1.1			
1.2			
1.3			

续表

序号	内 容	计算方法	金额/元
1.4			
1.5			
2	措施项目费	自主报价	
2.1	其中：安全文明施工费	按规定标准计算	
3	其他项目费		
3.1	其中：暂列金额	按招标文件提供金额计列	
3.2	其中：专业工程暂估价	按招标文件提供金额计列	
3.3	其中：计日工	自主报价	
3.4	其中：总承包服务费	自主报价	
4	规费	按规定标准计算	
5	税金（扣除不列入计税范围的工程设备金额）	(1＋2＋3＋4)×规定税率	

投标报价合计＝1＋2＋3＋4＋5

表 2-3 竣工结算计价程序

工程名称：　　　　　　　　　标段：　　　　　　　　　　第 页共 页

序号	汇总内容	计算方法	金额/元
1	分部分项工程费	按合同约定计算	
1.1			
1.2			
1.3			
1.4			
1.5			

续表

序号	汇总内容	计算方法	金额/元
2	措施项目	按合同约定计算	
2.1	其中：安全文明施工费	按规定标准计算	
3	其他项目		
3.1	其中：专业工程结算价	按合同约定计算	
3.2	其中：计日工	按计日工签证计算	
3.3	其中：总承包服务费	按合同约定计算	
3.4	索赔与现场签证	按发承包双方确认数额计算	
4	规费	按规定标准计算	
5	税金（扣除不列入计税范围的工程设备金额）	(1＋2＋3＋4)×规定税率	
竣工结算总价合计＝1＋2＋3＋4＋5			

3 装饰装修工程定额

3.1 装饰装修工程施工定额

3.1.1 施工定额概述

1. 施工定额的概念

施工定额指直接用在施工管理中的定额。其测定对象是同一个性质的施工过程或工序，它是确定工人在正常施工条件下，完成单位合格产品需要的劳动、机械、材料消耗的数量标准。施工定额包括内容劳动定额、材料消耗定额和机械台班定额，属最基本的定额。

2. 施工定额的作用

施工定额主要用在企业内部施工管理中的定额，其作用有以下几方面。

1）是编制施工组织设计，制造施工作业计划及劳动力、材料和机械使用计划的依据，它是企业计划管理工作的基础。

2）是编制单位工程施工预算，对比施工预算和施工图预算，加强企业成本管理和经济核算的依据。

3）是施工队向工人班组签发施工任务书以及限额领料单的依据。

4）是计算劳动报酬与奖励，贯彻按劳分配，实行经济责任制的依据（如实行内部经济包干、签发包干合同）。

5）是开展社会主义劳动竞赛，制订评比条件的依据。

6）是编制预算定额的基础。

通过以上作用可以看出，良好的编制和执行施工定额并充分发挥它的作用，可以提高施工企业内部施工管理水平，提高劳动生产率，加强经济核算，提高经济效益，降低工作成本。

3.1.2 劳动定额

1. 劳动定额的概念和表现形式

（1）劳动定额的概念 劳动定额也称为人工定额，是指在正常的技术组织条件和合理劳动组织条件下，每个建筑安装工人生产单位合格产品必然消耗的劳动时间，或是指在单位时间内生产的合格产品的数量。

（2）劳动定额的表现形式 劳动定额可分为时间定额和产量定额。

1）时间定额。时间定额是指在一定的生产技术以及生产组织条件下产生单位产品必须消耗的工时。它的前提是一定技术等级的工人小组或是个人完成产品的质量必须合格。定额时间包含工人有效的准备与结束的工作时间、基本工作时间、辅助工作时间、不可避免的中断时间及必需的休息时间等。

时间定额以工日为单位，每一工日按 8h 计算。

时间定额的计算如下：

$$单位产品时间定额（工日）= \frac{1}{每工日产量} \qquad (3\text{-}1)$$

如果以小组来计算，则为：

$$单位产品时间定额（工日）= \frac{小组成员工日数总和}{小组的班产量} \qquad (3\text{-}2)$$

2）产量定额。产量定额指在一定的生产技术以及生产组织条件下，某一工种、具备某种技术等级的工人班组或个人，其在单位时间内（工日）要完成合格产品的数量。其计算方法如下：

$$每日产量 = \frac{1}{单位产品时间定额（工日）} \qquad (3\text{-}3)$$

或

$$台班产量 = \frac{小组成员工日数总和}{单位产品时间定额（工日）} \qquad (3\text{-}4)$$

即　小组成员工日数总和＝单位产品时间定额（工日）×台班产量　$(3-5)$

时间定额与产量定额互为倒数，即：

$$时间定额 \times 产量定额 = 1 \qquad (3\text{-}6)$$

$$时间定额 = \frac{1}{产量定额} \qquad (3\text{-}7)$$

$$产量定额 = \frac{1}{时间定额} \qquad (3\text{-}8)$$

因此，两种定额中，不论已知哪一种定额，都可以简单计算出另一种定额。

时间定额和产量定额是同一个劳动定额量的不同表达形式，但有各自不同的用途。其中，时间定额便于综合，利于计算总工日数及核算工资，因此劳动定额通常采用时间定额的形式。产量定额利于施工班组分配任务及编制施工作业计划。

劳动定额又分为综合定额和单项定额，综合定额指完成同一产品中的各单项（工序）定额的综合结果。综合定额的时间定额是由各单项时间定额相加得到的。综合定额的产量定额是综合时间定额的倒数。计算方法如下：

$$综合产量定额 = \frac{1}{总和时间定额（日）} \qquad (3\text{-}9)$$

2. 劳动定额的测定方法

劳动定额水平的测定方法很较多，较为常用的方法有经验估计法、技术测定法、比较类推法和统计分析法 4 种。

（1）经验估计法　是根据老工人、施工技术员及定额员的实践经验，参照有关技术资料，综合施工图样、施工技术组织条件、施工工艺和操作方法等进行分析，座谈讨论及反复平衡制定定额的方法。其适用于产品品种多、批量小的施工过程和某些次要的定额项目。

（2）技术测定法　指在正常的施工条件下，现场观察测定施工过程各工序时间的各个组成要素。分别测定出每一个工序的工时消耗，进而分析整理测定资料来制定定额的。该方法是制定定额最基本的方法。

（3）比较类推法　又称为典型定额法。它的依据是以同类产品或工序定额，通过分析比较，推算出同一组定额中相邻项目定额的一种方法。此方法适用于产品品种多、批量小的施工过程。

（4）统计分析法　是指把过去一定时期内实际施工中的同类工程或者是生产同类产品的实际工时消耗以及产品数量的统计资料（比如施工任务书、考勤报表及其他有关的统计资料）与目前生产技术水平相结合，进而分析研究制定定额的方法。该方法适用于条件正常、产品稳定、批量较大、统计工作制度健全的施工过程。

3.1.3 材料消耗定额

材料消耗定额指在正常装饰装修施工条件以及节约、合理使用装饰材料的条件下，生产质量合格的单位产品消耗的一定品种规格的必须的材料、成品、半成品或配件等的数量标准。计量单位为实物的计量单位。

1. 材料消耗定额的组成

材料消耗定额由材料消耗净用量定额以及材料损耗量定额两部分组成。

（1）合格产品的材料净用量　净用量是指在不计废料与损耗的情况下，直接组成工程实体的材料用量。

（2）在生产过程中合理的材料损耗量　损耗量指的是在施工过程中不能避免的损耗和废料。它的损耗范围是由现场仓库或露天堆放场地输送到施工地点的运输损耗及施工操作损耗，但不包含可以避免的浪费和损失。

1）材料损耗量的计算方法

$$材料损耗量＝材料总消耗量×材料损耗率 \tag{3-10}$$

或　　　　　　$$材料损耗量≈材料净用量×材料损耗率 \tag{3-11}$$

2）材料净用量的计算方法

$$材料净用量＝材料总消耗量－材料损耗量 \tag{3-12}$$

$$材料净用量＝材料总消耗量×（1－材料损耗率） \tag{3-13}$$

或　　　　　　$$材料净用量≈材料总消耗量－损耗量 \tag{3-14}$$

材料损耗率是由国家有关部门依据观察和统计资料确定的。针对大多数材料可以直接查预算手册，而对一些新型材料可以通过现场实测报有关部门批准。

2. 材料消耗定额的确定

装饰材料消耗定额的确定方法主要包括观察法、试验法、统计法以及计算法。

（1）观察法 观察法是指在施工现场正确使用装饰材料的条件下产生合格单位装饰产品而消耗材料的实测方法。此种方法最适宜用来制定材料的损耗定额。由于只有通过现场观察以及测定才能区别出哪些是不可避免的损耗，哪些属于可以避免的损耗，并明确定额内不应列入的可以避免的损耗。

观测前要充分准备好各项工作，选择观察对象应具有代表性，来保证观察法的准确性及合理性。例如选择典型的工程项目，确定工人操作检验材料、技术水平的品种、规格和质量是否符合设计要求，检查衡具、量具和运输工具是否符合标准，并采取减少材料损耗的措施等。接下来还要对完成的产品进行质量验收，产品必须达到合格要求。

（2）试验法 试验法是在试验室内采用专门的仪器和设备进行试验以及测定数据确定装饰材料（例如混凝土、砂浆、涂料等）消耗定额的一种方法，主要用来编制材料净用量定额。此种方法测定数据的精确度较高，但不能估计到施工现场某些要素对材料消耗量的影响。

（3）统计法 统计法指的是在施工过程中对分部分项工程进行拨发材料的数量、竣工后材料的剩余量以及完成产品的数量进行整理、统计、分析研究和计算，从而确定材料消耗定额的方法。这种方法简便易行，但是不能分清材料消耗的性质，因此，不可以作为确定材料用量定额以及材料损耗定额的依据，只可以作为编制定额确切性的方法使用。但应注意统计的真实性和系统性，还应注意与其他方法结合使用，从而提高所制定定额的精确程度。

（4）计算法 计算法是按照施工设计图和施工现场积累的分部分项工程中的使用材料数量、完成工作原材料、完成产品数量、剩余数量等统计资料，用理论计算公式计算材料耗用量而确定材料消耗定额的方法。计算时要考虑装饰材料的合理损耗。这种方法可用于确定板、块类材料的消耗定额。

采用计算法计算材料消耗定额时要先计算出材料的净用量，然后再算出材料的损耗量，两者相加即得材料总消耗量。

3. 周转性材料的消耗量计算

周转性材料在施工中不会一次用完，会随着使用次数增多逐渐消耗，是多次使用，反复周转的，并在使用过程中不断进行补充。周转性材料指标表示用一次使用量和摊销量两个指标。

周转性材料消耗的定额量指每使用一次的摊销数量，它的计算一定要考虑周转使用量、一次使用量、回收价值和摊销量之间的关系。

一次使用量指材料在不重复使用的条件下的一次的使用量。通常供建设单位申请备料及编制施工作业计划之用。

摊销量是按照多次使用，应该分摊到每一个计量单位分项工程或是结构构件上的材料消耗数量。

我国现行的建筑工程定额实行工程实体消耗与施工措施消耗相分离的原则，把工程消耗相对不变的量和施工措施消耗相对可变的量分开，促进施工单位逐渐实行工程的个别成本参与建筑市场竞争。所以，周转性材料即施工措施项目的计算已经变成定额与预算中的一个重要内容。

下面介绍模板摊销量的计算。

(1) 现浇结构模板摊销量的计算

$$摊销量 = 周转使用量 - 回收量 \tag{3-15}$$

$$式中\ 周转使用量 = \frac{一次使用量 + [一次使用量 \times (周转次数 - 1)] \times 损耗率}{周转次数}$$

$$= 一次使用量 \times \left[\frac{1 + (周转次数 - 1) \times 损耗率}{周转次数}\right] \tag{3-16}$$

(2) 周转使用量的计算 周转使用量指的是周转性材料在周转使用以及补损的条件下,每周转一次后的平均需用量,按照一定的周转次数和每次周转使用的损耗量等条件来确定。

周转次数是指周转性材料从第一次使用开始计算可重复使用的次数。不同的周转性材料、施工方法及操作技术、使用的工程部位都与它有关。

周转次数的确定要经过现场调查、观测及统计分析,以平均合理的水平为准。正确规定周转次数,对准确计算用料,提高周转性材料管理以及经济核算起到重要作用。

损耗量是周转性材料使用一次后因为损坏而需补损的数量,在周转性材料里又称"耗损量",以一次使用量的百分数计算,该百分数即为损耗率。

周转性材料在由周转次数决定的全部周转过程内,投入使用总量为

$$投入使用总量 = 一次使用量 + 一次使用量 \times (周转次数 - 1) \times 损耗率 \tag{3-17}$$

周转使用量根据下列公式计算

$$周转使用量 = \frac{投入使用总量}{周转次数}$$

$$= \frac{一次使用量 + 一次使用量(周转次数 - 1) \times 损耗率}{周转次数}$$

$$= 一次使用量 \times \left[\frac{1 + (周转次数 - 1) \times 损耗率}{周转次数}\right] \tag{3-18}$$

$$设\qquad 周转使用系数\ k_1 = \frac{1 + (周转次数 - 1) \times 损耗率}{周转次数} \tag{3-19}$$

$$则\ 周转使用量 = 一次使用量 \times k_1 \tag{3-20}$$

各种周转性材料,在不同的项目中使用时,如果已知其周转次数及损耗率,就可计算出对应的周转使用系数是 k_1。

(3) 周转回收量计算 周转回收量指的是周转性材料在周转使用以后去除损耗部分的余量,即还可以回收的数量。其计算式为

$$周转回收量 = \frac{周转使用最终回收量}{周转次数}$$

$$= \frac{一次使用量 - (一次使用量 \times 损耗率)}{周转次数}$$

$$= -次使用量 \times (\frac{1 - 损耗率}{周转次数}) \tag{3-21}$$

(4) 摊销量的计算 周转性材料摊销量指的是完成一定计量单位产品，单次消耗周转性材料的数量。

$$摊销量 = 周转使用量 - 周转回收量 \times 回收折价率$$

$$= -次使用量 \times k_1 - -次使用量 \times \frac{1 - 损耗率}{周转次数} \times 回收折价率$$

$$= -次使用量 \times [k_1 - \frac{(1 - 损耗率) \times 回收折价率}{周转次数}] \tag{3-22}$$

$$设\ 摊销量系数\ k_2 = k_1 - \frac{(1 - 损耗率) \times 折价率}{周转次数} \tag{3-23}$$

$$则 \qquad\qquad 摊销量 = -次使用量 \times k_2 \tag{3-24}$$

对各种周转性材料，依据不同工程部位、周转次数、损耗（补损）率及回收折价率（一般取 50%），就能计算出相应的 k_1 和 k_2 系数，据此计算周转使用量及摊销量。

预制混凝土构件的模板，属于周转使用材料，可是它的摊销量的计算方法与和现浇混凝土模板计算方法有差异，根据多次使用平均摊销的方法计算，也就是不需计算每次周转的损耗，仅是根据一次使用量及周转次数，就可算出摊销量。

3.1.4　机械台班消耗定额

机械台班消耗定额，指的是施工机械在通常的装饰装修施工条件下以及合理的劳动组织条件下，生产单位合格产品所需要的工作时间（台班），或是在单位台班，应完成合格产品的数量标准。

1. 机械台班定额的表现形式

机械台班消耗定额表达形式有两种，它们是机械时间定额及机械产量定额。

(1) 机械时间定额 机械时间定额是指在一般装饰装修施工的条件下，以及在合理的劳动组织及合理使用机械的前提下，用某种施工机械生产单位合格装饰产品所要消耗的工作时间，含有效工作时间、不可避免的中断时间和不可避免的空转时间等。

时间定额的单位是"台班"，一个台班是一台机械工作 8h。

(2) 机械产量定额 机械产量定额是指在正常的装饰装修施工条件下，以及在合理的劳动组织和合理使用机械的前提下，某种施工机械在每个台班时间内完成合格装饰装修产品的数量标准。

机械时间定额与机械产量定额互为倒数。

2. 确定机械台班定额消耗量的基本方法

(1) 确定正常的施工条件 主要是拟定工作地点的合理组织和合理的工人编制。

(2) 确定机械 1h 纯工作正常生产率 是在正常施工组织条件下，具备必要的知识和技能的技术工人操纵机械 1h 的生产率。

（3）确定施工机械的正常利用系数 是机械在工作班内对工作时间的利用率。机械的利用系数和机械在工作班内的工作状况有着密切的关系。因此，应首先拟定机械工作班内的正常工作状况，保证合理利用工时。

（4）计算施工机械台班定额

施工机械台班产量定额＝机械 1h 纯工作正常生产率×工作纯工作时间

$$(3-25)$$

施工机械台班产量定额＝机械 1h 纯工作正常生产率×工作班延续时间

$$×机械正常利用系数 \qquad (3-26)$$

施工机械时间定额＝1/机械台班产量定额 $\qquad (3-27)$

3.2 装饰装修工程预算定额

3.2.1 装饰装修工程预算定额的概念

装饰装修工程预算定额是指在正常合理的施工条件下，规定装饰一定的计量单位的合格的分项工程（或构、配件）所必需的人工、材料和机械台班的数量和其价值量的消耗标准。在建筑装饰工程预算定额中，除规定了上述每项资源和资金消耗的数量标准外，同时还规定了应完成的工程内容和相应的质量标准及安全要求等。

3.2.2 装饰装修工程预算定额的作用

1）建筑装饰装修工程预算定额是编制装饰装修工程施工图预算，以确定装饰装修工程预算造价的依据；同时也是招标投标工作中建设单位编制招标工作标底的依据；也是控制装饰工程投资的有效手段。

2）建筑装饰装修工程预算定额是在工程设计阶段，针对装饰设计方案或使用某种新材料、新工艺技术进行技术经济评价，选取最佳方案的依据。

3）装饰装修工程预算定额是编制装饰装修工程施工组织设计，以及确定装饰施工中的劳动力消耗量，装饰材料、成品、半成品需要量以及施工机械及其使用台班需用量，促使有计划地组织材料供应和外购件加工，平衡施工劳动力，配备施工机械，为其提供可靠的依据。

4）装饰装修工程预算定额是承发包双方拨付工程款和办理装饰竣工结算的依据。

5）装饰装修工程预算定额是装饰施工企业进行经济核算以及经济活动分析的依据，也可作为施工企业计算投标报价的参考。

6）装饰装修工程预算定额是编制装饰装修工程概算定额以及地区单位估价表的基础。

7）装饰装修工程预算定额是有关部门针对装饰投资项目进行审核、审计的依据。

3.2.3 装饰装修工程预算定额的编制原则与依据

1. 编制原则

（1）按社会平均水平确定预算定额的原则 平均水平指的是编制预算定额时应遵循价值规律的要求，也就是按生产该产品的社会必要劳动量来确定其人工、材料、机械台班消耗量。也就是，在正常施工条件下，以平均的技术熟练程度、平均的劳动强度、平均的技术装备条件，完成单位合格建筑产品所需的劳动消耗量来确定预算定额的消耗量水平。此种用社会必要劳动量来确定定额水平的原则，就称为平均水平原则。

预算定额的水平的基础是大多数施工单位的施工定额水平。但是，预算定额绝不是简单地套用施工定额的水平。第一，在比施工定额的工作内容综合扩大的预算定额中，也包含了更多的可变因素，需要保留合理的幅度差；第二，预算定额应当是平均水平，而施工定额是平均先进水平，两者相比，预算定额水平相对要低一些，但是应限制在一定范围之内。

（2）简明适用的原则 预算定额项目是在施工定额的基础上进一步综合，一般将建筑物分解为分部分项工程。简明适用是指在编制预算定额时，针对那些主要的、常用的、价值量大的项目，分项工程划分要细；次要的、不常用的、价值量相对较小的项目则可以粗一些。

定额的简明与适用是统一体中的一对矛盾，若只强调简明，适用性就差；如果单纯追求适用，简明性就差。所以，预算定额应在适用的基础上力求简明。

简明适用原则主要体现在以下几个方面：

1）满足使用各方的需要。如满足编制施工图预算、编制投标报价、编制竣工结算、工程成本核算、编制各种计划等需要，不仅要注意项目齐全，还要注意补充新结构、新工艺的项目。此外，还要注意每个定额子目的内容划分要恰当。例如，预制构件的制作、运输、安装划分为三个子目较合适，这是由于在工程施工中，预制构件的制作、运输、安装往往由不同的施工单位来完成。

2）确定预算定额的计量单位时，要考虑简化工程量的计算。例如，砌墙定额的计量单位采用"m³"要比用"块"更简便。

3）预算定额中的各种说明，要简明扼要，通俗易懂。

4）编制预算定额时要尽量少留活口，由于补充预算定额必然会影响定额水平的一致性。

（3）统一性和差别性相结合的原则 统一性是指从培育全国统一市场规范计价行为出发，计价定额的制订规划和组织实施由国务院建设行政主管部门归口，还要负责全国统一定额制定或修订，颁布有关工程造价管理的规章制度办法等。这就有利于通过定额以及工程造价的管理实现建筑安装工程价格的宏观调控。通过编制全国统一定额，使建筑安装工程具备一个统一的计价依据，使考核设计和施工的经济效果具有一个统一尺度。

所谓差别性，是指在统一的基础上，各部门和省、自治区、直辖市主管部门能够在自己的管辖范围内，依据本部门和地区的具体情况，制定出部门和地区性定额、补充性制度和管理办法，以适应我国幅员辽阔、地区间部门发展不平衡和差异大的实际情况。

（4）由专业人员编审的原则 编制预算定额有很强的政策和专生性，不仅要合理地把握定额水平，还要反映新工艺、新结构和新材料的定额项目，而且要推进定额结构的改革。所以必须改变以往临时抽调人员编制定额的做法，具备一个专业队伍，长期稳定地储备经验和资料，不断补充和修订定额，推动预算定额适应市场经济的要求。

2. 编制依据

（1）有关定额资料

1）劳动定额和施工定额。预算定额是在现行劳动定额以及施工定额的基础上编制的。预算定额中的劳力、材料、机械台班消耗水平，需要按照劳动定额或施工定额取定；预算定额计量单位的选择的参考是施工定额，来确保两者的协调和可比性，减轻预算定额的编制工作量，缩短编制时间。

2）基础定额和预算定额。国家统一的基础定额，现行的建筑装饰装修工程预算定额，包含国家颁发的建筑装饰装修工程的预算定额，建筑工程预算定额以及各省、市、自治区现行的建筑装饰装修工程预算定额，建筑工程预算定额及编制的基础资料。

3）补充单位估价表。有代表性的、质量较好的建筑装饰装修工程补充单位估价表、建筑工程补充单位估价表，是编制建筑装饰装修工程预算定额的补充资料。

（2）有关设计资料 编制建筑装饰装修工程预算定额，要选择具有代表性的设计图样和图集，并进行研究，计算出工程数量，并作为选择施工方法和建筑结构确定含量的依据。

（3）有关规范、标准和规程等文件 现行的建筑安装工程施工验收规范、质量评定标准以及安全操作规程等文件，是确定设计标准、施工方法和安全施工的重要依据。编制建筑装饰工程预算定额，必须以上述有关文件作为确定工程消耗量的依据。预算定额在确定劳力、材料和机械台班消耗数量时，需要考虑上述各项法规的要求和影响。

（4）有关最新科学技术资料 建筑装饰标准及施工技术水平的提高要求建筑装饰工程预算定额的水平及项目做出相应的调整。新结构、新技术、新工艺和新材料的科学试验、统计、测定以及经济分析等资料是调整定额水平、增加新的定额项目和确定定额数据的依据。

（5）有关价格等资料 编制建筑装饰工程预算定额，各省、直辖市、自治区务必依据全国统一建筑工程基础定额的人、材、机消耗量，结合本地区的人工工资标准、材料预算价格和施工机械台班预算价格进行人工费、材料费、施工机械使用费和定额单位计算。所以，上述有关价格等资料是编制建筑装饰装修工程预算定额的基本依据。

3.2.4 装饰装修工程预算定额的编制步骤与方法

1. 装饰装修工程预算定额的编制步骤

（1）编制装饰装修工程预算定额的准备阶段 这个阶段主要是根据收集到的有关资料和国家政策性文件，拟出编制方案，对编制过程中的一些重大原则问题做出统一规定，包括：

1）定额项目和步骤的划分要适当。分得过细不但会增加定额篇幅，并且会给以后的编制预算带来麻烦；过粗则会使单位造价差异过大。

2）确定统一计量单位。定额项目的计量单位应能反映该分项工程的最终实物量的单位，还要注意计算上的方便，定额只能按大多数施工企业普遍应用的一种施工方法作为计算人工、材料、施工机械的基础。

3）确定机械化施工和工厂预制的程度。施工的机械化和工厂化是建筑安装工程技术提高的标志，同时，也是工程质量要求不断提高的保证。所以，必须按照现行的规范要求，选用先进的机械和扩大工厂预制程度，而且还要兼顾大多数企业现有的技术装备水平。

4）确定设备和材料的现场水平运输距离和垂直运输高度，使其为计算运输用人工和机具的基础。

5）确定主要材料损耗率。对影响造价大的辅助材料，例如，焊条也要编制出安装工程焊条消耗定额，作为安装定额计算焊条消耗量的基础定额。各种材料的名称要统一，对规格多的材料要确定各种规格占用的比例，编制出规格综合价为计价提供方便，对主要材料要编制损耗率表。

6）确定工程量计算规则，统一计算口径。

7）其他需要确定的内容。例如，定额表形式、计算表达式、数字精确度、各种幅度差等。

（2）编制预算定额初稿阶段

1）编制预算定额初稿。在这一阶段，结合确定的定额项目和基础资料，开展反复分析和测算。编制定额项目劳动力计算表、材料及机械台班计算表，并附注有关计算说明，进而汇总编制预算定额项目表，即预算定额初稿。

2）预算定额水平测算。新定额编制成稿，一定要与原定额进行对比测算，分析水平升降原因。通常新编定额的水平应该不低于历史上已经达到过的水平，并稍有提高。在定额水平测算前，必须编出同一工人工资、材料价格、机械台班费的新旧两套定额的工程单价。定额水平的测算方法通常有以下两种：

① 单项定额水平测算：选择对工程造价影响较大的主要分项工程或结构构件人工、材料耗用量以及机械台班使用量进行对比测算，分析出提高或降低的原因，及时进行修订，来保证定额水平的合理性。一种方法是和现行定额对比测算；第二种方法是和实际对比测算。

a. 新编定额与现行定额直接对比测算。以新编定额与现行定额相同项目的人工、材料耗用量和机械台班的使用量直接对比分析，此方法比较简单，但要注意新编和现行定额口径是否一致，并剔除影响可比性的因素。

b. 新编定额和实际水平对比测算。把新编定额拿到施工现场和实际工料消耗水平对比测算，并征求有关人员意见，分析定额水平是否符合正常情况下的施工。采用这种方法，应注意实际消耗水平的合理性，针对因施工管理不善而造成的工、料、机械台班的浪费应予以剔除。

② 定额总水平测算：是指测算因定额水平的提高或降低对工程造价的影响。测算方法是选择具有代表性的单位工程，按照新编和现行定额的人工、材料耗用量以及机械台班使用量，用相同的工资单价、材料预算价格、机械台班单价分别编制两份工程预算，按照工程直接费进行对比分析，测算定额水平提高或降低的比率，并分析原因。用这种测算方法，一是要正确选择常用的、有代表性的工程，第二是要根据国家统计资料和基本建设计划，正确划分各类工程的比重，作为测算依据。定额总水平测算，工作量大，计算复杂，但是综合因素多，可以全面反映定额的水平。因此，在定额编出后，应进行定额总水平测算，以考核定额水平和编制质量。测算定额总水平后，要根据测算情况，分析定额水平的升降原因。可以影响定额水平的因素很多，应主要分析其对定额的影响；修改现行定额误差的影响；施工规范变更的影响；改变施工方法的影响；调整材料损耗率的影响；调整劳动定额水平的影响；材料规格变化的影响；机械台班使用量和台班费变化的影响；其他材料费变化的影响；调整人工工资标准、材料价格的影响；其他因素的影响等，并测算出各种因素影响的比率，分析其是否正确合理。

同时，还要进行施工现场水平比较，就是将上述测算水平进行分析比较，分析对比的内容受规范变更的影响；施工方法改变的影响；材料损耗率调整的影响；材料规格对造价的影响；其他材料费变化的影响；劳动定额水平变化的影响；机械台班定额和台班预算价格变化的影响；由于定额项目变更对工程量计算的影响等。

（3）修改定稿、整理资料阶段

1）印发征求意见。定额编制初稿完成后，要征求各方面的意见并组织讨论，反馈意见。统一意见再整理分类，制定修改方案。

2）修改整理报批。按修改方案对初稿进行修改，经审核无误后形成报批稿，批准后交付印刷。

3）撰写编制说明。为顺利地贯彻执行定额，需要撰写新定额编制说明。内容包括项目、子目数量；人工、材料、机械的内容范围；资料的依据和综合取定情况；定额中允许换算和不允许换算的计算资料；工人、材料、机械单价的计算和资料；施工方法、工艺的选择及材料运距的考虑；各种材料损耗率的取定资料；调整系数的使用；其他应该说明的事项与计算数据、资料。

4）立档、成卷。定额编制资料是执行定额时需查对资料的唯一依据，也为修编定额提供了历史资料数据，应当作为技术档案永久保存。

2. 装饰装修工程预算定额的编制方法

（1）确定定额项目名称与工作内容 建筑装饰工程预算定额的名称，是指分部分项工程（或配件）项目及其包含的子项目名称。定额项目的确定，应能反映当前实际的设计与施工水平，也要利于编制施工图预算、基本建设计划、统计和成本核算；所确定的定额项目应力求简明、适用和具有代表性。

（2）确定定额项目计量单位

1）确定定额计量单位的原则。定额计量单位，应与定额项目内容相适应，主要是根据分项工程（或配件）的形体特征及变化规律确定，如表 3-1 所示。

表 3-1　定额计量单位确定原则

分部分项工程（或配件）	定额计量单位
当物体的长、宽、高三个量度都会发生变化时	m^3
当物体的长、宽、高三个量度中有两个发生变化时	m^2
当物体的截面形状大小固定，只有长度变化时	m
当物体的体积（或面积）相同，但质量差异较大时	t、kg
当物体形状不规律，难以量度时	套或件等

2）定额计量单位的表示方法。定额的计量单位均按法定计量单位执行，如表 3-2 所示。

表 3-2　定额的计量单位

定额计量单位名称	定额计量单位
长度	m
面积	m^2
体积	m^3
质量	kg、t

3）确定定额表中的数值单位及小数单位。定额表中的数值单位、小数单位如表 3-3 所示。

表 3-3　定额表中的数值单位及小数单位取定

项目名称		数值单位	小数单位
人工		工日	取二位小数
主要材料及成品、半成品	木材	m^2	取三位小数
	钢筋及钢材	t	取三位小数
	水泥	kg	取整数
	其余材料	依具体请客而定	取二位小数
机械		台班	取二位小数
定额基价		无	取二位小数

（3）计算工程量 计算定额项目工程量，是依根据编制方案所确定的建筑装饰工程的分项工程（或配件）项目与其子项目，结合选定的典型图样，按照施工过程和工程量计算规则进行。进一步根据定额计量单位，将计算出的自然数工程量，折算成定额单位工程量。

（4）确定定额指标 建筑装饰装修工程预算定额指标，是依据已算出的工程量，施工组织设计确定出的施工方法及施工定额等有关资料，并结合在施工定额中忽略而在预算定额中又必须增加的因素，计算分项工程（或配件）所需的人工、材料和机械台班的消耗指标。

（5）编制定额表 编制定额表，即确定和填制定额中的各项内容：

1）确定人工消耗定额，一般按合计工日数列出，并在下面列出其他工日数。

2）确定材料消耗定额，按主要材料、辅助材料、次要材料的顺序列出名称以及消耗量，对一些用量很小的次要材料，可以并为一项按"其他材料费"用金额"元"表示，直接列入定额表中。

3）确定机械台班消耗定额，按照机械类型以台班数列出或直接以金额"元"列入定额表。

4）确定定额单价，在装饰装修工程定额表内直接列出定额单价，其中人工费、材料费、机械费应分别列出。

（6）编写定额说明 按照建筑工程装饰装修定额的工程特性，也就是对工作内容、施工方法、计量单位以及有关具体要求，编制简明扼要的定额说明。

3.3 装饰装修工程消耗量定额

3.3.1 消耗量定额的概念

消耗量定额指的是在正常的施工条件下，为完成单位合格的建筑产品必需耗费的人工、材料、机械台班及资金的数量标准。

建筑装饰装修工程消耗量定额指的是在正常的施工条件下，为了完成一定计量单位的合格的建筑装饰装修工程产品必备的人工、材料（或构、配件）和机械台班的数量标准。

3.3.2 《全国统一建筑装饰装修工程消耗量定额》GYD—901—2002 简介

由于装饰装修工程造价管理与国际惯例接轨，我国原建设部在 2001 年 12 月以"建标〔2001〕271 号"通知内发布了我国第二部装饰工程定额——《全国统一建筑装饰装修工程消耗量定额》。

《全国统一建筑工程基础定额》是现行的建筑工程预算定额，《全国统一建筑装饰装修工程消耗定额》是现行的装饰装修工程预算定额，编制装饰装修工程预算过程中，二者应配合使用，以全统装饰定额为主。其具体规定如下。

（1）《全国统一建筑工程基础定额》中的停止使用部分 原建设部关于发布全统装饰定额的通知中指出："为适应装饰装修工程造价管理的需要，由我部组织制订的《全国统一建筑装饰装修工程消耗量定额》GYD—901—2002 已经审查，现批准发布，自 2002 年 1 月 1 日起施行。建设部 1995 年批准发布的《全国统一建筑工程基础定额》土建工程 GJD—101—95 中的相应部分同时停止执行。"

（2）《全国统一建筑工程基础定额》中的仍需使用部分《全国统一建筑装饰装修工程消耗量定额》和总说明中规定："《全国统一建筑装饰装修工程消耗量定额》与《全国统一建筑工程基础定额》相同的项目，均以《全国统一建筑装饰装修工程消耗量定额》项目为准；《全国统一建筑装饰装修工程消耗量定额》未列项目（如找平层、垫层等），则按《全国统一建筑工程基础定额》相应项目执行。"编制装饰装修工程预算过程中，《全国统一建筑工程基础定额》中仍需使用的项目如下。

1）门窗及木结构工程：

① 普通木门。

② 厂库房大门、特种门。

③ 普通木窗。

④ 木屋架。

⑤ 屋面木基层。

⑥ 木楼梯、木柱、木梁。

2）楼地面工程：

① 垫层。

② 找平层。

③ 整体面层（除水磨石外）。

3）装饰工程：

① 墙柱面装饰的一般抹灰。

② 天棚装饰的抹灰面层。

《全国统一建筑装饰装修工程消耗量定额》分为八章：第一章"楼地面工程"，第二章"墙面工程"，第三章"天棚工程"，第四章"门窗工程"，第五章"油漆、涂料、裱糊工程"，第六章"其他工程"，第七章"装饰装修脚手架及项目成品保护费"，第八章"垂直运输及超高增加费"。

总说明包括以下内容：

1）定额的功能。

2）定额适用范围。

3）定额的编制依据。

4）定额的编制方法。

5）关于人工消耗量。

6）关于材料消耗量。

7）关于机械台班消耗量。

8）关于脚手架搭拆。

9）关于木材取定。

10）定额所采用的材料、半成品、成品的品种、规格型号同设计不对应时，根据各章规定调整。

11）《全国统一建筑装饰装修工程消耗量定额》与《全国统一建筑工程基础定额》相同的项目，都以本定额项目为准；本定额未列项目（如找平层、垫层等），则按《全国统一建筑工程基础定额》相应项目执行。

12）卫生洁具、装饰灯具、给排水、电气等安装工程按《全国统一安装工程预算定额》相应项目执行。

13）《全国统一建筑装饰装修工程消耗量定额》的工作内容中说明的工序。

14）《全国统一建筑装饰装修工程消耗量定额》注有"××以内"或"××以下"者，均包括××本身；"××以外"或"××以上"者，则不包括××本身。

15）《全国统一建筑装饰装修工程消耗量定额》中编制了材机代码，以便于计算操作。

3.4　装饰装修工程定额的应用与换算

3.4.1　定额的应用

装饰装修工程预算定额中各分部分项工程章节、子目的设置是依据装饰工程常用的装饰项目来制定的，也就是说定额子目是依据通常情况下常见的装饰构造、装饰材料、施工工艺和施工现场的实际操作情况来划分的，这些子项目可供大部分装饰项目使用。

预算定额应用也包括两个方面：一方面是根据实际分（子）项工程的工程量，利用定额查出相应的定额基价，再两者相乘得分（子）项工程合价，由此便可求得单位工程定额直接费，第二方面是利用定额求出各分（子）项工程所必须消耗的人工、材料及机械台班数量，综合后得出单位装饰工程的人工、材料、机械台班消耗总量。

　　一般说来，应用定额的方法可总结为直接套用、定额调整与换算和编制补充定额三种情况。

　　1. 直接套用定额

　　定额的直接套用是指工程项目（指工程子项）的内容以及施工要求与定额（子）项目中规定的各种条件和要求完全相同时，就应直接套用定额中规定的人工、材料、机械台班的单位消耗量，直接套用定额基价，来计算实际装饰工程的人工、材料、机械台班数量和工程的货币价值量（常称复价或合价，或直接称为定额直接费）。

　　直接套用定额的选套步骤一般如下。

　　1）查阅定额目录，确定工程所属分部分项。

　　2）按实际工程内容及条件，与定额子项对照，确认项目名称、做法、用料及规格是否一致，查找定额子项，确定定额编号。

　　3）查出基价及人工、材料、机械台班消耗量。

　　4）计算项目直接费及工料机消耗量。

　　2. 定额规定不予调整，仍按定额执行

　　当施工图样设计项目内容或施工组织设计内容和相应定额规定内容有些不不同时，而定额又有规定不允许换算或调整，在这种情况下，仍必须直接套用相应定额子目，不得随意换算或调整。

　　1）定额是按正常的施工条件、常用的施工机械、合理的工期以及常用的装饰项目编制的，在施工中应用其他机械或人工代替机械也按定额执行。不能因具体工程的施工组织设计、施工方法以及工、料、机等耗用（定额注明的除外）与定额不一致而改变定额用量。

　　2）垂直运输费是按人工、机械综合考虑的，用任何方式进行垂直运输，均按定额垂直运输费执行。

　　3）木门、窗部分是按机械操作以及手工操作综合编制的，实际中不论采用哪种操作方法，均按本定额执行。

　　4）定额中的涂料、油漆工程均采用手工操作，喷塑、喷涂、喷油应用机械喷枪操作，实际施工操作方法不同时，均按本定额执行。

　　油漆项目中，已包括钉眼刷防锈漆的工、料，并综合了各种油漆的颜色，设计油漆颜色与定额不符时，人工、材料均不调整。

　　5）定额是综合考虑按金属脚手架、竹脚手架，在实际施工中，任何一种材料搭设的脚手架均按定额执行，并按不同高度分别套用定额。

　　檐高在20m以上，其超过20m部分的垂直运输以及超高费应执行定额的相应项目。实际施工中，所有方法运输，均按定额执行。

3. 定额换算

若施工图样设计的工程项目内容（包括构造、材料、做法等）和定额相应子目规定内容不完全相符时，若定额规定允许换算或调整，就应在规定范围内进行换算或调整，套用换算后的定额子目，确定项目综合工日、材料消耗、机械台班用量和基价。

4. 按定额规定项目执行

施工图样设计的某些工程项目的内容，在定额中没有列出相应或相近子目名称，这种情况一般定额有所提及，要按定额规定的子目执行。略举数例如下。

1）铝合金门窗制作、安装项目，不分现场或施工企业附属加工制作，均执行全国统一消耗量定额。

2）油漆、涂料工程中规定，定额中的刷涂、刷油使用手工操作；喷塑、喷涂使用机械操作。操作方法不同时不予调整。

3）油漆的浅、中、深各种颜色，已经综合在定额内，颜色不同，不予调整。

4）在暖气罩分项工程中，规定半凹半凸式暖气罩按明式定额子目执行。

5）满堂脚手架高在 5m 以内者，其费用按 8m 以内基价乘系数 0.8。

6）墙、柱面金山石（120mm 厚）项目，按花岗岩板相应定额子目执行。

5. 套用补充定额

施工图样中某些设计项目内容完全与定额不符，也就是设计采用了新结构、新材料：新工艺等，定额子目还没有列入相应子目，也不能套用类似定额子目。这种情况下，要按现行定额的编制原则和方法，编制补充定额报请工程造价管理部门审批后执行。

编制补充定额的基本方法是：根据设计项目的要求，确定施工工艺，所需各种材料，每个工序使用的人工、材料、机械数量；依据现行预算定额的编制方法计算出完成每个计量单位建筑装饰产品的人工量，各种材料消耗量以及各种机械台班消耗量；再分别乘以现行的人工日工资标准，材料预算价格和机械台班单价；最后汇总成补充定额预算基价。

6. 定额的交叉使用

1）装饰装修工程中的卫生洁具、装饰灯具、给排水及电气管道等安装工程，均按《全国统一安装工程预算定额》的有关项目执行。

2）2002 年消耗量定额与《全国统一建筑工程基础定额》相同的项目，均按照新发布的消耗量定额为准；消耗量定额中未列项目（如找平层、垫层等），则按《全国统一建筑工程基础定额》的相应项目执行。

装饰定额的特殊考虑建筑装饰工程的综合性很强，涉及面广，内容新，要求宽泛，定额手册通常不能网罗所有装饰项目，而且随着装饰市场的健全和发展，不断出现新的情况。针对所有这些情况定额采取特殊的处理方式，有关问题列举如下，以供参照。

① 装饰工程预算定额是依据一般装饰工程中档项目的水准编制的，设计三星以及三星级以上宾馆、总统套房、展览馆及公共建筑等对装修有特殊设计要求以及较高艺术造型的装饰工程，除了按定额执行，还要适当考虑人工、材料用量补贴，补贴标准由甲、乙双方商定并在合同中加以明确。

② 装饰工程中需做卫生洁具、装饰灯具、给排水及电气管道等安装工程，均依据《全国统一安装工程预算定额》的有关项目执行。

③ 凡进行二次或再次装修的工程，在新、旧基层上施工存有差异，建设单位要考虑其难易程度并在合同中加以明确。

3.4.2 定额的换算的条件与公式

1. 定额换算的条件

1）定额子目规定内容与工程项目内容不是完全不相符，只是部分不相符，这是能否换算的第一个条件。

2）第二个条件是定额规定允许换算。

定额换算的实质是按定额规定的换算范围、内容和方法，调整某些项目的工程材料含量和人工、机械台班等有关内容。

定额是否允许换算应按定额说明，主要包括在定额"总说明"、各分部工程（章）曲"说明"及各分项工程定额表的"附注"中，另外，还有定额管理部门关于定额应用问题的解释。

2. 定额换算的基本公式

定额换算是以工程项目内容为准，把和该项目相近的原定额子目规定的内容进行调整或套算，也就是把原定额子目中有而工程项目不要的那部分内容删掉，并把工程项目中要求而原子目中没有的内容加入，使原定额子目变换成完全与工程项目一致，再套用换算后的定额项目，求出项目的人工、材料、机械台班消耗量。

上述换算的基本思路可用数学表达式描述如下：

$$换算后的消耗量＝定额消耗量－应换出数量＋应换人数量 \qquad (3-28)$$

3.4.3 装饰装修工程定额换算的规定

1. 楼地面工程定额换算规定

（1）找平层 找平层砂浆设计厚度与定额不同，按照定额每增、减 5mm 找平层子目调整。粘结层砂浆厚度与定额不符合时，按设计厚度调整。水泥砂浆整体面层内，砂浆厚度不同要调整，砂浆配合比不同不调整。砂浆厚度按比例调整。

水磨石楼地面的找平层、面层厚度定额中已经注明（另加 2mm 磨耗已包括在内），设计底层、面层厚度与定额不同时，水泥砂浆、白石子浆按照比例换算，其他不变。

（2）水磨石面层 水磨石面层定额中，已包括酸洗打蜡，设计不做酸洗打蜡，要扣除定额中的酸洗打蜡材料费及人工 0.51 工日/10m²。

（3）大理石、花岗岩面层 大理石、花岗岩面层镶贴不分品种、拼色均执行相应定额。设计有两条或两条以上镶边者，按照相应定额子目人工乘 1.10 系数（工程量按镶边的工程量计算）。

（4）踢脚线 定额中各种踢脚线项目都是按 150mm 高编制的，设计高度同定额不同，材料用量应调整，人工、机械不变。材料用量按照比例法调整。硬木踢脚线按 150mm×20mm 毛料计算，设计断面不同，材积按比例换算。

（5）螺旋形楼梯 螺旋形楼梯的装饰按相应定额子目的人工、机械乘系数 1.20。水磨石嵌弧形条，按相应定额子目人工乘系数 1.10。

大理石、花岗岩地面遇到弧形贴面时，弧形部分的石材损耗可按实际调整，石材弧形加工按弧形图示尺寸每 10m 另外增加：切贴人工 0.6 工日，合金钢切割锯片 0.14 片，石料切割机 0.60 台班。

（6）栏杆、栏板 设计栏杆、栏板的材料、规格、用量同定额不同，可以调整。定额中的栏杆、栏板与楼梯踏步的连接是按照预埋件焊接考虑的，设计用膨胀螺栓将铁板打入，在铁板上焊接栏杆、栏板时，每 10m 长的栏杆、栏板另增人工 0.35 工日，M10×100 膨胀螺栓 10 只，螺栓上铁板 1.25kg（铁件单价 4.14 元/kg），合金钢钻头 0.13 只，电锤 0.13 台班。

大理石、花岗岩多色复杂图案镶贴时，按照多色简单图案镶贴对应定额人工乘系数 1.20。镜面同质地砖按照同质地砖对应定额，地砖单价换算，其他不变。

栏杆、扶手项目中，铜管扶手按照不锈钢扶手对应定额执行，管材价格换算，其他不变。

（7）地砖 设计地砖规格与定额不同时，按照比例调整用量，或者按设计用量加损耗进行调整（如楼地面普通铺贴同质地砖，损耗率为 2%）。

（8）水磨石面层嵌铜条 水磨石面层嵌铜条，嵌入的铜条规格和定额不符，单价应换算，含量不变。

（9）木地板铺设木楞 木地板铺设木楞，楞木设计和定额不符时，要按设计甩量加 5%损耗与定额进行调整，其他不变。

（10）栏杆、扶手项目 栏杆、扶手项目中，铝合金型材、不锈钢管、玻璃的含量按照设计用量调整，人工、其他材料、机械不变。

2. 墙柱面工程定额换算规定

(1) 砂浆 定额注明的砂浆种类、配合比与设计不同时，按照设计要求调整单价，人工和机械含量不变。

砂浆抹灰厚度，设计砂浆厚度与定额不同，应调整。

(2) 饰面材料 饰面材料品种和规格合设计不同时，按照设计要求调整，人工、机械含量不变。

(3) 圆弧形、锯齿形、复杂不规则的墙面抹灰或镶贴块料面层 圆弧形、锯齿形、复杂不规则的墙面抹灰或镶贴块料面层按照面积部分套用对应子目，人工乘以系数 1.15。块料面层中带有弧边的石材耗损，要按实际调整，每 10m 弧形部分，切贴人工增加 0.60 工日，合金钢切割锯片 0.14 片，石料切割机 0.60 台班，合计调增 31.94 元。

(4) 弧形墙面 弧形墙面干挂花岗岩时，人工费增加 20%，其他不变。

(5) 女儿墙、阳台栏板 女儿墙（包括泛水、挑砖）、阳台栏板（不扣除花格所占孔洞面积）内侧抹灰，按照垂直投影面积乘以系数 1.10，带压顶者乘系数 1.30，按墙面定额执行。

(6) 离缝镶贴面砖 离缝镶贴面砖的定额子目，其面砖消耗量要分别按缝宽 5mm、10mm 和 20mm 考虑，如果灰缝不同或灰缝超过 20mm，块料及灰缝材料（水泥砂浆 1:1）用量允许调整，而其他不变。

(7) 木龙骨基层 木龙骨基层定额是按双向计算的，如设计单向时，材料、人工用量乘以系数 0.55。

(8) 玻璃幕墙 玻璃幕墙设计有平开、推拉窗者，仍执行幕墙定额，但窗型材、窗五金相应增加，其他不变。

(9) 弧形幕墙 弧形幕墙，人工乘 1.10 系数，材料弯弧费另行计算。

(10) 隔墙、隔断、幕墙 隔墙（间壁）、隔断（护壁）、幕墙等，定额中龙骨间距、规格如与设计不同时，定额用量允许调整。

(11) 柱帽、柱墩 除定额已列有柱帽、柱墩的项目外，其他项目的柱帽、柱墩工程量按设计图示尺寸计算展开面积，并入相应柱面积内，每个柱帽或柱墩另增人工：抹灰 0.25 工日，块料 0.38 工日，饰面 0.5 工日。

(12) 墙面、墙裙做凹凸面 墙面、墙裙做凹凸面，在夹板基层上再做一层多层夹板时，每 10m² 另加多层夹板 10.5m²、人工 2 工日，工程量按凸出面的面积计算。

在有凹凸基层夹板上钉（贴）胶合板面层，按照相应定额执行，每 10m² 人工乘系数 1.30、胶合板用量改为 11.00m²。

在有凹凸面基层夹板上镶贴切片板面层时，按照墙面定额人工乘系数 1.30，切片板含量乘系数 1.05，其他不变。

3. 天棚工程定额换算规定

（1）天棚木龙骨断面、轻钢龙骨、铝合金龙骨 天棚木龙骨断面，轻钢龙骨，铝合金龙骨规格设计与定额不相符，要按设计的长度用量分别加 6%、6% 和 7% 的损耗调整定额含量。

木方格吊顶天棚的方格龙骨，设计断面与定额不相符时，按比例调整。

（2）木吊筋 木吊筋设计高度、断面与定额取定不同时，要按比例调整吊筋用量。若吊筋设计为钢筋吊筋，钢筋吊筋按附表"天棚吊筋"执行，定额中的木吊筋和木大龙骨含量扣除。木吊筋定额按简单型（一级）考虑，复杂型（二、三级）按相应项目人工乘以 1.20 系数，增加普通成材 $0.02m^3/10m^2$。

（3）金属吊筋 天棚金属吊筋定额每 $10m^2$ 天棚吊筋按 13 个计算，若每 $10m^2$ 吊筋用量与定额不符，其系数不得调整。

天棚金属吊筋附表中天棚面层至楼板底 1.00m 高度计算，设计高度不同，吊筋按每增减 100mm 调整，其他不变。

（4）轻钢龙骨 天棚轻钢龙骨、铝合金龙骨定额是按双层编制的，如果设计为单层龙骨（大、中龙骨均在同一平面上），套用定额时，应扣除定额中的小龙骨及配件，人工乘系数 0.87，其他不变，设计小龙骨用中龙骨代替时，其单价应换算。

（5）胶合板面层 胶合板面层在现场钻吸声孔时，按钻孔板部分的面积，每 $10m^2$ 增加人工 0.67 工日计算。

（6）跌级天棚 天棚分平面天棚和跌级天棚，跌级天棚面层人工乘系数 1.10。

4. 门窗工程定额换算规定

（1）铝合金门窗、木门窗 铝合金门窗制作、安装，木门窗制作安装，都是按照在现场制作编制的，如在构件厂制作，也按定额执行。

各种铝合金门窗采用的铝合金型材的规格、含量的取定列在"铝合金门窗用料表"附表中，表中加括号的用量就是定额的取定含量。设计型材的规格与定额不符时，应按附表中相应型号的相同规格调整铝合金型材用量，或按设计用量加 6% 损耗调整，人工、机械费用不变。铝合金门窗用料定额附表中的数量已包括 6% 的损耗在内。

定额硬木门窗制作木种，以三、四类木种为准，设计采用一、二木种时，人工、机械分别乘下列系数：木门窗制作按相应人工和机械乘系数 0.88，木门窗安装按相应项目人工和机械乘系数 0.95。

（2）木门窗框扇 定额中木门窗框、扇已注明了木材断面。定额中的断面都以毛科为准，设计图样注明的断面为净料时，应增加刨光损耗，单面刨光加 3mm，双面刨光加 5mm。框料断面以边框为准，扇断面以主挺断面为准，设计断面不同时，材积按比例换算。

（3）铝合金半玻门 铝合金半玻门扣板高度以 900mm 为准，高度不同时，扣板、玻璃板比例增减。设计双面扣板时，定额中扣板含量乘以 2.00，另每 10m² 增加 0.03 工日，自攻螺丝 0.70 为百个，其他不变。

（4）门窗框 门窗框包不锈钢板，木骨架成材断面按 40mm×50mm 计算的，设计框料断面与定额不符，按设计用量加 5% 损耗调整定额含量。

（5）细木工板板实芯门扇 细木工实芯门扇，定额按整片开洞拼贴，双面砧普通切片板（切片板含量 22.00m²/10m²），设计不是整片开洞拼贴者，每 10m² 扣除普通切片板含量 11.00m²。

5. 油漆、涂料、裱糊工程定额换算规定

（1）油漆、涂料的喷、涂刷 油漆、涂料定额中规定的喷、涂刷的遍数与设计不同时，可按每增减一遍相应定额子目执行。

市场油漆涂料品种繁多，定额是按常规品种编制的，设计用的品种与定额不符时，单价可以换算，其余不变。

木材面设计亚光聚氨酯清漆时，按聚氨酯漆材料单价调整，其他不变。

设计半亚光硝基清漆时，套用亚光硝基清漆相应子目，人工、材料均不调整。

（2）油漆、涂料工程 定额已综合了同一平面上的分色及门窗内外分色所需的工料，除需做美术、艺术图案者可另行计算，其余工料含量均不得调整。

（3）裱糊墙纸 裱糊墙纸子目已包括再次找补腻子在内，裱糊织锦缎定额中，已包括宣纸的裱糊工料费在内，不得另计。

（4）木门、木窗贴脸、披水条、盖口条的油漆 木门、木窗贴脸、披水条、盖口条的油漆已包括在相应木门窗定额内，不得另行计算。

6. 其他零星工程定额换算规定

（1）装饰线条安装一般规定 装饰线条安装项目中，分为线条成品安装和线条制作安装两种，定额均以安装在墙面上为准。设计安装在天棚面层时，按以下规定执行（但墙、顶交界处的角线除外）：钉在木龙骨基层上，其人工按相应定额乘系数 1.34；钉在钢龙骨基层上乘系数 1.68；钉木装饰线条图案者人工乘系数 1.50（木龙骨基层上）及 1.80（钢龙骨基层上）。设计装饰线条成品起格与定额不同应换算，但含量不变。

（2）金属装饰线条 金属装饰线条规格，定额是按铝合金角线 20mm×25mm×2mm、铝合金槽线 30mm×15mm×1.5mm、不锈钢条 50mm×1mm、铜嵌条 15mm×1mm 计算的，材质和规格不同时，单价允许调整，但定额含量不变。其中不锈钢装饰线按比例换算。

（3）木装饰条 木装饰条制作安装，三道线以内定额按断面 22mm×12mm、43mm×13mm、80mm×20mm 计算的，三道线以外木线条断面分别按 25mm×14mm、48mm×15mm、88mm×20mm 计算的。设计断面不符，均按比例调整。

（4）窗帘盒 窗帘盒，无论是明窗帘盒还是暗窗帘盒，当其形状为弧线型时，人工增加 20％，其他不变。

（5）回光灯槽 天棚面层中回光灯槽所需增加的龙骨已在复杂天棚中加以考虑，不得另行增加。曲线形平顶灯带、曲线形回光灯槽，按相应定额增加50％人工，其他不变。

（6）防潮层 地面铺设防潮层时，按墙面防潮层相应子目执行，人工乘以系数 0.85，其他不变。

（7）成品保护项目 成品保护项目，实际覆盖保护层的材料与定额不同时，不得换算。实际施工中成品未覆盖保护材料的，不得计算成品保护费。

（8）石材磨边 定额中的石材磨边是按在现场制作加工编制的，实际由外单位加工时，应另行计算。

（9）大理石洗漱台 大理石洗漱台是按开单孔计算的，设计不开孔或再增加一孔，另增减 0.5 工日。设计用成品或石材品种、尺寸规格与定额不符时，含量、单价另行换算。

7. 脚手架、垂直运输费及超高费定额换算规定

（1）脚手架一般规定 脚手架定额是按金属脚手架、竹脚手架综合考虑的，在实际施工中，施工企业不论用什么材料的脚手架（如毛竹、杉木杆、高凳、钢管、角钢等），不论用什么方法进行施工，均按定额的规定子目执行。但前提是：装饰企业必须在现场搭设脚手架的才能按定额的子目规定进行计算，土建单位提供了已搭建的脚手架给装饰企业使用时，则装饰企业不能计算脚手架费用。

每层高度在 3.60m 以内的内墙面、柱（梁）面、天棚面装饰所需脚手架费用已包括在各章节相应定额子目中，不再另算，高度超过 3.60m 的按脚手架定额规定计算脚手架费用。

（2）垂直运输费 檐高在 20m 以内的垂直运输费，其费用已包括在相应项目中，不另计算。如檐高超过 20m，应按“脚手架、垂直运输超高费”章节的相应定额，计算檐高在 20m 以上脚手架费用、室内外部分超过 20m 高的垂直运输费及人工增加费三部分费用。

（3）吊篮脚手架 吊篮脚手架每 10m² 按 40.05 元包干使用，包括操作过程中的升、降、水平位移，其吊篮脚手架的进退场费和组、拆装费每次按1200 元计算。

（4）安装幕墙使用的搭设脚手架 搭设脚手架仅为安装幕墙使用，应将相关定额子目的基价费用乘系数 0.6。

（5）满堂脚手架 满堂脚手架高度在 5m 以内者，其费用按 8m 以内基价乘系数 0.8。

（6）用于天棚油漆的满堂脚手架 单独用于天棚油漆的满堂脚手架，按相应定额子目乘系数 0.7。

3.5　装饰装修工程单位估价表

3.5.1　单位估价表的概念

建筑装饰工程单位估价表指的是以全国统一建筑装饰装修工程预算定额或各省、市和自治区建筑装饰工程预算定额规定的人工、材料以及机械台班数量，依据一个城市或地区的工人工资标准、材料及机械台班预算价格计算出的用货币形式表现的建筑装饰工程的各分项工程或结构构件中的定额单位预算价值的计算表。

3.5.2　单位估价表的作用

1）单位估价表是审查建筑安装工程施工图预算、确定建筑装饰工程预算造价的基本依据。单位估价表的每个分项工程单位预算价值，分别乘以对应分项工程量，得到的就是每个分项工程直接费。在这基础上工程直接费汇总再加其他直接费，就是单位工程直接费。进一步计算间接费、计划利润和税金，最后得出工程预算造价。

2）单位估价表是进行建筑装饰工程拨款、贷款、工程结算和竣工决算及统计投资完成额的主要依据。

3）单位估价表是建筑装饰施工企业开展建筑装饰工程成本分析及经济核算的重要依据。

4）单位估价表是设计部门对建筑装饰设计方案进行经济比较、选定合理设计方案的基础资料。

5）单位估价表是编制建筑装饰工程投资估算指标以及概算定额的依据。

3.5.3　单位估价表的编制

1. 单位估价表的内容

单位估价表主要包括表头和表身。

（1）表头 表头包括分项工程项目名称、预算定额编号、工作内容以及定额计量单位。

（2）表身 表身包括完成某分项工程的建筑装饰装修工程预算定额规定的人工、材料和机械的名称单位及定额消耗量，人工、材料和机械的名称相应的日工资标准、材料和机械台班的预算价格。

单位估价表的内容与形式见表3-4。

表3-4 镶贴釉面砖单位估价表

（单位：100m²）

定额编号			1-50		1-51		1-52	
项目名称	单位	单价/元	外墙贴釉面砖					
			墙面、墙裙		梁柱面		挑檐天沟	
			数量	台阶	数量	台阶	数量	台阶
合计	元			3369.11		4042.82		4029.24
其中 人工费	元			279.92		358.63		345.05
机械费	元	7.11	39.37	3661.04	50.44	3661.04	48.53	3661.04
材料使用费	元			23.15		23.15		23.15
材料 水泥砂浆1:1	m³	169.04	0.100	16.09	0.100	16.09	0.100	16.09
混合砂浆1:1:2	m³	133.30	0.720	95.98	0.720	95.98	0.720	95.98
水泥砂浆1:3	m³	107.22	1.830	196.21	1.830	196.21	1.830	196.21
石灰膏	m³	118.19	0.24	28.37	0.24	28.37	0.24	28.37
彩釉外面砖152×75	千块	337.86	9.02	3047.50	9.02	3047.50	9.02	3047.50
水泥42.5级综合	kg	0.19	1107.00	210.33	1107.00	210.33	1107.00	210.33
中砂（净）	m³	29.380	2.012	59.11	2.012	59.11	2.012	59.11
水	m³	0.0390	0.579	0.23	0.579	0.23	0.579	0.23
其他材料	元	1.00		6.41		6.41		6.41
机械 砂浆搅拌机（200L）	台班	15.740	0.460	7.24	0.460	7.24	0.460	7.24
单筒快速卷扬机（1t）	台班	24.110	0.660	15.91	0.660	15.91	0.660	15.91

2. 单位估价表的编制依据和方法

（1）编制依据

1）现行的预算定额。

2）地区现行的预算工资标准。

3）地区各种材料的预算价格。

4）地区现行的施工机械台班费用定额。

（2）编制方法

1）按有关规定认真填写好分项工程项目名称、预算定额编号、工作内容及定额计量单位等单位估价表的表头内容。

2）根据建筑装饰装修工程预算定额计算人工费、材料费、机械使用费和预算单价。

3) 编写文字说明。

3. 单位估价表的编制步骤

编制单位估价表是一项政策性很强，而且十分细致、复杂的工作，要有组织、有计划、有步骤地进行。

（1）准备工作阶段

1) 组织编制单位估价表的临时机构。

2) 拟定工作计划。

3) 搜集编制单位估价表的基础材料。

4) 了解掌握编制地区范围内的技术、经济等方面情况。

5) 提出单位估价表的编制方案。

（2）编制工作阶段

1) 选定建筑装饰工程预算定额项目。

2) 抄录定额人工、材料、机械消耗数量。

3) 选择与填写单价。

4) 计算、填写、复核工作。

5) 编写文字说明。

（3）审定工作阶段

1) 对编出的单位估价表的初稿进行全面审核、修改和定稿。

2) 上报主管部门审批。

在编制单位估价表时，材料单价的选用有两种情况：第一，若材料品种、规格单一，选用它的预算价格作为单算单价；第二，若材料品种、规格繁多，则必须进行综合选价。

材料选价是指按一定比例，以材料预算价格为基础进行综合测定的价格。

综合选价是根据预算定额所综合的材料品种、规格和工程特点、结构类型、工业与民用建筑各自所占的比例等，测算出该定额项目工作中通常采用的不同品种、规格和用量，还要结合当时的供应情况，按一定比例，在材料预算价格的基础上进行综合测定的价格。

3.5.4 单位估价汇总表

在单位估价表编制完成以后，应编制单位估价汇总表。单位估价汇总表指的是把单位估价表中分项工程的主要货币指标（基价、人工费、材料费、机械费）以及主要工料消耗指标汇总在统一格式的简明表格中，如表3-5所示。单位估价汇总表的特点是占用篇幅少、查找方便、简化了建筑装饰工程预算编制工作。单位估价汇总表的内容主要包括单位估价表的定额编号、项目名称、计量单位及预算单位和所含的人工费、材料费、机械费和综合费等。

表 3-5 单位估价汇总表

序号	定额编号	项　目	单位	单价/元	其　中			
					人工费/元	材料费/元	机械费/元	综合费/元
××	1-43	墙面、墙裙镶贴瓷砖	m²	29.48	4.30	23.40	0.07	1.71
××	1-44	梁柱面镶贴瓷砖	m²	30.10	4.92	24.40	0.07	1.71
××	1-45	挑檐天沟镶贴瓷砖	m²	29.32	5.31	23.84	0.17	—

在编制单位估价汇总表时要注意换算计量单位。如果单位估价表是按照预算定额编制的，计量单位大多是"100m²"、"10 套"等。而实际编制建筑装饰工程预算时的计量单位，大多是采用"m²"、"套"等。因此，为了利于套用单位估价表的预算单价，一般都在编制单位估价汇总表时把单位估价表的计量单位（100m²、100 延长米、10 个、10 套或 10 组等）折算成个位单位（m²、m、个、套或组等）。

3.5.5 补充单位估价表

随着建筑装饰工程专业的发展以及新技术、新工艺、新结构、新材料的不断涌现，以及高级装饰的产生，现有的建筑装饰工程预算定额或单位估价表并不能完全满足工程项目的需求，在编制预算时，缺项会经常出现。这样，就必须编制补充单位估价表。补充单位估价表的作用、编制原则和依据、内容及表达形式等，都和单位估价表一样。

1. 编制与使用补充单位估价表前应明确的问题

1）补充单位估价表只适用于同一建设单位的各项建筑装饰工程，也就是为"一次性使用"定额。

2）在建设单位、施工企业双方编制好补充单位估价表后，一定要报当地建设主管部门审批后，才能作为编制该建筑装饰工程施工图预算的依据。

3）补充单位估价表的工程项目划分，要按预算定额（或单位估价表）的分部工程归类，其计量单位、编制内容和工作内容等，也要与预算定额（或单位估价表）相一致。

4）若同一设计标准的建筑装饰工程编制施工图预算时要用该补充单位估价表，其人工、材料和机械台班数量不变，可是它的预算单价必须按所在地区的有关规定进行调整。

2. 补充单位估价表的编制步骤和方法

（1）准备阶段 由建设单位、施工企业共同组织临时编制小组，搜集编制补充单位估价表的基础材料，拟定编制方案。

（2）编制阶段

1）根据施工图样的工程内容以及有关编制补充单位估价表的规定，确定出工程项目名称、补充定额编号、工作内容和计量单位，并填写补充在单位估价表各栏内。

2）根据施工图样、施工定额和现场测定资料等，计算完成定额计量单位的各工程项目相应的人工、材料、施工机械台班的消耗指标。

3）根据人工、材料、机械台班的消耗指标与当地的人工工资标准、材料预算价格、机械台班价格，计算人工费、材料费以及施工机械使用费，将上述人工费、材料费和施工机械使用费相加就是该补充单位估价表项目的预算单价。

4）编写文字说明。

（3）审批阶段 补充单位估价表上报主管部门批准后方可执行。

4 工程量清单计价理论知识

4.1 工程量清单计价的基本规定

4.1.1 计价方式

1）使用国有资金投资的建设工程发承包，必须采用工程量清单计价。

2）非国有资金投资的建设工程，宜采用工程量清单计价。

3）不采用工程量清单计价的建设工程，应执行《建设工程工程量清单计价规范》GB 50500—2013 除工程量清单等专门性规定外的其他规定。

4）工程量清单应采用综合单价计价。

5）措施项目中的安全文明施工费必须按国家或省级、行业建设主管部门的规定计算，不得作为竞争性费用。

6）规费和税金必须按国家或省级、行业建设主管部门的规定计算，不得作为竞争性费用。

4.1.2 发包人提供材料和工程设备

1）发包人提供的材料和工程设备（以下简称甲供材料）应在招标文件中按照表 4-1 的规定填写《发包人提供材料和工程设备一览表》，写明甲供材料的名称、规格、数量、单价、交货方式、交货地点等。

承包人投标时，甲供材料单价应计入相应项目的综合单价中，签约后，发包人应按合同约定扣除甲供材料款，不予支付。

2）承包人应根据合同工程进度计划的安排，向发包人提交甲供材料交货的日期计划。发包人应按计划提供材料和工程设备。

3）发包人提供的甲供材料如规格、数量或质量不符合合同要求，或由于发包人原因发生交货日期延误、交货地点及交货方式变更等情况的，发包人应承担由此增加的费用和（或）工期延误，并应向承包人支付合理利润。

4）发承包双方对甲供材料的数量发生争议不能达成一致的，应按照相关工程的计价定额同类项目规定的材料消耗量计算。

5）若发包人要求承包人采购已在招标文件中确定为甲供材料的，材料价格应由发承包双方根据市场调查确定，并应另行签订补充协议。

表 4-1　发包人提供材料和工程设备一览表

工程名称：　　　　　　　　　标段：　　　　　　　　　第　页共　页

序　号	材料（工程设备）名称、规格、型号	单位	数量	单价/元	交货方式	送达地点	备注

注：此表由招标人填写，供投标人在投标报价、确定总承包服务费时参考。

4.1.3　承包人提供材料和工程设备

1）除合同约定的发包人提供的甲供材料外，合同工程所需的材料和工程设备应由承包人提供，承包人提供的材料和工程设备均应由承包人负责采购、运输和保管。

2）承包人应按合同约定将采购材料和工程设备的供货人及品种、规格、数量和供货时间等提交发包人确认，并负责提供材料和工程设备的质量证明文件，满足合同约定的质量标准。

3）对承包人提供的材料和工程设备经检测不符合合同约定的质量标准，发包人应立即要求承包人更换，由此增加的费用和（或）工期延误应由承包人承担。对发包人要求检测承包人已具有合格证明的材料、工程设备，但经检测证明该项材料、工程设备符合合同约定的质量标准，发包人应承担由此增加的费用和（或）工期延误，并向承包人支付合理利润。

4.1.4　计价风险

1）建设工程发承包。必须在招标文件、合同中明确计价中的风险内容及其范围，不得采用无限风险、所有风险或类似语句规定计价中的风险内容及范围。

2）由于下列因素出现，影响合同价款调整的，应由发包人承担：

① 国家法律、法规、规章和政策发生变化。

② 省级或行业建设主管部门发布的人工费调整，但承包人对人工费或人工单价的报价高于发布的除外。

③ 由政府定价或政府指导价管理的原材料等价格进行了调整。

因承包人原因导致工期延误的，应按 4.4.2 中 2. 第 2）条、8. 的规定执行。

3）由于市场物价波动影响合同价款的，应由发承包双方合理分摊，按表 4-2 或表 4-3 填写《承包人提供主要材料和工程设备一览表》作为合同附件；当合同中没有约定，发承包双方发生争议时，应按 4.4.2 中 8. 第 1）～3）条的规定调整合同价款。

表 4-2　承包人提供主要材料和工程设备一览表
（适用于造价信息差额调整法）

工程名称：　　　　　　　　　　　标段：　　　　　　　　　　第　页共　页

序号	名称、规格、型号	单位	数量	风险系数/%	基准单价/元	投标单价/元	发承包人确认单价/元	备注

注：1. 此表由招标人填写除"投标单价"栏的内容，投标人在投标时自主确定投标单价。

2. 招标人应优先采用工程造价管理机构发布的单价作为基准单价，未发布的，通过市场调查确定其基准单价。

表 4-3　承包人提供主要材料和工程设备一览表
（适用于价格指数差额调整法）

工程名称：　　　　　　　　　　标段：　　　　　　　　　　第　页共　页

序号	名称、规格、型号	变值权重 B	基本价格指数 F_0	现行价格指数 F_t	备注
	定值权重 A		—	—	
	合　计	1	—	—	

注：1．"名称、规格、型号"、"基本价格指数"栏由招标人填写，基本价格指数应首先采用工程造价管理机构发布的价格指数，没有时，可采用发布的价格代替。如人工、机械费也采用本法调整，由招标人在"名称"栏填写。

2．"变值权重"栏由投标人根据该项人工、机械费和材料、工程设备价值在投标总报价中所占的比例填写，1减去其比例为定值权重。

3．"现行价格指数"按约定的付款证书相关周期最后一天的前42天的各项价格指数填写，该指数应首先采用工程造价管理机构发布的价格指数，没有时，可采用发布的价格代替。

4）由于承包人使用机械设备、施工技术以及组织管理水平等自身原因造成施工费用增加的，应由承包人全部承担。

5）当不可抗力发生，影响合同价款时，应按4.4.2中10.的规定执行。

4.2　工程量清单的编制要求

4.2.1　一般规定

1）招标工程量清单应由具有编制能力的招标人或受其委托、具有相应资质的工程造价咨询人编制。

2）招标工程量清单必须作为招标文件的组成部分，其准确性和完整性应由招标人负责。

3）招标工程量清单是工程量清单计价的基础，应作为编制招标控制价、投标报价、计算或调整工程量、索赔等的依据之一。

4）招标工程量清单应以单位（项）工程为单位编制，应由分部分项工程项目清单、措施项目清单、其他项目清单、规费和税金项目清单组成。

5）编制招标工程量清单应依据：

①《建设工程工程量清单计价规范》GB 50500—2013 和相关工程的国家计量规范。

② 国家或省级、行业建设主管部门颁发的计价定额和办法。

③ 建设工程设计文件及相关资料。

④ 与建设工程有关的标准、规范、技术资料。

⑤ 拟定的招标文件。

⑥ 施工现场情况、地质勘察水文资料、工程特点及常规施工方案。

⑦ 其他相关资料。

4.2.2 分部分项工程项目

1）分部分项工程项目清单必须载明项目编码、项目名称、项目特征、计量单位和工程量。

2）分部分项工程项目清单必须根据相关工程现行国家计量规范规定的项目编码、项目名称、项目特征、计量单位和工程量计算规则进行编制。

4.2.3 措施项目

1）措施项目清单必须根据相关工程现行国家计量规范的规定编制。

2）措施项目清单应根据拟建工程的实际情况列项。

4.2.4 其他项目

1）其他项目清单应按照下列内容列项：

① 暂列金额。

② 暂估价，包括材料暂估单价、工程设备暂估单价、专业工程暂估价。

③ 计日工。

④ 总承包服务费。

2）暂列金额应根据工程特点按有关计价规定估算。

3）暂估价中的材料、工程设备暂估单价应根据工程造价信息或参照市场价格估算，列出明细表；专业工程暂估价应分不同专业，按有关计价规定估算，列出明细表。

4）计日工应列出项目名称、计量单位和暂估数量。

5）总承包服务费应列出服务项目及其内容等。

6）出现第1）条未列的项目，应根据工程实际情况补充。

4.2.5 规费

1）规费项目清单应按照下列内容列项：

① 社会保险费：包括养老保险费、失业保险费、医疗保险费、工伤保险费、生育保险费。

② 住房公积金。

③ 工程排污费。

2）出现第1）条未列的项目，应根据省级政府或省级有关部门的规定列项。

4.2.6 税金

1）税金项目清单应包括下列内容：

① 营业税。

② 城市维护建设税。

③ 教育费附加。

④ 地方教育附加。

2）出现第1）条未列的项目，应根据税务部门的规定列项。

4.3 招标控制价与投标报价的编制

4.3.1 招标控制价的编制

1. 一般规定

1）国有资金投资的建设工程招标。招标人必须编制招标控制价。

2）招标控制价应由具有编制能力的招标人或受其委托具有相应资质的工程造价咨询人编制和复核。

3）工程造价咨询人接受招标人委托编制招标控制价，不得再就同一工程接受投标人委托编制投标报价。

4）招标控制价应按照2. 第1）条的规定编制，不应上调或下浮。

5）当招标控制价超过批准的概算时，招标人应将其报原概算审批部门审核。

6）招标人应在发布招标文件时公布招标控制价，同时应将招标控制价及有关资料报送工程所在地或有该工程管辖权的行业管理部门工程造价管理机构备查。

2. 编制与复核

1）招标控制价应根据下列依据编制与复核：

①《建设工程工程量清单计价规范》GB 50500—2013。

② 国家或省级、行业建设主管部门颁发的计价定额和计价办法。

③ 建设工程设计文件及相关资料。

④ 拟定的招标文件及招标工程量清单。

⑤ 与建设项目相关的标准、规范、技术资料。

⑥ 施工现场情况、工程特点及常规施工方案。

⑦ 工程造价管理机构发布的工程造价信息，当工程造价信息没有发布时，参照市场价。

⑧ 其他的相关资料。

2）综合单价中应包括招标文件中划分的应由投标人承担的风险范围及其费用。招标文件中没有明确的，如是工程造价咨询人编制，应提请招标人明确；如是招标人编制，应予明确。

3）分部分项工程和措施项目中的单价项目，应根据拟定的招标文件和招标工程量清单项目中的特征描述及有关要求确定综合单价计算。

4）措施项目中的总价项目应根据拟定的招标文件和常规施工方案按4.1.1 中第 4）、5）条的规定计价。

5）其他项目应按下列规定计价：

① 暂列金额应按招标工程量清单中列出的金额填写。

② 暂估价中的材料、工程设备单价应按招标工程量清单中列出的单价计入综合单价。

③ 暂估价中的专业工程金额应按招标工程量清单中列出的金额填写。

④ 计日工应按招标工程量清单中列出的项目根据工程特点和有关计价依据确定综合单价计算。

⑤ 总承包服务费应根据招标工程量清单列出的内容和要求估算。

6）规费和税金应按 4.1.1 中第 6）条的规定计算。

3. 投诉与处理

1）投标人经复核认为招标人公布的招标控制价未按照《建设工程工程量清单计价规范》GB 50500—2013 的规定进行编制的，应在招标控制价公布后5 天内向招投标监督机构和工程造价管理机构投诉。

2）投诉人投诉时，应当提交由单位盖章和法定代表人或其委托人签名或盖章的书面投诉书。投诉书应包括下列内容：

① 投诉人与被投诉人的名称、地址及有效联系方式。

② 投诉的招标工程名称、具体事项及理由。

③ 投诉依据及有关证明材料。

④ 相关的请求及主张。

3）投诉人不得进行虚假、恶意投诉，阻碍招投标活动的正常进行。

4）工程造价管理机构在接到投诉书后应在 2 个工作日内进行审查，对有下列情况之一的，不予受理：

① 投诉人不是所投诉招标工程招标文件的收受人。

② 投诉书提交的时间不符合第 1）条规定的。

③ 投诉书不符合第 2）条规定的。

④ 投诉事项已进入行政复议或行政诉讼程序的。

5）工程造价管理机构应在不迟于结束审查的次日将是否受理投诉的决定书面通知投诉人、被投诉人以及负责该工程招投标监督的招投标管理机构。

6）工程造价管理机构受理投诉后，应立即对招标控制价进行复查，组织投诉人、被投诉人或其委托的招标控制价编制人等单位人员对投诉问题逐一核对。有关当事人应当予以配合，并应保证所提供资料的真实性。

7）工程造价管理机构应当在受理投诉的 10 天内完成复查，特殊情况下可适当延长，并作出书面结论通知投诉人、被投诉人及负责该工程招投标监督的招投标管理机构。

8）当招标控制价复查结论与原公布的招标控制价误差大于 ±3% 时，应当责成招标人改正。

9）招标人根据招标控制价复查结论需要重新公布招标控制价的，其最终公布的时间至招标文件要求提交投标文件截止时间不足 15 天的，应相应延长投标文件的截止时间。

4.3.2 投标报价的编制

1. 一般规定

1）投标价应由投标人或受其委托具有相应资质的工程造价咨询人编制。

2）投标人应依据 2. 第 1）条的规定自主确定投标报价。

3）投标报价不得低于工程成本。

4）投标人必须按招标工程量清单填报价格。项目编码、项目名称、项目特征、计量单位、工程量必须与招标工程量清单一致。

5）投标人的投标报价高于招标控制价的应予废标。

2. 编制与复核

1）投标报价应根据下列依据编制和复核：

①《建设工程工程量清单计价规范》GB 50500—2013。

② 国家或省级、行业建设主管部门颁发的计价办法。

③ 企业定额，国家或省级、行业建设主管部门颁发的计价定额和计价办法。

④ 招标文件、招标工程量清单及其补充通知、答疑纪要。

⑤ 建设工程设计文件及相关资料。

⑥ 施工现场情况、工程特点及投标时拟定的施工组织设计或施工方案。

⑦ 与建设项目相关的标准、规范等技术资料。

⑧ 市场价格信息或工程造价管理机构发布的工程造价信息。

⑨ 其他的相关资料。

2）综合单价中应包括招标文件中划分的应由投标人承担的风险范围及其费用，招标文件巾中没有明确的，应提请招标人明确。

3）分部分项工程和措施项目中的单价项目，应根据招标文件和招标工程量清单项目中的特征描述确定综合单价计算。

4）措施项同中的总价项目金额应根据招标文件及投标时拟定的施工组织设计或施工方案，按 4.1.1 中第 4）条的规定自主确定。其中安全文明施工费应按照 4.1.1 中第 5）条的规定确定。

5）其他项目应按下列规定报价：

① 暂列金额应按招标工程量清单中列出的金额填写。

② 材料、工程设备暂估价应按招标工程量清单中列出的单价计入综合单价。

③ 专业工程暂估价应按招标工程量清单中列出的金额填写。

④ 计日工应按招标工程量清单中列出的项目和数量，自主确定综合单价并计算计日工金额。

⑤ 总承包服务费应根据招标工程量清单中列出的内容和提出的要求自主确定。

6）规费和税金应按 4.1.1 中第 6）条的规定确定。

7）招标工程量清单与计价表中列明的所有需要填写单价和合价的项目，投标人均应填写且只允许有一个报价。未填写单价和合价的项目，可视为此项费用已包含在已标价工程量清单中其他项目的单价和合价之中。当竣工结算时，此项目不得重新组价予以调整。

8）投标总价应当与分部分项工程费、措施项目费、其他项目费和规费、税金的合计金额一致。

4.4　合同价款的约定与调整

4.4.1　合同价款的约定

1. 一般规定

1）实行招标的工程合同价款应在中标通知书发出之日起 30 天内，由发承包双方依据招标文件和中标人的投标文件在书面合同中约定。

合同约定不得违背招标、投标文件中关于工期、造价、质量等方面的实质性内容。招标文件与中标人投标文件中不一致的地方，应以投标文件为准。

2）不实行招标的工程合同价款，应在发承包双方认可的工程价款基础上，由发承包双方在合同中约定。

3）实行工程量清单计价的工程，应采用单价合同；建设规模较小，技术难度较低，工期较短，且施工图设计已审查批准的建设工程可采用总价合同；紧急抢险、救灾以及施工技术特别复杂的建设工程可采用成本加酬金合同。

2. 约定内容

1）发承包双方应在合同条款中对下列事项进行约定：

① 预付工程款的数额、支付时间及抵扣方式。

② 安全文明施工措施的支付计划，使用要求等。

③ 工程计量与支付工程进度款的方式、数额及时间。

④ 工程价款的调整因素、方法、程序、支付及时间。

⑤ 施工索赔与现场签证的程序、金额确认与支付时间。

⑥ 承担计价风险的内容、范围以及超出约定内容、范围的调整办法。

⑦ 工程竣工价款结算编制与核对、支付及时间。

⑧ 工程质量保证金的数额、预留方式及时间。

⑨ 违约责任以及发生合同价款争议的解决方法及时间。

⑩ 与履行合同、支付价款有关的其他事项等。

2）合同中没有按照第 1）条的要求约定或约定不明的，若发承包双方在合同履行中发生争议由双方协商确定；当协商不能达成一致时，应按《建设工程工程量清单计价规范》GB 50500—2013 的规定执行。

4.4.2 合同价款的调整

1. 一般规定

1）下列事项（但不限于）发生，发承包双方应当按照合同约定调整合同价款：

① 法律法规变化。

② 工程变更。

③ 项目特征不符。

④ 工程量清单缺项。

⑤ 工程量偏差。

⑥ 计日工。

⑦ 物价变化。

⑧ 暂估价。

⑨ 不可抗力。

⑩ 提前竣工（赶工补偿）。

⑪误期赔偿。

⑫索赔。

⑬现场签证。

⑭暂列金额。

⑮发承包双方约定的其他调整事项。

2）出现合同价款调增事项（不含工程量偏差、计日工、现场签证、索赔）后的 14 天内，承包人应向发包人提交合同价款调增报告并附上相关资料；承包人在 14 天内未提交合同价款调增报告的，应视为承包人对该事项不存在调整价款请求。

3）出现合同价款调减事项（不含工程量偏差、索赔）后的 14 天内，发包人应向承包人提交合同价款调减报告并附相关资料；发包人在 14 天内未提交合同价款调减报告的，应视为发包人对该事项不存在调整价款请求。

4）发（承）包人应在收到承（发）包人合同价款调增（减）报告及相关资料之日起 14 天内对其核实，予以确认的应书面通知承（发）包人。当有疑问时，应向承（发）包人提出协商意见。发（承）包人在收到合同价款调增（减）报告之日起 14 天内未确认也未提出协商意见的，应视为承（发）包人提交的合同价款调增（减）报告已被发（承）包人认可。发（承）包人提出协商意见的，承（发）包人应在收到协商意见后的 14 天内对其核实，予以确认的应书面通知发（承）包人。承（发）包人在收到发（承）包人的协商意见后 14 天内既不确认也未提出不同意见的，应视为发（承）包人提出的意见已被承（发）包人认可。

5）发包人与承包人对合同价款调整的不同意见不能达成一致的，只要对发承包双方履约不产生实质影响，双方应继续履行合同义务，直到其按照合同约定的争议解决方式得到处理。

6）经发承包双方确认调整的合同价款，作为追加（减）合同价款，应与工程进度款或结算款同期支付。

2. 法律法规变化

1）招标工程以投标截止日前 28 天、非招标工程以合同签订前 28 天为基准日，其后因国家的法律、法规、规章和政策发生变化引起工程造价增减变化的，发承包双方应按照省级或行业建设主管部门或其授权的工程造价管理机构据此发布的规定调整合同价款。

2）因承包人原因导致工期延误的，按第 1）条规定的调整时间，在合同工程原定竣工时间之后，合同价款调增的不予调整，合同价款调减的予以调整。

3. 工程变更

1) 因工程变更引起已标价工程量清单项目或其工程数量发生变化时，应按照下列规定调整：

① 已标价工程量清单中有适用于变更工程项目的，应采用该项目的单价；但当工程变更导致该清单项目的工程数量发生变化，且工程量偏差超过15％时，该项目单价应按照 6. 第 2）条的规定调整。

② 已标价工程量清单中没有适用但有类似于变更工程项目的，可在合理范围内参照类似项目的单价。

③ 已标价工程量清单中没有适用也没有类似于变更工程项目的，应由承包人根据变更工程资料、计量规则和计价办法、工程造价管理机构发布的信息价格和承包人报价浮动率提出变更工程项目的单价，并应报发包人确认后调整。承包人报价浮动率可按下列公式计算：

招标工程：

$$承包人报价浮动率 L＝（1－中标价/招标控制价）×100\% \qquad (4-1)$$

非招标工程：

$$承包人报价浮动率 L＝（1－报价/施工图预算）×100\% \qquad (4-2)$$

④ 已标价工程量清单中没有适用也没有类似于变更工程项目，且工程造价管理机构发布的信息价格缺价的，应由承包人根据变更工程资料、计量规则、计价办法和通过市场调查等取得有合法依据的市场价格提出变更工程项目的单价，并应报发包人确认后调整。

2) 工程变更引起施工方案改变并使措施项目发生变化时，承包人提出调整措施项目费的，应事先将拟实施的方案提交发包人确认，并应详细说明与原方案措施项目相比的变化情况。拟实施的方案经发承包双方确认后执行，并应按照下列规定调整措施项目费：

① 安全文明施工费应按照实际发生变化的措施项目依据 4.1.1 第 5）条的规定计算。

② 采用单价计算的措施项目费，应按照实际发生变化的措施项目，按 1）的规定确定单价。

③ 按总价（或系数）计算的措施项目费，按照实际发生变化的措施项目调整，但应考虑承包人报价浮动因素，即调整金额按照实际调整金额乘以 1）规定的承包人报价浮动率计算。

如果承包人未事先将拟实施的方案提交给发包人确认，则应视为工程变更不引起措施项目费的调整或承包人放弃调整措施项目费的权利。

3) 当发包人提出的工程变更因非承包人原因删减了合同中的某项原定工作或工程，致使承包人发生的费用或（和）得到的收益不能被包括在其他已支付或应支付的项目中，也未被包含在任何替代的工作或工程中时，承包人有权提出并应得到合理的费用及利润补偿。

4. 项目特征不符

1) 发包人在招标工程量清单中对项目特征的描述，应被认为是准确的和全面的，并且与实际施工要求相符合。承包人应按照发包人提供的招标工程量清单，根据项目特征描述的内容及有关要求实施合同工程，直到项目被改变为止。

2) 承包人应按照发包人提供的设计图样实施合同工程，若在合同履行期间出现设计图样（含设计变更）与招标工程量清单任一项目的特征描述不符，且该变化引起该项目工程造价增减变化的，应按照实际施工的项目特征，按3. 工程变更相关条款的规定重新确定相应工程量清单项目的综合单价，并调整合同价款。

5. 工程量清单缺项

1) 合同履行期间，由于招标工程量清单中缺项，新增分部分项工程清单项目的，应按照4.1.1第1）条的规定确定单价，并调整合同价款。

2) 新增分部分项工程清单项目后，引起措施项目发生变化的，应3. 工程变更第2）条的规定，在承包人提交的实施方案被发包人批准后调整合同价款。

3) 由于招标工程量清单中措施项目缺项，承包人应将新增措施项目实施方案提交发包人批准后，按照3. 工程变更第1）条、第2）条的规定调整合同价款。

6. 工程量偏差

1) 合同履行期间，当应予计算的实际工程量与招标工程量清单出现偏差，且符合下列2）、3）条规定时，发承包双方应调整合同价款。

2) 对于任一招标工程量清单项目，当因本节规定的工程量偏差和3. 工程变更规定的工程变更等原因导致工程量偏差超过15％时，可进行调整。当工程量增加15％以上时，增加部分的工程量的综合单价应予调低；当工程量减少15％以上时，减少后剩余部分的工程量的综合单价应予调高。

3) 当工程量出现上述2）条的变化，且该变化引起相关措施项目相应发生变化时，按系数或单一总价方式计价的，工程量增加的措施项目费调增，工程量减少的措施项目费调减。

7. 计日工

1) 发包人通知承包人以计日工方式实施的零星工作，承包人应予执行。

2) 采用计日工计价的任何一项变更工作，在该项变更的实施过程中，承包人应按合同约定提交下列报表和有关凭证送发包人复核：

① 工作名称、内容和数量。

② 投入该工作所有人员的姓名、工种、级别和耗用工时。

③ 投入该工作的材料名称、类别和数量。

④ 投入该工作的施工设备型号、台数和耗用台时。

⑤ 发包人要求提交的其他资料和凭证。

3）任一计日工项目持续进行时，承包人应在该项工作实施结束后的 24 小时内向发包人提交有计日工记录汇总的现场签证报告一式三份。发包人在收到承包人提交现场签证报告后的 2 天内予以确认并将其中一份返还给承包人，作为计日工计价和支付的依据。发包人逾期未确认也未提出修改意见的，应视为承包人提交的现场签证报告已被发包人认可。

4）任一计日工项目实施结束后，承包人应按照确认的计日工现场签证报告核实该类项目的工程数量，并应根据核实的工程数量和承包人已标价工程量清单中的计日工单价计算，提出应付价款；已标价工程量清单中没有该类计日工单价的，由发承包双方按 3. 的规定商定计日工单价计算。

5）每个支付期末，承包人应按照 2.4.3 中 3. 的规定向发包人提交本期间所有计日工记录的签证汇总表，并应说明本期间自己认为有权得到的计日工金额，调整合同价款，列入进度款支付。

8. 物价变化

1）合同履行期间，因人工、材料、工程设备、机械台班价格波动影响合同价款时，应根据合同约定，按《建设工程工程量清单计价规范》GB 50500—2013 附录 A 的方法之一调整合同价款。

2）承包人采购材料和工程设备的，应在合同中约定主要材料、工程设备价格变化的范围或幅度；当没有约定，且材料、工程设备单价变化超过 5％时，超过部分的价格应按照《建设工程工程量清单计价规范》GB 50500－2013 附录 A 的方法计算调整材料、工程设备费。

3）发生合同工程工期延误的，应按照下列规定确定合同履行期的价格调整。

① 因非承包人原因导致工期延误的，计划进度日期后续工程的价格，应采用计划进度日期与实际进度日期两者的较高者。

② 因承包人原因导致工期延误的，计划进度日期后续工程的价格，应采用计划进度日期与实际进度日期两者的较低者。

4）发包人供应材料和工程设备的，不适用上述 1）、2）条规定，应由发包人按照实际变化调整，列入合同工程的工程造价内。

9. 暂估价

1）发包人在招标工程量清单中给定暂估价的材料、工程设备属于依法必须招标的，应由发承包双方以招标的方式选择供应商，确定价格，并应以此为依据取代暂估价，调整合同价款。

2）发包人在招标工程量清单中给定暂估价的材料、工程设备不属于依法必须招标的，应由承包人按照合同约定采购，经发包人确认单价后取代暂估价，调整合同价款。

3）发包人在工程量清单中给定暂估价的专业工程不属于依法必须招标的，应按照 3. 工程变更相应条款的规定确定专业工程价款，并应以此为依据取代专业工程暂估价，调整合同价款。

4）发包人在招标工程量清单中给定暂估价的专业工程，依法必须招标的，应当由发承包双方依法组织招标选择专业分包人，并接受有管辖权的建设工程招标投标管理机构的监督，还应符合下列要求：

① 除合同另有约定外，承包人不参加投标的专业工程发包招标，应由承包人作为招标人，但拟定的招标文件、评标工作、评标结果应报送发包人批准。与组织招标工作有关的费用应当被认为已经包括在承包人的签约合同价（投标总报价）中。

② 承包人参加投标的专业工程发包招标，应由发包人作为招标人，与组织招标工作有关的费用由发包人承担。同等条件下，应优先选择承包人中标。

③ 应以专业工程发包中标价为依据取代专业工程暂估价，调整合同价款。

10. 不可抗力

1）因不可抗力事件导致的人员伤亡、财产损失及其费用增加，发承包双方应按下列原则分别承担并调整合同价款和工期：

① 合同工程本身的损害、因工程损害导致第三方人员伤亡和财产损失以及运至施工场地用于施工的材料和待安装的设备的损害，应由发包人承担。

② 发包人、承包人人员伤亡应由其所在单位负责，并应承担相应费用。

③ 承包人的施工机械设备损坏及停工损失，应由承包人承担。

④ 停工期间，承包人应发包人要求留在施工场地的必要的管理人员及保卫人员的费用应由发包人承担。

⑤ 工程所需清理、修复费用，应由发包人承担。

2）不可抗力解除后复工的，若不能按期竣工，应合理延长工期。发包人要求赶工的，赶工费用应由发包人承担。

3）因不可抗力解除合同的，应按 4.4.4 中第 2）条的规定办理。

11. 提前竣工（赶工补偿）

1）招标人应依据相关工程的工期定额合理计算工期，压缩的工期天数不得超过定额工期的 20%，超过者，应在招标文件中明示增加赶工费用。

2）发包人要求合同工程提前竣工的，应征得承包人同意后与承包人商定采取加快工程进度的措施，并应修订合同工程进度计划。发包人应承担承包人由此增加的提前竣工（赶工补偿）费用。

3）发承包双方应在合同中约定提前竣工每日历天应补偿额度，此项费用应作为增加合同价款列入竣工结算文件中，应与结算款一并支付。

12．误期赔偿

1）承包人未按照合同约定施工，导致实际进度迟于计划进度的，承包人应加快进度，实现合同工期。

合同工程发生误期，承包人应赔偿发包人由此造成的损失，并应按照合同约定向发包人支付误期赔偿费。即使承包人支付误期赔偿费，也不能免除承包人按照合同约定应承担的任何责任和应履行的任何义务。

2）发承包双方应在合同中约定误期赔偿费，并应明确每日历天应赔额度。误期赔偿费应列入竣工结算文件中，并应在结算款中扣除。

3）在工程竣工之前，合同工程内的某单项（位）工程已通过了竣工验收，且该单项（位）工程接收证书中表明的竣工日期并未延误，而是合同工程的其他部分产生了工期延误时，误期赔偿费应按照已颁发工程接收证书的单项（位）工程造价占合同价款的比例幅度予以扣减。

13．索赔

1）当合同一方向另一方提出索赔时，应有正当的索赔理由和有效证据，并应符合合同的相关约定。

2）根据合同约定，承包人认为非承包人原因发生的事件造成了承包人的损失，应按下列程序向发包人提出索赔：

① 承包人应在知道或应当知道索赔事件发生后 28 天内，向发包人提交索赔意向通知书，说明发生索赔事件的事由。承包人逾期未发出索赔意向通知书的，丧失索赔的权利。

② 承包人应在发出索赔意向通知书后 28 天内，向发包人正式提交索赔通知书。索赔通知书应详细说明索赔理由和要求，并应附必要的记录和证明材料。

③ 索赔事件具有连续影响的，承包人应继续提交延续索赔通知，说明连续影响的实际情况和记录。

④ 在索赔事件影响结束后的 28 天内，承包人应向发包人提交最终索赔通知书，说明最终索赔要求，并应附必要的记录和证明材料。

3）承包人索赔应按下列程序处理：

① 发包人收到承包人的索赔通知书后，应及时查验承包人的记录和证明材料。

② 发包人应在收到索赔通知书或有关索赔的进一步证明材料后的 28 天

内，将索赔处理结果答复承包人，如果发包人逾期未作出答复，视为承包人索赔要求已被发包人认可。

③ 承包人接受索赔处理结果的，索赔款项应作为增加合同价款，在当期进度款中进行支付；承包人不接受索赔处理结果的，应按合同约定的争议解决方式办理。

4）承包人要求赔偿时，可以选择下列一项或几项方式获得赔偿：

① 延长工期。

② 要求发包人支付实际发生的额外费用。

③ 要求发包人支付合理的预期利润。

④ 要求发包人按合同的约定支付违约金。

5）当承包人的费用索赔与工期索赔要求相关联时，发包人在作出费用索赔的批准决定时，应结合工程延期，综合作出费用赔偿和工程延期的决定。

6）发承包双方在按合同约定办理了竣工结算后，应被认为承包人已无权再提出竣工结算前所发生的任何索赔。承包人在提交的最终结清申请中，只限于提出竣工结算后的索赔，提出索赔的期限应自发承包双方最终结清时终止。

7）根据合同约定，发包人认为由于承包人的原因造成发包人的损失，宜按承包人索赔的程序进行索赔。

8）发包人要求赔偿时，可以选择下列一项或几项方式获得赔偿：

① 延长质量缺陷修复期限。

② 要求承包人支付实际发生的额外费用。

③ 要求承包人按合同的约定支付违约金。

9）承包人应付给发包人的索赔金额可从拟支付给承包人的合同价款中扣除，或由承包人以其他方式支付给发包人。

14. 现场签证

1）承包人应发包人要求完成合同以外的零星项目、非承包人责任事件等工作的，发包人应及时以书面形式向承包人发出指令，并应提供所需的相关资料；承包人在收到指令后，应及时向发包人提出现场签证要求。

2）承包人应在收到发包人指令后的 7 天内向发包人提交现场签证报告，发包人应在收到现场签证报告后的 48 小时内对报告内容进行核实，予以确认或提出修改意见。发包人在收到承包人现场签证，报告后的 48 小时内未确认也未提出修改意见的，应视为承包人提交的现场签证报告已被发包人认可。

3）现场签证的工作如已有相应的计日工单价，现场签证中应列明完成该类项目所需的人工、材料、工程设备和施工机械台班的数量。

如现场签证的工作没有相应的计日工单价，应在现场签证报告中列明完成该签证工作所需的人工、材料设备和施工机械台班的数量及单价。

4）合同工程发生现场签证事项，未经发包人签证确认，承包人便擅自施工的，除非征得发包人书面同意，否则发生的费用应由承包人承担。

5）现场签证工作完成后的 7 天内，承包人应按照现场签证内容计算价款，报送发包人确认后，作为增加合同价款，与进度款同期支付。

6）在施工过程中，当发现合同工程内容因场地条件、地质水文、发包人要求等不一致时，承包人应提供所需的相关资料，并提交发包人签证认可，作为合同价款调整的依据。

15. 暂列金额

1）已签约合同价中的暂列金额应由发包人掌握使用。

2）发包人按照前述 1～14 项的规定支付后，暂列金额余额应归发包人所有。

4.4.3 合同价款期中支付

1. 预付款

1）承包人应将预付款专用于合同工程。

2）包工包料工程的预付款的支付比例不得低于签约合同价（扣除暂列金额）的 10％，不宜高于签约合同价（扣除暂列金额）的 30％。

3）承包人应在签订合同或向发包人提供与预付款等额的预付款保函后向发包人提交预付款支付申请。

4）发包人应在收到支付申请的 7 天内进行核实，向承包人发出预付款支付证书，并在签发支付证书后的 7 天内向承包人支付预付款。

5）发包人没有按合同约定按时支付预付款的，承包人可催告发包人支付；发包人在预付款期满后的 7 天内仍未支付的，承包人可在付款期满后的第 8 天起暂停施工。发包人应承担由此增加的费用和延误的工期，并应向承包人支付合理利润。

6）预付款应从每一个支付期应支付给承包人的工程进度款中扣回，直到扣回的金额达到合同约定的预付款金额为止。

7）承包人的预付款保函的担保金额根据预付款扣回的数额相应递减，但在预付款全部扣回之前一直保持有效。发包人应在预付款扣完后的 14 天内将预付款保函退还给承包人。

2. 安全文明施工费

1）安全文明施工费包括的内容和使用范围，应符合国家有关文件和计量规范的规定。

2）发包人应在工程开工后的 28 天内预付不低于当年施工进度计划的安全文明施工费总额的 60％，其余部分应按照提前安排的原则进行分解，并应与进度款同期支付。

3）发包人没有按时支付安全文明施工费的，承包人可催告发包人支付；发包人在付款期满后的 7 天内仍未支付的，若发生安全事故，发包人应承担相应责任。

4）承包人对安全文明施工费应专款专用，在财务账目中应单独列项备查，不得挪作他用，否则发包人有权要求其限期改正；逾期未改正的，造成的损失和延误的工期应由承包人承担。

3. 进度款

1）发承包双方应按照合同约定的时间、程序和方法，根据工程计量结果，办理期中价款结算，支付进度款。

2）进度款支付周期应与合同约定的工程计量周期一致。

3）已标价工程量清单中的单价项目，承包人应按工程计量确认的工程量与综合单价计算；综合单价发生调整的，以发承包双方确认调整的综合单价计算进度款。

4）已标价工程量清单中的总价项目和按照 4.5.3 中第 2）条规定形成的总价合同，承包人应按合同中约定的进度款支付分解，分别列入进度款支付申请中的安全文明施工费和本周期应支付的总价项目的金额中。

5）发包人提供的甲供材料金额，应按照发包人签约提供的单价和数量从进度款支付中扣除，列入本周期应扣减的金额中。

6）承包人现场签证和得到发包人确认的索赔金额应列入本周期应增加的金额中。

7）进度款的支付比例按照合同约定，按期中结算价款总额计，不低于60%，不高于 90%。

8）承包人应在每个计量周期到期后的 7 天内向发包人提交已完工程进度款支付申请一式四份，详细说明此周期认为有权得到的款额，包括分包人已完工程的价款。支付申请应包括下列内容。

① 累计已完成的合同价款。

② 累计已实际支付的合同价款。

③ 本周期合计完成的合同价款，包括下列内容。

a. 本周期已完成单价项目的金额。

b. 本周期应支付的总价项目的金额。

c. 本周期已完成的计日工价款。

d. 本周期应支付的安全文明施工费。

e. 本周期应增加的金额。

④ 本周期合计应扣减的金额，包括下列内容。

a. 本周期应扣回的预付款。

b. 本周期应扣减的金额。

⑤ 本周期实际应支付的合同价款。

9）发包人应在收到承包人进度款支付申请后的 14 天内，根据计量结果和合同约定对申请内容予以核实，确认后向承包人出具进度款支付证书。若发承包双方对部分清单项目的计量结果出现争议，发包人应对无争议部分的工程计量结果向承包人出具进度款支付证书。

10）发包人应在签发进度款支付证书后的 14 天内，按照支付证书列明的金额向承包人支付进度款。

11）若发包人逾期未签发进度款支付证书，则视为承包人提交的进度款支付申请已被发包人认可，承包人可向发包人发出催告付款的通知。发包人应在收到通知后的 14 天内，按照承包人支付申请的金额向承包人支付进度款。

12）发包人未按照 9）～11）条的规定支付进度款的，承包人可催告发包人支付，并有权获得延迟支付的利息；发包人在付款期满后的 7 天内仍未支付的，承包人可在付款期满后的第 8 天起暂停施工。发包人应承担由此增加的费用和延误的工期，向承包人支付合理利润，并应承担违约责任。

13）发现已签发的任何支付证书有错、漏或重复的数额，发包人有权予以修正，承包人也有权提出修正申请。经发承包双方复核同意修正的，应在本次到期的进度款中支付或扣除。

4.4.4 合同解除的价款结算与支付

1）发承包双方协商一致解除合同的，应按照达成的协议办理结算和支付合同价款。

2）由于不可抗力致使合同无法履行解除合同的，发包人应向承包人支付合同解除之日前已完成工程但尚未支付的合同价款，此外，还应支付下列金额：

① 4.4.2 中 11. 第 1）条规定的由发包人承担的费用。

② 已实施或部分实施的措施项目应付价款。

③ 承包人为合同工程合理订购且已交付的材料和工程设备货款。

④ 承包人撤离现场所需的合理费用，包括员工遣送费和临时工程拆除、施工设备运离现场的费用。

⑤ 承包人为完成合同工程而预期开支的任何合理费用，且该项费用未包括在本款其他各项支付之内。

发承包双方办理结算合同价款时，应扣除合同解除之日前发包人应向承包人收回的价款。当发包人应扣除的金额超过了应支付的金额，承包人应在合同解除后的 56 天内将其差额退还给发包人。

3）因承包人违约解除合同的，发包人应暂停向承包人支付任何价款。发包人应在合同解除后 28 天内核实合同解除时承包人已完成的全部合同价款以及按施工进度计划已运至现场的材料和工程设备货款，按合同约定核算承包人应支付的违约金以及造成损失的索赔金额，并将结果通知承包人。发承包双方应在 28 天内予以确认或提出意见，并应办理结算合同价款。如果发包人应扣除的金额超过了应支付的金额，承包人应在合同解除后的 56 天内将其差额退还给发包人。发承包双方不能就解除合同后的结算达成一致的，按照合同约定的争议解决方式处理。

4）因发包人违约解除合同的，发包人除应按照 2）的规定向承包人支付各项价款外，应按合同约定核算发包人应支付的违约金以及给承包人造成损失或损害的索赔金额费用。该笔费用应由承包人提出，发包人核实后应与承包人协商确定后的 7 天内向承包人签发支付证书。协商不能达成一致的，应按照合同约定的争议解决方式处理。

4.4.5　合同价款争议的解决

1. 监理或造价工程师暂定

1）若发包人和承包人之间就工程质量、进度、价款支付与扣除、工期延期、索赔、价款调整等发生任何法律上、经济上或技术上的争议，首先应根据已签约合同的规定，提交合同约定职责范围内的总监理工程师或造价工程师解决，并应抄送另一方。总监理工程师或造价工程师在收到此提交件后 14 天内应将暂定结果通知发包人和承包人。发承包双方对暂定结果认可的，应以书面形式予以确认，暂定结果成为最终决定。

2）发承包双方在收到总监理工程师或造价工程师的暂定结果通知之后的 14 天内未对暂定结果予以确认也未提出不同意见的，应视为发承包双方已认可该暂定结果。

3）发承包双方或一方不同意暂定结果的，应以书面形式向总监理工程师或造价工程师提出，说明自己认为正确的结果，同时抄送另一方，此时该暂定结果成为争议。在暂定结果对发承包双方当事人履约不产生实质影响的前提下，发承包双方应实施该结果，直到按照发承包双方认可的争议解决办法被改变为止。

2. 管理机构的解释或认定

1）合同价款争议发生后，发承包双方可就工程计价依据的争议以书面形式提请工程造价管理机构对争议以书面文件进行解释或认定。

2）工程造价管理机构应在收到申请的 10 个工作日内就发承包双方提请的争议问题进行解释或认定。

3）发承包双方或一方在收到工程造价管理机构书面解释或认定后仍可按照合同约定的争议解决方式提请仲裁或诉讼。除工程造价管理机构的上级管理部门作出了不同的解释或认定，或在仲裁裁决或法院判决中不予采信的外，工程造价管理机构作出的书面解释或认定应为最终结果，并应对发承包双方均具有约束力。

3. 协商和解

1）合同价款争议发生后，发承包双方任何时候都可以进行协商。协商达成一致的，双方应签订书面和解协议，和解协议对发承包双方均具有约束力。

2）如果协商不能达成一致协议，发包人或承包人都可以按合同约定的其他方式解决争议。

4. 调解

1）发承包双方应在合同中约定或在合同签订后共同约定争议调解人，负责双方在合同履行过程中发生争议的调解。

2）合同履行期间，发承包双方可协议调换或终止任何调解人，但发包人或承包人都不能单独采取行动。除非双方另有协议，在最终结清支付证书生效后，调解人的任期应即终止。

3）如果发承包双方发生了争议，任何一方可将该争议以书面形式提交调解人，并将副本抄送另一方，委托调解人调解。

4）发承包双方应按照调解人提出的要求，给调解人提供所需要的资料、现场进入权及相应设施。调解人应被视为不是在进行仲裁人的工作。

5）调解人应在收到调解委托后 28 天内或由调解人建议并经发承包双方认可的其他期限内提出调解书，发承包双方接受调解书的，经双方签字后作为合同的补充文件，对发承包双方均具有约束力，双方都应立即遵照执行。

6）当发承包双方中任一方对调解人的调解书有异议时，应在收到调解书后 28 天内向另一方发出异议通知，并应说明争议的事项和理由。但除调解书在协商和解或仲裁裁决、诉讼判决中作出修改，或合同已经解除外，承包人应继续按照合同实施工程。

7）当调解人已就争议事项向发承包双方提交了调解书，而任一方在收到调解书后 28 天内均未发出表示异议的通知时，调解书对发承包双方应均具有约束力。

5. 仲裁、诉讼

1）发承包双方的协商和解或调解均未达成一致意见，其中的一方已就此争议事项根据合同约定的仲裁协议申请仲裁，应同时通知另一方。

2）仲裁可在竣工之前或之后进行，但发包人、承包人、调解人各自的义务不得因在工程实施期间进行仲裁而有所改变。当仲裁是在仲裁机构要求停止施工的情况下进行时，承包人应对合同工程采取保护措施，由此增加的费用应由败诉方承担。

3）在上述 1～4 项规定的期限之内，暂定或和解协议或调解书已经有约束力的情况下，当发承包中一方未能遵守暂定或和解协议或调解书时，另一方可在不损害他可能具有的任何其他权利的情况下，将未能遵守暂定或不执行和解协议或调解书达成的事项提交仲裁。

4）发包人、承包人在履行合同时发生争议，双方不愿和解、调解或者和解、调解不成，又没有达成仲裁协议的，可依法向人民法院提起诉讼。

4.5 工程计量

4.5.1 一般规定

1）工程量必须按照相关工程现行国家计量规范规定的工程量计算规则计算。

2）工程计量可选择按月或按工程形象进度分段计量，具体计量周期应在合同中约定。

3）因承包人原因造成的超出合同工程范围施工或返工的工程量，发包人不予计量。

4）成本加酬金合同应按下节的规定计量。

4.5.2 单价合同的计量

1）工程量必须以承包人完成合同工程应予计量的工程量确定。

2）施工中进行工程计量，当发现招标工程量清单中出现缺项、工程量偏差或因工程变更引起工程量增减时，应按承包人在履行合同义务中完成的工程量计算。

3）承包人应当按照合同约定的计量周期和时间向发包人提交当期已完工程量报告。发包人应在收到报告后 7 天内核实，并将核实计量结果通知承包人。发包人未在约定时间内进行核实的，承包人提交的计量报告中所列的工程量应视为承包人实际完成的工程量。

4）发包人认为需要进行现场计量核实时，应在计量前 24 小时通知承包人，承包人应为计量提供便利条件并派人参加。当双方均同意核实结果时，双方应在上述记录上签字确认。承包人收到通知后不派人参加计量，视为认可发包人的计量核实结果。发包人不按照约定时间通知承包人，致使承包人未能派人参加计量，计量核实结果无效。

5）当承包人认为发包人核实后的计量结果有误时，应在收到计量结果通知后的 7 天内向发包人提出书面意见，并应附上其认为正确的计量结果和详细的计算资料。发包人收到书面意见后，应在 7 天内对承包人的计量结果进行复核后通知承包人。承包人对复核计量结果仍有异议的，按照合同约定的争议解决办法处理。

6）承包人完成已标价工程量清单中每个项目的工程量并经发包人核实无误后，发承包双方应对每个项目的历次计量报表进行汇总，以核实最终结算工程量，并应在汇总表上签字确认。

4.5.3　总价合同的计量

1）采用工程量清单方式招标形成的总价合同，其工程量应按照本节的规定计算。

2）采用经审定批准的施工图样及其预算方式发包形成的总价合同，除按照工程变更规定的工程量增减外，总价合同各项目的工程量应为承包人用于结算的最终工程量。

3）总价合同约定的项目计量应以合同工程经审定批准的施工图样为依据，发承包双方应在合同中约定工程计量的形象目标或时间节点进行计量。

4）承包人应在合同约定的每个计量周期内对已完成的工程进行计量，并向发包人提交达到工程形象目标完成的工程量和有关计量资料的报告。

5）发包人应在收到报告后 7 天内对承包人提交的上述资料进行复核，以确定实际完成的工程量和工程形象目标。对其有异议的，应通知承包人进行共同复核。

4.6　竣工结算与支付

4.6.1　一般规定

1）工程完工后，发承包双方必须在合同约定时间内办理工程竣工结算。

2）工程竣工结算应由承包人或受其委托具有相应资质的工程造价咨询人编制，并应由发包人或受其委托具有相应资质的工程造价咨询人核对。

3）当发承包双方或一方对工程造价咨询人出具的竣工结算文件有异议时，可向工程造价管理机构投诉，申请对其进行执业质量鉴定。

4）工程造价管理机构对投诉的竣工结算文件进行质量鉴定，宜按 4.7 节的相关规定进行。

5）竣工结算办理完毕，发包人应将竣工结算文件报送工程所在地或有该工程管辖权的行业管理部门的工程造价管理机构备案，竣工结算文件应作为工程竣工验收备案、交付使用的必备文件。

4.6.2　编制与复核

1）工程竣工结算应根据下列依据编制和复核：

①《建设工程工程量清单计价规范》GB 50500—2013。

② 工程合同。

③ 发承包双方实施过程中已确认的工程量及其结算的合同价款。

④ 发承包双方实施过程中已确认调整后追加（减）的合同价款。

⑤ 建设工程设计文件及相关资料。

⑥ 投标文件。

⑦ 其他依据。

2）分部分项工程和措施项目中的单价项目应依据发承包双方确认的工程量与已标价工程量清单的综合单价计算；发生调整的，应以发承包双方确认调整的综合单价计算。

3）措施项目中的总价项目应依据已标价工程量清单的项目和金额计算；发生调整的，应以发承包双方确认调整的金额计算，其中安全文明施工费应按 4.1.1 中第 5）条的规定计算。

4）其他项目应按下列规定计价：

① 计日工应按发包人实际签证确认的事项计算。

② 暂估价应按 4.4.2 中 9. 的规定计算。

③ 总承包服务费应依据已标价工程量清单金额计算；发生调整的，应以发承包双方确认调整的金额计算。

④ 索赔费用应依据发承包双方确认的索赔事项和金额计算。

⑤ 现场签证费用应依据发承包双方签证资料确认的金额计算。

⑥ 暂列金额应减去合同价款调整（包括索赔、现场签证）金额计算，如有余额归发包人。

5）规费和税金应按 4.1.1 中第 6）条的规定计算。规费中的工程排污费应按工程所在地环境保护部门规定的标准缴纳后按实列入。

6）发承包双方在合同工程实施过程中已经确认的工程计量结果和合同价款，在竣工结算办理中应直接进入结算。

4.6.3 竣工结算

1）合同工程完工后，承包人应在经发承包双方确认的合同工程期中价款结算的基础上汇总编制完成竣工结算文件，应在提交竣工验收申请的同时向发包人提交竣工结算文件。

承包人未在合同约定的时间内提交竣工结算文件，经发包人催告后 14 天内仍未提交或没有明确答复的，发包人有权根据已有资料编制竣工结算文件，作为办理竣工结算和支付结算款的依据，承包人应予以认可。

2）发包人应在收到承包人提交的竣工结算文件后的 28 天内核对。发包人经核实：认为承包人还应进一步补充资料和修改结算文件，应在上述时限内向承包人提出核实意见，承包人在收到核实意见后的 28 天内应按照发包人提出的合理要求补充资料，修改竣工结算文件，并应再次提交给发包人复核后批准。

3）发包人应在收到承包人再次提交的竣工结算文件后的 28 天内予以复核，将复核结果通知承包人，并应遵守下列规定：

① 发包人、承包人对复核结果无异议的，应在 7 天内在竣工结算文件上签字确认，竣工结算办理完毕。

② 发包人或承包人对复核结果认为有误的，无异议部分按照 1）规定办理不完全竣工结算；有异议部分由发承包双方协商解决；协商不成的，应按照合同约定的争议解决方式处理。

4）发包人在收到承包人竣工结算文件后的 28 天内，不核对竣工结算文件或未提出核对意见的，应视为承包人提交的竣工结算文件已被发包人认可，竣工结算办理完毕。

5）承包人在收到发包人提出的核实意见后的 28 天内，不确认也未提出异议的，应视为发包人提出的核实意见已被承包人认可，竣工结算办理完毕。

6）发包人委托工程造价咨询人核对竣工结算的，工程造价咨询人应在 28 天内核对完毕，核对结论与承包人竣工结算文件不一致的，应提交给承包人复核；承包人应在 14 天内将同意核对结论或不同意见的说明提交工程造价咨询人。工程造价咨询人收到承包人提出的异议后，应再次复核，复核无异议的，应按 3）中①的规定办理，复核后仍有异议的，按 3）中②的规定办理。

承包人逾期未提出书面异议的，应视为工程造价咨询人核对的竣工结算文件已经承包人认可。

7）对发包人或发包人委托的工程造价咨询人指派的专业人员与承包人指派的专业人员经核对后无异议并签名确认的竣工结算文件，除非发承包人能提出具体、详细的不同意见，发承包人都应在竣工结算文件上签名确认，如其中一方拒不签认的，按下列规定办理：

① 若发包人拒不签认的，承包人可不提供竣工验收备案资料，并有权拒绝与发包人或其上级部门委托的工程造价咨询人重新核对竣工结算文件。

② 若承包人拒不签认的，发包人要求办理竣工验收备案的，承包人不得拒绝提供竣工验收资料，否则，由此造成的损失，承包人承担相应责任。

8）合同工程竣工结算核对完成，发承包双方签字确认后，发包人不得要求承包人与另一个或多个工程造价咨询人重复核对竣工结算。

9）发包人对工程质量有异议，拒绝办理工程竣工结算的，已竣工验收或已竣工未验收但实际投入使用的工程，其质量争议应按该工程保修合同执行，竣工结算应按合同约定办理；已竣工未验收且未实际投入使用的工程以及停工、停建工程的质量争议，双方应就有争议的部分委托有资质的检测鉴定机构进行检测，并应根据检测结果确定解决方案，或按工程质量监督机构的处理决定执行后办理竣工结算，无争议部分的竣工结算应按合同约定办理。

4.6.4　结算款支付

1）承包人应根据办理的竣工结算文件向发包人提交竣工结算款支付申请。申请应包括下列内容：

① 竣工结算合同价款总额。

② 累计已实际支付的合同价款。

③ 应预留的质量保证金。

④ 实际应支付的竣工结算款金额。

2）发包人应在收到承包人提交竣工结算款支付申请后 7 天内予以核实，向承包人签发竣工结算支付证书。

3）发包人签发竣工结算支付证书后的 14 天内，应按照竣工结算支付证书列明的金额向承包人支付结算款。

4）发包人在收到承包人提交的竣工结算款支付申请后 7 天内不予核实，不向承包入签发竣工结算支付证书的，视为承包人的竣工结算款支付申请已被发包人认可；发包人应在收到承包人提交的竣工结算款支付申请 7 天后的 14 天内，按照承包人提交的竣工结算款支付申请列明的金额向承包人支付结算款。

5）发包人未按照 3）、4）规定支付竣工结算款的，承包人可催告发包人支付，并有权获得延迟支付的利息。发包人在竣工结算支付证书签发后或者在收到承包人提交的竣工结算款支付申请 7 天后的 56 天内仍未支付的，除法律另有规定外，承包人可与发包人协商将该工程折价，也可直接向人民法院申请将该工程依法拍卖。承包人应就该工程折价或拍卖的价款优先受偿。

4.6.5　质量保证金

1）发包人应按照合同约定的质量保证金比例从结算款中预留质量保证金。

2）承包人未按照合同约定履行属于自身责任的工程缺陷修复义务的，发包人有权从质量保证金中扣除用于缺陷修复的各项支出。经查验，工程缺陷属于发包人原因造成的，应由发包人承担查验和缺陷修复的费用。

3）在合同约定的缺陷责任期终止后，发包人应按照下节的规定，将剩余的质量保证金返还给承包人。

4.6.6　最终结清

1）缺陷责任期终止后，承包人应按照合同约定向发包人提交最终结清支付申请。发包人对最终结清支付申请有异议的，有权要求承包人进行修正和提供补充资料。承包人修正后，应再次向发包人提交修正后的最终结清支付申请。

2）发包人应在收到最终结清支付申请后的 14 天内予以核实，并应向承包人签发最终结清支付证书。

3）发包人应在签发最终结清支付证书后的 14 天内，按照最终结清支付证书列明的金额向承包人支付最终结清款。

4）发包人未在约定的时间内核实，又未提出具体意见的，应视为承包人提交的最终结清支付申请已被发包人认可。

5）发包人未按期最终结清支付的，承包人可催告发包人支付，并有权获得延迟支付的利息。

6）最终结清时，承包人被预留的质量保证金不足以抵减发包人工程缺陷修复费用的，承包人应承担不足部分的补偿责任。

7）承包人对发包人支付的最终结清款有异议的，应按照合同约定的争议解决方式处理。

4.7　工程造价鉴定

4.7.1　一般规定

1）在工程合同价款纠纷案件处理中，需作工程造价司法鉴定的，应委托具有相应资质的工程造价咨询人进行。

2）工程造价咨询人接受委托时提供工程造价司法鉴定服务，应按仲裁、诉讼程序和要求进行，并应符合国家关于司法鉴定的规定。

3）工程造价咨询人进行工程造价司法鉴定时，应指派专业对口、经验丰富的注册造价工程师承担鉴定工作。

4）工程造价咨询人应在收到工程造价司法鉴定资料后 10 天内，根据自身专业能力和证据资料判断能否胜任该项委托，如不能，应辞去该项委托。工程造价咨询人不得在鉴定期满后以上述理由不作出鉴定结论，影响案件处理。

5）接受工程造价司法鉴定委托的工程造价咨询人或造价工程师如是鉴定项目一方当事人的近亲属或代理人、咨询人以及其他关系可能影响鉴定公正的，应当自行回避；未自行回避，鉴定项目委托人以该理由要求其回避的，必须回避。

6）工程造价咨询人应当依法出庭接受鉴定项目当事人对工程造价司法鉴定意见书的质询。如确因特殊原因无法出庭的，经审理该鉴定项目的仲裁机关或人民法院准许，可以书面形式答复当事人的质询。

4.7.2　取证

1）工程造价咨询人进行工程造价鉴定工作时，应自行收集以下（但不限于）鉴定资料：

① 适用于鉴定项目的法律、法规、规章、规范性文件以及规范、标准、定额。

② 鉴定项目同时期同类型工程的技术经济指标及其各类要素价格等。

2）工程造价咨询人收集鉴定项目的鉴定依据时，应向鉴定项目委托人提出具体书面要求，其内容包括以下几个方面。

① 与鉴定项目相关的合同、协议及其附件。

② 相应的施工图样等技术经济文件。

③ 施工过程中的施工组织、质量、工期和造价等工程资料。

④ 存在争议的事实及各方当事人的理由。

⑤ 其他有关资料。

3）工程造价咨询人在鉴定过程中要求鉴定项目当事人对缺陷资料进行补充的，应征得鉴定项目委托人同意，或者协调鉴定项目各方当事人共同签认。

4）根据鉴定工作需要现场勘验的，工程造价咨询人应提请鉴定项目委托人组织各方当事人对被鉴定项目所涉及的实物标的进行现场勘验。

5）勘验现场应制作勘验记录、笔录或勘验图表，记录勘验的时间、地点、勘验人、在场人、勘验经过、结果，由勘验人、在场人签名或者盖章确认。绘制的现场图应注明绘制的时间、测绘人姓名、身份等内容。必要时应采取拍照或摄像取证，留下影像资料。

6）鉴定项目当事人未对现场勘验图表或勘验笔录等签字确认的，工程造价咨询人应提请鉴定项目委托人决定处理意见，并在鉴定意见书中作出表述。

4.7.3　鉴定

1）工程造价咨询人在鉴定项目合同有效的情况下应根据合同约定进行鉴定，不得任意改变双方合法的合意。

2）工程造价咨询人在鉴定项目合同无效或合同条款约定不明确的情况下应根据法律法规、相关国家标准和《建设工程工程量清单计价规范》GB 50500—2013 的规定，选择相应专业工程的计价依据和方法进行鉴定。

3）工程造价咨询人出具正式鉴定意见书之前，可报请鉴定项目委托人向鉴定项目各方当事人发出鉴定意见书征求意见稿，并指明应书面答复的期限及其不答复的相应法律责任。

4）工程造价咨询人收到鉴定项目各方当事人对鉴定意见书征求意见稿的书面复函后，应对不同意见认真复核，修改完善后再出具正式鉴定意见书。

5）工程造价咨询人出具的工程造价鉴定书应包括下列内容：

① 鉴定项目委托人名称、委托鉴定的内容。

② 委托鉴定的证据材料。

③ 鉴定的依据及使用的专业技术手段。

④ 对鉴定过程的说明。

⑤ 明确的鉴定结论。

⑥ 其他需说明的事宜。

⑦ 工程造价咨询人盖章及注册造价工程师签名盖执业专用章。

6) 工程造价咨询人应在委托鉴定项目的鉴定期限内完成鉴定工作, 如确因特殊原因不能在原定期限内完成鉴定工作时, 应按照相应法规提前向鉴定项目委托人申请延长鉴定期限, 并应在此期限内完成鉴定工作。

经鉴定项目委托人同意等待鉴定项目当事人提交、补充证据的, 质证所用的时间不应计入鉴定期限。

7) 对于已经出具的正式鉴定意见书中有部分缺陷的鉴定结论, 工程造价咨询人应通过补充鉴定作出补充结论。

4.8 工程计价资料与档案

4.8.1 计价资料

1) 发承包双方应当在合同中约定各自在合同工程中现场管理人员的职责范围, 双方现场管理人员在职责范围内签字确认的书面文件是工程计价的有效凭证, 但如有其他有效证据或经实证证明其是虚假的除外。

2) 发承包双方不论在何种场合对与工程计价有关的事项所给予的批准、证明、同意、指令、商定、确定、确认、通知和请求, 或表示同意、否定、提出要求和意见等, 均应采用书面形式, 口头指令不得作为计价凭证。

3) 任何书面文件送达时, 应由对方签收, 通过邮寄应采用挂号、特快专递传送, 或以发承包双方商定的电子传输方式发送, 交付、传送或传输至指定的接收人的地址。如接收人通知了另外地址时, 随后通信信息应按新地址发送。

4) 发承包双方分别向对方发出的任何书面文件, 均应将其抄送现场管理人员, 如系复印件应加盖合同工程管理机构印章, 证明与原件相同。双方现场管理人员向对方所发任何书面文件, 也应将其复印件发送给发承包双方, 复印件应加盖合同工程管理机构印章, 证明与原件相同。

5) 发承包双方均应当及时签收另一方送达其指定接收地点的来往信函, 拒不签收的, 送达信函的一方可以采用特快专递或者公证方式送达, 所造成的费用增加 (包括被迫采用特殊送达方式所发生的费用) 和延误的工期由拒绝签收一方承担。

6）书面文件和通知不得扣压，一方能够提供证据证明另一方拒绝签收或已送达的，应视为对方已签收并应承担相应责任。

4.8.2　计价档案

1）发承包双方以及工程造价咨询人对具有保存价值的各种载体的计价文件，均应收集齐全，整理立卷后归档。

2）发承包双方和工程造价咨询人应建立完善的工程计价档案管理制度，并应符合国家和有关部门发布的档案管理相关规定。

3）工程造价咨询人归档的计价文件，保存期不宜少于五年。

4）归档的工程计价成果文件应包括纸质原件和电子文件，其他归档文件及依据可为纸质原件、复印件或电子文件。

5）归档文件应经过分类整理，并应组成符合要求的案卷。

6）归档可以分阶段进行，也可以在项目竣工结算完成后进行。

7）向接受单位移交档案时，应编制移交清单，双方应签字、盖章后方可交接。

5 装饰装修工程定额工程量计算

5.1 楼地面工程

5.1.1 楼地面工程定额说明

1. 按《全国统一建筑工程基础定额》GJD—101—95 执行的项目
定额说明如下：

1）楼地面工程中的水泥砂浆、水泥石子浆、混凝土等的配合比，如设计规定与定额不同时，可以换算。

2）整体面层、块料面层中的楼地面项目，均不包括踢脚板工料；楼梯不包括踢脚板、侧面及板底抹灰，另按相应定额项目计算。

3）踢脚板高度是按 150mm 编制的，超过时，材料用量可以调整，人工、机械用量不变。

4）菱苦土地面、现浇水磨石定额项目已包括酸洗打蜡工料，其余项目均不包括酸洗打蜡。

5）扶手、栏杆、栏板适用于楼梯、走廊、回廊及其他装饰性栏杆、栏板。扶手不包括弯头制安，另按弯头单项定额计算。

6）台阶不包括牵边、侧面装饰。

7）定额中的"零星装饰"项目，适用于小便池、蹲位、池槽等。定额中未列的项目，可按墙、柱面中相应项目计算。

8）木地板中的硬、杉、松木板，是按毛料厚度 25mm 编制的，设计厚度与定额厚度不同时，可以换算。

9）地面伸缩缝按《全国统一建筑工程基础定额》GJD—101—95 第九章相应项目及规定计算。

10）碎石、砾石灌沥青垫层按《全国统一建筑工程基础定额》GJD—101—95 第十章相应项目计算。

11）钢筋混凝土垫层按混凝土垫层项目执行，其钢筋部分按相应项目及规定计算。

12）各种明沟平均净空断面（深×宽）均是按 190mm×260mm 计算的，断面不同时允许换算。

2. 按《全国统一建筑装饰装修工程消耗量定额》GYD—101—2002 执行的项目

定额说明如下：

1）同一铺贴面上有不同种类、材质的材料，应分别执行相应定额子目。

2）扶手、栏杆、栏板适用于楼梯、走廊、回廊及其他装饰性栏杆、栏板。

3）零星项目面层适用于楼梯侧面、台阶的牵边、小便池、蹲便台、池槽在 1m² 以内且定额未列项目的工程。

4）木地板填充材料，按照《全国统一建筑工程基础定额》相应子目执行。

5）大理石、花岗岩楼地面拼花按成品考虑。

6）镶贴面积小于 0.015m² 的石材执行点缀定额。

5.1.2　楼地面工程工程量计算规则

1. 按《全国统一建筑工程预算工程量计算规则》执行的项目

工程量计算规则如下：

1）地面垫层按室内主墙间净空面积乘以设计厚度以立方米计算。应扣除凸出地面的构筑物、设备基础、室内管道、地沟等所占体积，不扣除柱、垛、间壁墙、附墙烟囱及面积在 0.3m² 以内孔洞所占体积。

2）整体面层、找平层均按主墙间净空面积以平方米计算。应扣除凸出地面构筑物、设备基础、室内管道、地沟等所占面积，不扣除柱、垛、间壁墙、附墙烟囱及面积在 0.3m² 以内的孔洞所占面积，但门洞、空圈、暖气包槽、壁龛的开口部分也不增加。

3）块料面层按图示尺寸实铺面积以平方米计算，门洞、空圈、暖气包槽和壁龛的开口部分的工程量并入相应的面层内计算。

4）楼梯面层（包括踏步、平台以及小于 500mm 宽的楼梯井）按水平投影面积计算。

5）台阶面层（包括踏步及最上一层踏步沿 300mm）按水平投影面积计算。

6）其他分项工程的工程量计算。

① 踢脚板按延长米计算，洞口、空圈长度不予扣除，洞口、空圈、垛、附墙烟囱等侧壁长度也不增加。

② 散水、防滑坡道按图示尺寸以平方米计算。

③ 栏杆、扶手包括弯头长度按延长米计算。

④ 防滑条按楼梯踏步两端距离减 300mm 以延长米计算。

⑤ 明沟按图示尺寸以延长米计算。

2. 按《全国统一建筑装饰装修工程消耗量定额》执行的项目

工程量计算规则如下：

1）楼地面装饰面积按饰面的净面积计算，不扣除 0.1m² 以内的孔洞所占面积；拼花部分按实贴面积计算。

2）楼梯面积（包括踏步、休息平台以及小于 50mm 宽的楼梯井）按水平投影面积计算。

3）台阶面层（包括踏步以及上一层踏步沿 300mm）按水平投影面积计算。

4）踢脚线按实贴长乘高以平方米计算，成品踢脚线按实贴延长米计算；楼梯踢脚线按相应定额乘以 1.15 系数。

5）点缀按个计算，计算主体铺贴地面面积时，不扣除定额所占面积。

6）零星项目按实铺面积计算。

7）栏杆、栏板、扶手均按其中心线长度以延长米计算，计算扶手时不扣除弯头所占长度。

8）弯头按个计算。

9）石材底面刷养护液按底面面积加 4 个侧面面积，以平方米计算。

5.1.3 楼地面工程定额工程量计算实例

【例 5-1】 请计算花岗岩楼梯装饰面层的工程量（有走道墙的楼梯），见图 5-1。

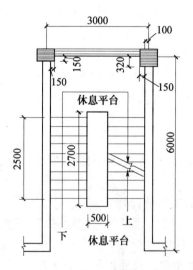

图 5-1 花岗岩楼梯装饰面层

【解】

按照计算规则，工程量：6×（3-0.1×2）-0.15×0.15-0.32×0.15-

$0.5 \times 2.7 = 15.38$ （m²）

【例 5-2】　如图 5-2 所示，按照此房间平面图，请分别计算房间的铺贴大理石以及做现浇水磨石整体面层时需要的工程量。

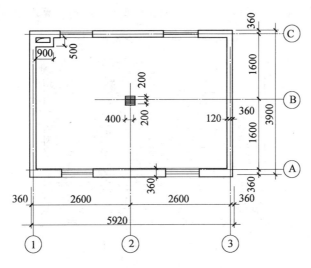

图 5-2　房间平面图

【解】

按照楼地面工程量计算规则，铺贴大理石地面面层的工程量是：

①～③长的净尺寸：$2.6 + 2.6 - 0.12 \times 2 = 4.96$ （m²）

Ⓐ～Ⓒ宽的净尺寸：$1.6 + 1.6 - 0.12 \times 2 = 2.96$ （m²）

扣除烟道面积：$0.9 \times 0.4 = 0.36$ （m²）

扣除柱面积：$0.4 \times 0.4 = 0.16$ （m²）

【例 5-3】　图 5-3 为××工具室平面示意图，请计算毛石灌浆垫层工程量（做毛石灌 M2.5 混合砂浆，厚 165mm，素土夯实）。

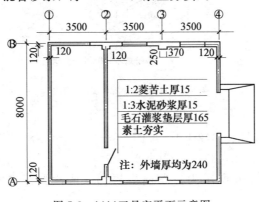

图 5-3　××工具室平面示意图

【解】

毛石灌浆垫层工程量：

$(8.2-0.12×2)×(3.5×3-0.12×2)×0.165=13.14(\text{m}^3)$

【例5-4】 图5-4所示为××居室地面施工图，请计算木地板的工程量。

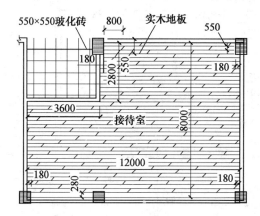

图5-4 实木地板平面图

【解】

木地板工程量：

$8×12-2.8×3.6-0.55×0.18×2-0.18×0.28×2-0.28×0.55=86.03(\text{m}^2)$

【例5-5】 图5-5所示为一花岗岩台阶，请计算台阶牵边装饰面层的工程量。

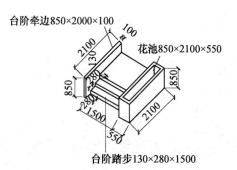

图5-5 花岗岩台阶牵边三视图

【解】

工程量：$0.85×2.1×2+0.1×(0.85+2.1)-0.28×0.13-0.28×0.28$
$-0.425×(2.1-0.28×3)=3.22(\text{m}^2)$

【例5-6】 图5-6所示为一花岗岩楼梯，请计算其侧面装饰面层的工程量。

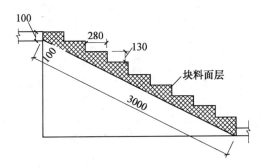

图 5-6 花岗岩楼梯装饰面层侧面图

【解】

工程量：$0.1 \times 3 + 0.28 \times 0.13 \times (1/2) \times 9 = 0.46 (m^2)$

【例 5-7】 图 5-7 所示为××酒店装饰工程大堂花岗岩地面部分施工，请计算其工程量。

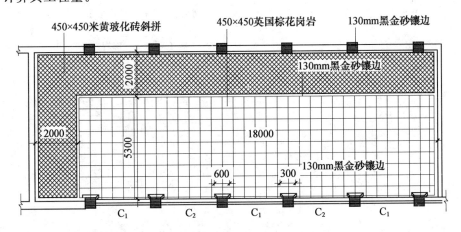

图 5-7 花岗岩地面

【解】

450×450 英国棕花岗岩面积：

$(18 - 0.13) \times (5.3 - 0.13) - 0.6 \times 0.13 \times 6 = 91.92 (m^2)$

450×450 米黄玻化砖斜拼：

$(18 + 2 - 0.13 \times 2) \times 2 + 5.3 \times 2 = 50.08 (m^2)$

130mm 黑金砂镶边面积：

$(18 + 2) \times (5.3 + 2) - 91.92 - 50.08 - 0.3 \times 0.13 \times 6 = 3.77 (m^2)$

【例 5-8】 图 5-8 所示为一蹲台，请计算其装饰面层的工程量。

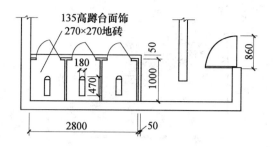

图 5-8 蹲台装饰面层

【解】

工程量：$(2.8+0.05)\times(1+0.05)+(2.8+1+0.05\times2)\times0.135=3.52$（m²）

【**例 5-9**】 图 5-9 所示为一花岗岩楼梯，请计算楼梯（无走道墙有梯口梁的楼梯）装饰面层的工程量。

【解】

装饰面层工程量：$4.8\times3.5-0.28\times0.18\times2=16.70$ （m²）

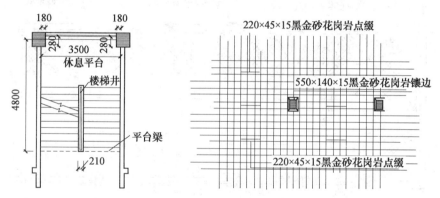

图 5-9 花岗岩楼梯装饰面层   图 5-10 黑金砂花岗岩点缀详图

【**例 5-10**】 按照图 5-10 所示，请计算点缀的工程量。

【解】

点缀＝镶拼个数

黑金砂点缀工程量＝6 个

【**例 5-11**】 图 5-11 所示为一花岗岩台阶，请计算其装饰面层的工程量。

【解】

工程量：$2.15\times(0.3\times2+0.3)=1.94$（m²）

【**例 5-12**】 图 5-12 所示为××办公楼二层示意图，请计算此办公楼的二层房间（不含卫生间）和走廊地面整体面层、找平层以及走廊水泥砂浆踢脚线的工程量（其做法为：1：2.5 的水泥砂浆面层厚度为 23mm，素水泥浆一

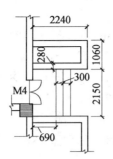

图 5-11 花岗岩台阶装饰
面层平面图

道；C25 细石混凝土找平层厚度为 36mm；水泥砂浆踢脚线高 130mm）。

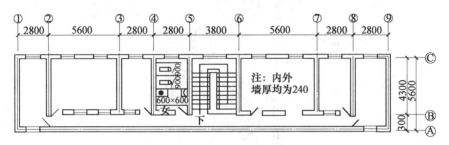

图 5-12 ××办公楼二层示意图

【解】

在整体面层下做找平层时，其工程量和整体面层工程量相同。垫层设计厚度与定额子目厚度不一致时可以进行调整。砂浆配比不一致时，可以进行调整。

按轴线序号排列进行计算：

1）走廊地面整体面层工程量：$(2.8-0.12\times2)\times(5.6-0.12\times2)+(5.6-0.12\times2)\times(4.3-0.12\times2)+(2.8-0.12\times2)\times(4.3-0.12\times2)+(5.6-0.12\times2)\times(4.3-0.12\times2)+(2.8-0.12\times2)\times(4.3-0.12\times2)+(2.8-0.12\times2)\times(5.6-0.12\times2)+(5.6+2.8+2.8+3.8+5.6+2.8-0.12\times2)\times(1.3-0.12\times2)=116.30(m^2)$

2）走廊地面找平层工程量：$(2.8-0.12\times2)\times(5.6-0.12\times2)+(5.6-0.12\times2)\times(4.3-0.12\times2)+(2.8-0.12\times2)\times(4.3-0.12\times2)+(5.6-0.12\times2)\times(4.3-0.12\times2)+(2.8-0.12\times2)\times(4.3-0.12\times2)+(2.8-0.12\times2)\times(5.6-0.12\times2)+(5.6+2.8+2.8+3.8+5.6+2.8-0.12\times2)\times(1.3-0.12\times2)=116.30(m^2)$

3）按延长米计算：

走廊水泥砂浆踢脚线工程量：$(2.8-0.12\times2+5.6-0.12\times2)\times2+(5.6-0.12\times2+4.3-0.12\times2)\times2+(2.8-0.12\times2+4.3-0.12\times2)\times2+(5.6-0.12\times2+4.3-0.12\times2)\times2+(2.8-0.12\times2+4.3-0.12\times2)\times2+(2.8-0.12\times2+5.6-0.12\times2)\times2+(5.6+2.8+2.8+3.8+5.6+2.8-0.12\times2+1.3-0.12\times2)\times2-3.8=140.48$（m）

【例 5-13】 已知××楼梯，见图 5-13，请计算其扶手及弯头的工程量（最上层弯头不计）。

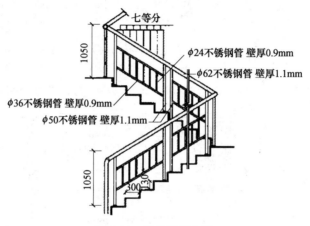

图 5-13　楼梯栏杆立面

【解】

扶手工程量：$\sqrt{0.3^2+0.14^2}\times8\times2=5.30$（m）

弯头工程量＝3（个）

【例 5-14】 依据图 5-14 所示，请计算小便池釉面砖以及拖把池的装饰面层的工程量。

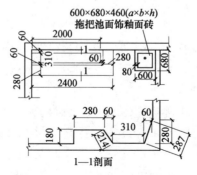

图 5-14　小便池釉面砖装饰图

【解】

1）小便池釉面砖装饰面层工程量：$(2×2+0.06)×0.287/2+(0.31×2+0.06×2)×0.214/2+(2×2+0.06)×0.214/2+0.31×0.18+0.31×2=1.77(m^2)$

2）拖把池装饰面层工程量：$(0.6+0.68)×0.46+(0.6+0.68-0.08×4)×0.46×2+0.6×0.68=1.88(m^2)$

5.2 墙、柱面工程

5.2.1 墙、柱面工程定额说明

1）凡定额注明砂浆种类、配合比、饰面材料以及型材的型号规格与设计不同时，可按设计规定调整，但人工、机械的消耗量不变。

2）抹灰砂浆厚度，如设计与定额取定不同时，除定额有注明厚度的项目可以换算外，其他一律不作调整，见表5-1。

表 5-1 抹灰砂浆定额厚度取定表

定额编号	项　目		砂　浆	厚度/mm
2－101	水刷豆石	砖、混凝土墙面	水泥砂浆 1∶3	12
			水泥豆砂浆 1∶1.25	12
2－002		毛石墙面	水泥砂浆 1∶3	18
			水泥豆砂浆 1∶1.25	12
2－005	水刷白石子	砖、混凝土墙面	水泥砂浆 1∶3	12
			水泥豆砂浆 1∶1.25	10
2－006		毛石墙面	水泥砂浆 1∶3	20
			水泥豆砂浆 1∶1.25	10
2－009	水刷玻璃渣	砖、混凝土墙面	水泥砂浆 1∶3	12
			水泥玻璃砂浆 1∶1.25	12
2－010		毛石墙面	水泥砂浆 1∶3	18
			水泥玻璃砂浆 1∶1.25	12
2－013	干黏白石子	砖、混凝土墙面	水泥砂浆 1∶3	18
2－014		毛石墙面	水泥砂浆 1∶3	30
2－017	干黏玻璃渣	砖、混凝土墙面	水泥砂浆 1∶3	18
2－018		毛石墙面	水泥砂浆 1∶3	30

续表

定额编号	项　目		砂　浆	厚度/mm
2－021	斩假石	砖、混凝土墙面	水泥砂浆 1∶3	12
			水泥白石子砂浆 1∶1.5	10
2－022		毛石墙面	水泥砂浆 1∶3	18
			水泥白石子砂浆 1∶1.5	10
2－025	墙柱面拉条	砖墙面	混合砂浆 1∶0.5∶2	14
			混合砂浆 1∶0.5∶1	10
2－026	墙柱面拉条	混凝土墙面	水泥砂浆 1∶3	14
			混合砂浆 1∶0.5∶1	10
2－027	墙柱面甩毛	砖墙面	混合砂浆 1∶1∶6	12
			混合砂浆 1∶1∶4	6
2－028		混凝土墙面	水泥砂浆 1∶3	10
			水泥砂浆 1∶2.5	6

注：1. 每增减一遍水泥浆或108胶素水泥浆，每平方米增减人工0.01工日，每平方米增减素水泥浆或108胶素水泥浆 0.0012m³。

2. 每增减 1mm 厚砂浆，每平方米增减砂浆 0.0012m³。

3) 圆弧形、锯齿形等不规则墙面抹灰，镶贴块料应按相应项目人工乘以系数1.15，材料乘以系数1.05。

4) 离缝镶贴面砖定额子目，面砖的消耗量分别按缝宽5mm、10mm和20mm考虑，如灰缝不同或灰缝超过20mm以上者，其块料和灰缝材料（水泥砂浆1∶1）用量允许调整，其他不变。

5) 镶贴块料及装饰抹灰的"零星项目"适用于挑檐、天沟、腰线、窗台线、门窗套、压顶、扶手、雨篷周边等。

6) 木龙骨基层是按双向计算的，若设计为单向时，材料、人工用量乘以系数0.55。

7) 定额中木材种类除注明者外，均以一、二类木种为准，例如采用三、四类木种时，人工及机械乘以系数1.3。

8) 面层、隔墙（间壁）、隔断（护壁）定额内，除注明者外均未包括压条、收边、装饰线（板），如设计要求时，应按定额中相应子目执行。

9) 面层、木基层均未包括刷防火涂料，如设计要求时，应按定额中相应的子目执行。

10) 玻璃幕墙设计有平开、推拉窗者，仍执行幕墙定额，窗型材、窗五金相应增加，其他不变。

11) 玻璃幕墙中的玻璃按成品玻璃考虑，幕墙中的避雷装置、防火隔离层定额已综合，但幕墙的封边、封顶的费用另行计算。

12）隔墙（间壁）、隔断（护壁）、幕墙等定额中的龙骨间距、规格如与设计不同时，定额用量允许调整。

5.2.2 墙、柱面工程工程量计算规则

1）外墙面装饰抹灰面积，按垂直投影面积计算，扣除门窗洞口和 0.3m²以上的孔洞所占的面积，门窗洞口及孔洞侧壁面积也不增加。附墙柱侧面抹灰面积并入外墙抹灰面积的工程量内。

2）柱抹灰按结构断面周长乘以高度计算。

3）女儿墙（包括泛水、挑砖）、阳台栏板（不扣除花格所占孔洞面积）内侧抹灰按垂直投影面积乘以系数 1.10，带压顶者乘系数 1.30 按墙面定额执行。

4）"零星项目"按设计图示尺寸以展开面积计算。

5）墙面贴块料面层，按实贴面积计算。

6）墙面贴块料、饰面高度在 300mm 以内者，按踢脚板定额执行。

7）柱饰面面积按外围饰面尺寸乘以高度计算。

8）挂贴大理石、花岗岩中其他零星项目的花岗岩、大理石是按成品考虑的，花岗岩、大理石柱墩、柱帽按最大外径周长计算。

9）除定额已列有柱帽、柱墩的项目外，其他项目的柱帽、柱墩工程量按设计图示尺寸以展开面积计算，并入相应柱面积内，每个柱帽或柱墩另增人工：抹灰 0.25 工日，块料 0.38 工日，饰面 0.5 工日。

10）隔断按墙的净长乘净高计算，扣除门窗洞口及 0.3m² 以上的孔洞所占面积。

11）全玻隔断的不锈钢边框工程量按边框展开面积计算。

12）全玻隔断、全玻幕墙如有加强肋者，工程量按其展开面积计算；玻璃幕墙、铝板幕墙以框外围面积计算。

13）装饰抹灰分格、嵌缝按装饰抹灰面积计算。

5.2.3 墙、柱面工程定额工程量计算实例

【例 5-15】 根据图 5-15 所示，请计算图中建筑物外墙装饰嵌缝的工程量。

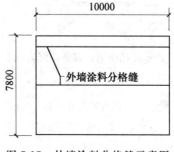

图 5-15 外墙涂料分格缝示意图

【解】

工程量：$10 \times 7.8 = 78(\text{m}^2)$

【例 5-16】 花岗岩窗台板宽为 180mm，见图 5-16。计算宽为 1.5m 的花岗岩窗台板的工程量。

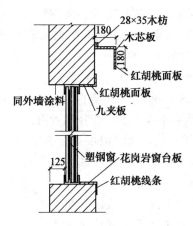

图 5-16 花岗岩窗台板示意图

【解】

工程量：$0.18 \times 1.5 = 0.27$ （m^2）

【例 5-17】 圆柱已知高为 2.6m，见图 5-17。请计算挂贴柱面花岗岩及成品花岗岩线条工程量。

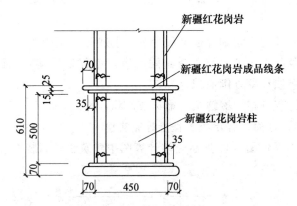

图 5-17 挂贴面花岗岩柱成品花岗岩线条大样图

【解】

挂贴花岗岩柱的工程量：$\pi \times 0.5 \times 2.6 = 4.08(\text{m}^2)$

挂贴花岗岩零星项目：$\pi \times (0.5 + 0.07 \times 2) \times 2 + \pi \times (0.5 + 0.035 \times 2) \times 2 = 7.60(\text{m}^2)$

【**例 5-18**】 图 5-18 所示的房屋外墙是混凝土墙面，设计是水刷白石子，配比为 10mm 厚水泥砂浆 1∶3，8mm 厚水泥白石子浆 1∶1.5，请计算所需工程量。

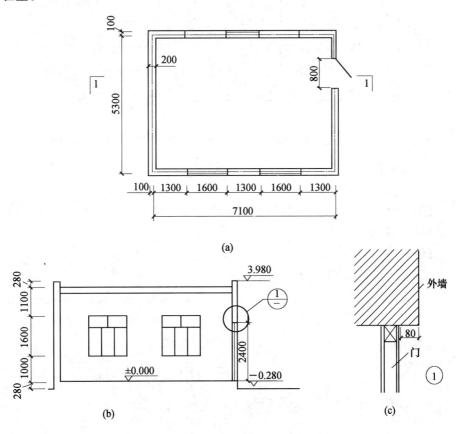

图 5-18 某房屋示意图

(a) 平面图；(b) 1—1 剖面图；(c) 详图

【**解**】

工程量：$(7.1+0.1×2+5.3+0.1×2)×2×(3.98+0.28)-1.6×1.6×4-0.80×2.40=96.90(m^2)$

套用装饰定额：2-005

【**例 5-19**】 图 5-19 所示为一玻璃幕墙，请计算其工程量。

【**解**】

工程量：$6.5×3.1-3.7×1.9=13.12(m^2)$

【**例 5-20**】 图 5-20 所示墙面为 78×34 英国棕花岗岩线条，请计算其工程量。

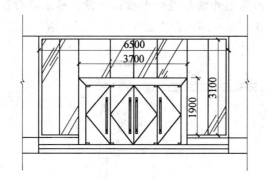

图 5-19 玻璃幕墙示意图   图 5-20 英国棕线条大样图

【解】

工程量：1.5m

【例 5-21】 图 5-21 所示建筑的女儿墙侧长 29m，高为 0.81m，请计算此女儿墙的抹灰工程量。

【解】

工程量：29×0.81＝23.49（m²）

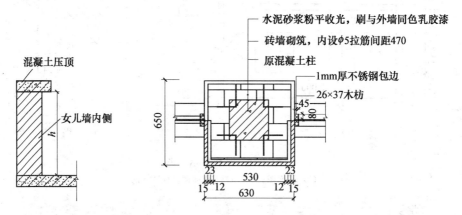

图 5-21 女儿墙内侧示意图   图 5-22 砖结构加大柱子方案

【例 5-22】 已知××砖结构柱子高 2.8m，见图 5-22。请计算柱面水泥砂浆的工程量。

【解】

工程量：0.65×4×2.8＝7.28（m²）

【例 5-23】 已知××墙面挂贴花岗岩，见图 5-23。请计算其工程量。

【解】

工程量：2.07×3.36＝6.96（m²）

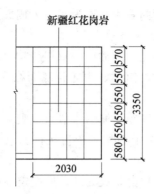

图 5-23　墙面挂贴花岗岩立面图

【例 5-24】　根据图 5-24 所示，请计算外墙面水刷石装饰抹灰的工程量，其中，柱垛侧面宽 150mm。

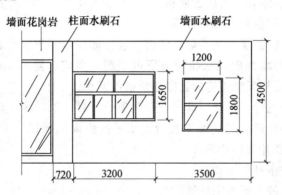

图 5-24　外墙面水刷石立面图

【解】

工程量＝4.5×(3.2＋3.5)−3.2×1.65−1.2×1.8＋(0.72＋0.15×2)×4.5

＝27.3(m²)

5.3　天棚工程

5.3.1　天棚工程定额说明

1) 天棚工程定额除部分项目为龙骨、基层、面层合并列项外，其余均为天棚龙骨、基层、面层分别列项。

2) 龙骨的种类、间距、规格和基层、面层材料的型号、规格是按常用材料和常用做法考虑的，如设计要求不同时，材料可以调整，但人工、机械不变。

3）天棚面层在同一标高者为平面天棚，天棚面层不在同一标高者为跌级天棚（跌级天棚其面层人工乘系数 1.1）。

4）轻钢龙骨、铝合金龙骨定额中为双层结构（即中、小龙骨紧贴大龙骨底面吊挂），如为单层结构时（大、中龙骨底面在同一水平上），人工乘 0.85 系数。

5）定额中平面天棚和跌级天棚指一般直线型天棚，不包括灯光槽的制作安装。灯光槽制作安装应按定额相应子目执行。艺术造型天棚项目中包括灯光槽的制作安装。

6）龙骨架、基层、面层的防火处理，应按定额相应子目执行。

7）天棚检查孔的工料已包括在定额项目内，不另计算。

5.3.2 天棚工程工程量计算规则

1）各种吊顶天棚龙骨按主墙间净空面积计算，不扣除间壁墙、检查洞、附墙烟囱、柱、垛和管道所占面积。

2）天棚基层按展开面积计算。

3）天棚装饰面层，按主墙间实钉（胶）面积以平方米计算，不扣除间壁墙、检查洞、附墙烟囱、垛和管道所占面积，但应扣除 $0.3m^2$ 以上的孔洞、独立柱、灯槽及与天棚相连的窗帘盒所占的面积。

4）定额中龙骨、基层、面层合并列项的子目，工程量计算规则参考1）。

5）板式楼梯底面的装饰工程量按水平投影面积乘以 1.15 系数计算，梁式楼梯底面按展开面积计算。

6）灯光槽按延长米计算。

7）保温层按实铺面积计算。

8）网架按水平投影面积计算。

9）嵌缝按延长米计算。

5.3.3 天棚工程定额工程量计算实例

【例 5-25】 图 5-25 给出××酒店包房房间的天棚是垂直铝片吊顶，请计算其工程量。

【解】

工程量：$5.5 \times 3.24 - 0.12 \times 3.24 = 17.43 (m^2)$

【例 5-26】 图 5-26 所示为一天棚钢网架，请计算其工程量。

【解】

工程量：$4 \times 5.6 = 22.4 (m^2)$

【例 5-27】 图 5-27 所示为××办公楼楼层走廊吊顶平面布置图，请计算吊顶所需工程量。

【解】

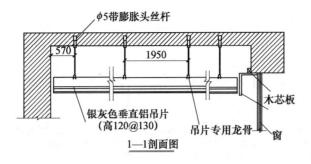

图 5-25 垂直铝片吊顶天棚

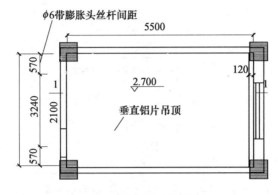

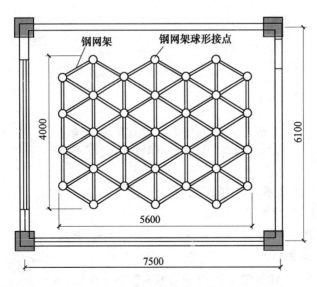

图 5-26 天棚钢网架投影图

1) 轻钢龙骨工程量：27.72×2.66＝73.74（m²）

套用装饰定额：3-025

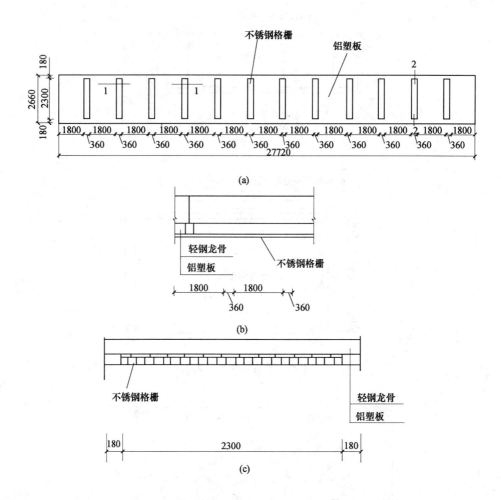

图 5-27 某办公楼楼层走廊吊顶平面布置

(a) 平面图;(b) 1—1 剖面图;(c) 2—2 剖面图

2) 面层嵌入式不锈钢格栅工程量:$0.36 \times 2.3 \times 12 = 9.94 (m^2)$

套用定额:3-140

3) 面层铝合金穿孔面板工程量:$27.72 \times 2.66 - 0.36 \times 2.3 \times 12 = 63.80 (m^2)$

套用定额:3-112

【例 5-28】 请计算图 5-28 中的袋装矿棉的工程量。

【解】

工程量:$[(3.5 - 0.16) \times (6 - 0.13 - 0.08)] - (3.2 + 1.3) \times 2 \times 0.27 = 16.91 (m^2)$

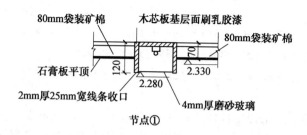

节点①

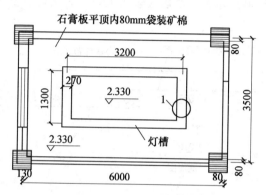

图 5-28 天棚吊顶灯槽布置图

【例 5-29】 图 5-29 所示为一酒店包房吊顶，请计算其吊顶面层的工作量。

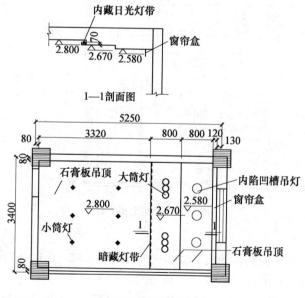

图 5-29 包房天花图

【解】

天棚面层工作量：$(5.25-0.08-0.13)\times(3.4-0.08\times2)=16.33(\text{m}^2)$

窗帘盒面积：$0.12\times(3.4-0.08\times2)=0.39(\text{m}^2)$

展开面积：$[(2.67-2.58)+(2.8-2.67)+0.13+0.07]\times(3.4-0.08\times2)=1.36(\text{m}^2)$

天棚面层实际工程量：$16.33-0.38+1.36=17.31(\text{m}^2)$

【例 5-30】 图 5-30 所示为一酒店大包房天花板，请计算其九夹板基础的工程量。

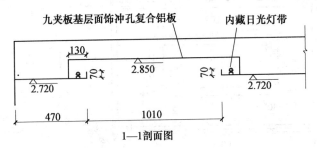

1—1剖面图

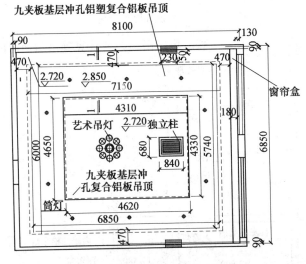

图 5-30 天棚造型吊顶

【解】

工程量：整个面积：$(8.1-0.09-0.13)\times(6.85-0.09\times2)=52.56(\text{m}^2)$

窗帘盒面积：$0.18\times6.67=1.20(\text{m}^2)$

筒灯面积小于 0.3m^2，不扣除；柱垛面积不必扣除；独立柱必须扣除，故：

独立柱面积：$0.84×0.68=0.57(m^2)$

九夹板立面展开部分面积：$(2.85-2.72)×[(7.15+6)×2+(4.31+4.33)×2]+0.07×[(6.85+5.74)×2+(4.65+4.62)×2]+[(7.15×6-6.85×5.74)+(4.65×4.62-4.31×4.33)]=15.13(m^2)$

天棚九夹板基层面积：$52.56-1.20-0.57+17.73=68.52(m^2)$

【例 5-31】 图 5-31 所示为××酒店一客房，请计算其龙骨工程量。

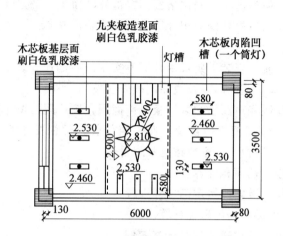

图 5-31 天棚造型吊顶

【解】

工程量：$(6-0.13-0.08)×(3.5-0.08×2)=19.34(m^2)$

5.4 门窗工程

5.4.1 门窗工程定额说明

1) 铝合金门窗制作、安装项目不分现场或施工企业附属加工厂制作，均执行《全国统一建筑装饰装修工程消耗量定额》。

2) 铝合金地弹门制作型材（框料）按 101.6mm×44.5mm、厚 1.5mm 方管制定，单扇平开门、双扇平开窗按 38 系列制定，推拉窗按 90 系列（厚1.5mm）制定。如实际采用的型材断面及厚度与定额取定规格不符者，可按图示尺寸乘以密度加 6% 的施工耗损计算型材重量。

3) 装饰板门扇制作安装按木龙骨、基层、饰面板面层分别计算。

4) 成品门窗安装项目中，门窗附件按包含在成品门窗单价内考虑；铝合金门窗制作、安装项目中未含五金配件，五金配件按《全国统一建筑装饰装修工程消耗量定额》附表选用。

5.4.2　门窗工程工程量计算规则

1) 铝合金门窗、彩板组角门窗、塑钢门窗安装均按洞口面积以平方米计算。纱窗制作安装按扇外围面积计算。

2) 卷闸门安装按其安装高度乘以门的实际宽度以平方米计算。安装高度算至滚筒顶点为准，带卷闸罩的按展开面积增加，电动装置安装以套计算，小门安装以个计算，小门面积不扣除。

3) 防盗门、防盗窗、不锈钢格栅门按框外围面积以平方米计算。

4) 成品防火门以框外围面积计算，防火卷帘门从地（楼）面算至端板顶点乘以设计宽度。

5) 实木门框制作安装以延长米计算。实木门扇制作安装及装饰门扇制作按扇外围面积计算。装饰门扇及成品门扇安装按扇计算。

6) 木门扇皮制隔声面层和装饰板隔声面层，按单面面积计算。

7) 不锈钢板包门框、门窗套、花岗岩门套、门窗筒子板按展开面积计算。门窗贴脸、窗帘盒、窗帘轨按延长米计算。

8) 窗台板按实铺面积计算。

9) 电子感应门及转门按定额尺寸以樘计算。

10) 不锈钢电动伸缩门以樘计算。

5.4.3　门窗工程定额工程量计算实例

【例 5-32】　图 5-32 所示为一双开防火门，请计算其工程量。

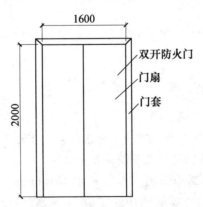

图 5-32　双开防火门立面图

【解】

工程量：$1.6 \times 2 = 3.2$（m^2）

【例 5-33】　已知一居室平面图，见图 5-33。请计算 C1 窗工程量。

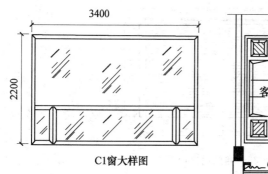
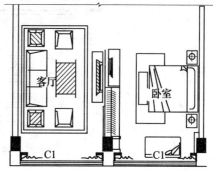

图 5-33 居室平面图

【解】

C1 窗工程量：$2.2 \times 3.4 \times 2 = 14.96$（$m^2$）

【例 5-34】 已知××酒店客房门是实木门扇及门框，见图 5-34。请计算门框与门扇的工程量。

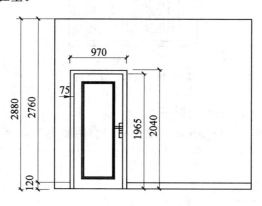

图 5-34 双开防火门立面图

【解】

实木门框制作安装工程量：$2.04 \times 2 + (0.97 - 0.075 \times 2) = 4.9$(m)

门扇制作安装工程量：$1.965 \times (0.97 - 0.075 \times 2) = 1.61$($m^2$)

【例 5-35】 由图 5-35 可知××汽车维修车间门为卷闸门，安装时测量，卷筒罩展开面积是 3.2m^2，请计算其工程量。

【解】

工程量：$5 \times 2.8 + 3.2 = 17.2$（$m^2$）

【例 5-36】 由图 5-36 可知，××KTV 大门面层为隔声饰面板，请计算其隔声面层工程量。

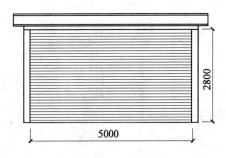

图 5-35　卷闸门立面图

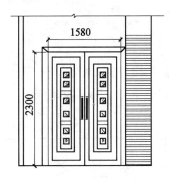

图 5-36　隔声门立面图

【解】

工程量：$2.3 \times 1.58 = 3.63 (\text{m}^2)$

【例 5-37】　××办公楼房间门贴脸和门套图如图 5-37 所示，请计算其工程量。

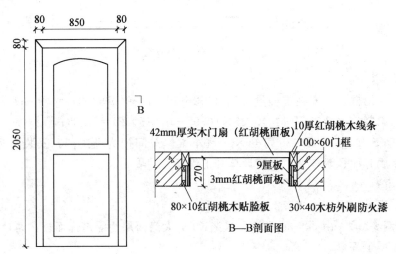

图 5-37　实木门大样图

【解】

门贴脸工程量：$[(2.05+0.08)\times2+0.85]\times2=10.22(m^2)$

门套工程量：$0.27\times(2.05\times2+0.85)=1.34(m^2)$

【例 5-38】　由图 5-38 可知，一车间安装塑钢门窗，门洞口尺寸是 1 900mm×2 500mm，窗洞口尺寸为 1 600mm×2 150mm，无纱扇，计算其门窗安装需用工程量。

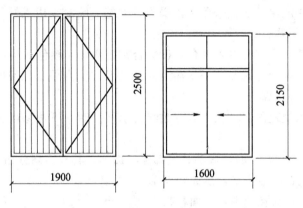

图 5-38　塑钢门窗

【解】

(1) 塑钢门工程量：$1.90\times2.50=4.75$（m^2）

套用定额：4-044

(2) 塑钢窗工程量：$1.60\times2.15=3.44$（m^2）

套用定额：4-045

【例 5-39】　由图 5-39 知，××酒店窗台板为英国棕花岗岩，窗台长为 2.8m，计算其窗台板的工程量。

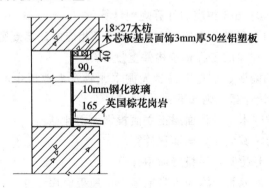

图 5-39　窗台板大样图

【解】

窗台板工程量：$0.165 \times 2.8 = 0.46$（m^2）

5.5 油漆、涂料、裱糊工程

5.5.1 油漆、涂料、裱糊工程定额说明

1）定额中刷涂、刷油采用手工操作；喷塑、喷涂采用机械操作。操作方法不同时，不予调整。

2）油漆浅、中、深各种颜色，已综合在定额内，颜色不同，不另调整。

3）定额已综合考虑在同一平面上的分色及门窗内外分色问题。如需做美术图案者，另行计算。

4）定额内规定的喷、涂、刷遍数与要求不同时，可按每增加一遍定额项目进行调整。

5）喷塑（一塑三油）、底油、装饰漆、面油，其规格划分如下：

① 大压花：喷点压平，点面积在 $1.2 cm^2$ 以上。

② 中压花：喷点压平，点面积在 $1 \sim 1.2 cm^2$。

③ 喷中点、幼点：喷点面积在 $1 cm^2$ 以下。

6）定额中的双层木门窗（单裁口）是指双层框扇。三层二玻一纱窗是指双层框三层扇。

7）定额中的单层木门刷油是按双面刷油考虑的，如采用单面刷油，其定额含量乘以 0.49 系数计算。

8）定额中的木扶手油漆按不带托板考虑。

5.5.2 油漆、涂料、裱糊工程工程量计算规则

1）楼地面、天棚、墙、柱、梁面的喷（刷）涂料、抹灰面油漆及裱糊工程，均按表 5-2 至表 5-6 相应的计算规则计算。

2）木材面的工程量分别按表 5-2 至表 5-6 相应的计算规则计算。

3）金属构件油漆的工程量按构件重量计算。

4）定额中的隔断、护壁、柱、天棚木龙骨及木地板中木龙骨带毛地板，刷防火涂料工程量计算规则如下：

① 隔墙、护壁木龙骨按面层正立面投影面积计算。

② 柱木龙骨按其面层外同面积计算。

③ 天棚木龙骨按其水平投影面积计算。

④ 木地板中木龙骨及木龙骨带毛地板按地板面积计算。

⑤ 隔墙、护壁、柱、天棚面层及木地板刷防火涂料，执行其他木材刷防火涂料子目。

⑥ 木楼梯（不包括底面）油漆，按水平投影面积乘以 2.3 系数，执行木地板相应子目。

表 5-2　执行木门定额工程量系数表

项目名称	系数	工程量计算方法
单层木门	1.00	
双层（一玻一纱）木门	1.36	
双层（单裁口）木门	2.00	按单面洞口面积计算
单层全破门	0.83	
木百叶门	1.25	

注：本表为木材油漆面。

表 5-3　执行木窗定额工程量系数表

项目名称	系数	工程量计算方法
单层玻璃窗	1.00	
双层（一玻一纱）木窗	1.36	
双层（单裁口）木窗	2.00	
双层框三层（一玻一纱）木窗	2.60	按单面洞口面积计算
单层组合窗	0.83	
双层组合窗	1.13	
水百叶窗	1.50	

注：本表为木材油漆面。

表 5-4　执行木扶手定额工程量系数表

项目名称	系数	工程量计算方法
木扶手（不带托板）	1.00	
木扶手（带托板）	2.60	
窗帘盒	2.04	
封檐板、顺水板	1.74	按延长米计算
挂衣板、黑板框、单独木线条100mm以外	0.52	
挂镜线、窗帘柜、单独木线条100mm以内	0.35	

注：本表为木材油漆面。

表 5-5　执行其他木材面定额工程量系数表

项目名称	系数	工程量计算方法
木板、纤维板、胶合板天棚	1.00	
木护墙、木墙裙	1.00	
窗帘板、筒子板、盖板、门窗套、踢脚线	1.00	长×宽
清水板条天棚、檐口	1.07	
木方格吊顶天棚	1.20	
吸声板墙面、天棚面	0.87	
暖气罩	1.28	
木间壁、木隔断	1.90	
玻璃间壁露明墙筋	1.65	
木栅栏、木栏杆（带扶手）	1.82	
衣柜、壁橱	1.00	按实刷展开面积
零星木装饰	1.10	展开面积
梁柱饰面	1.00	展开面积

注：本表为木材油漆面。

表 5-6　抹灰面油漆、涂料、糊裱工程量系数表

项目名称	系数	工程量计算方法
混凝土楼梯底（板式）	1.15	水平投影面积
混凝土楼梯底（梁式）	1.00	展开面积
混凝土花格窗、栏杆花饰	1.82	单面外围面积
楼地面、天棚、墙、柱、梁面	1.00	展开面积

注：本表为抹灰面油漆、涂料、糊裱。

5.5.3　油漆、涂料、裱糊工程定额工程量计算实例

【例 5-40】　××仓库窗扇装有防盗钢窗栅，其四周外框和两横档位∠30×30×2.5角钢，∠30角钢1.18kg/m，中间为26根ϕ8钢筋，ϕ8钢筋0.395kg/m，见图5-40。请计算油漆工程量（已知计算窗栅的工程量时，需乘以1.71）。

【解】

∠30角钢长度：$1.2×4+2×2=8.8$（m）

ϕ8钢筋长度：$2×26=52$（m）

质量：$1.18×8.8+0.395×52=30.92$（kg）

窗栅油漆工程量：$30.92×1.71=52.87$（kg）

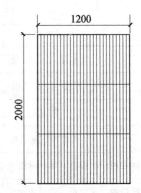

图 5-40　防盗窗窗栅立面图

＝0.053（t）

【例 5-41】 ××办公楼一楼楼梯间窗户是混凝土花格窗，见图 5-41。请计算其涂料工程量。

【解】

工程量：$1.6 \times 2.2 \times 1.82 = 6.41$（m²）

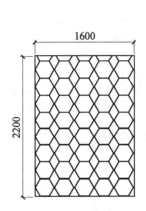 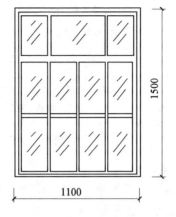

图 5-41　混凝土花格窗立面图　　图 5-42　一玻一纱双层木窗

【例 5-42】 已知一双层（一玻一纱）木窗，其洞口尺寸是 1100mm × 1500mm，共 10 樘，设计是刷润油粉一遍，刮腻子，刷调和漆一遍和磁漆两遍，见图 5-42。请计算木窗油漆工程量。

【解】

执行木窗油漆定额，按单面洞口面积计算系数为 1.36。

工程量：$1.1 \times 1.5 \times 10 \times 1.36 = 22.44$（m²）

套用装饰定额：5－010

【例 5-43】 已知××酒店装饰柱面木龙骨涂防火涂料，见图 5-43。请计算其工程量。

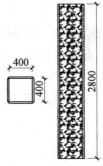

图 5-43　装饰柱木龙骨大样图

【解】

工程量：$0.4 \times 0.4 \times 2.8 = 0.448(\mathrm{m}^2)$

【例 5-44】 已知一办公楼会议室双开门节点图，见图 5-44。其门洞尺寸是宽 1.4m×高 2.2m，墙厚 260mm，分别计算出门套、门贴脸、门扇、门线条的油漆工程量。

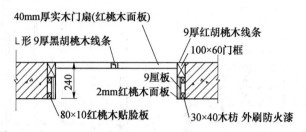

图 5-44　会议室双开门节点图

【解】

门扇油漆工程量：$1.4 \times 2.2 = 3.08(\mathrm{m}^2)$

门套油漆工程量：$0.26 \times (1.4 + 2.2 \times 2) = 1.51(\mathrm{m}^2)$

贴脸油漆工程量：$(1.4 + 2.2 \times 2) \times 2 \times 0.35 = 4.06(\mathrm{m}^2)$

胡桃木油漆工程量：$[(1.4 + 2.2 \times 2) + 2.2 \times 2] \times 0.35 = 3.57(\mathrm{m})$

5.6　其他工程

5.6.1　其他工程定额说明

1）定额中所列项目在实际施工中使用的材料品种、规格与定额取定不同时，可以换算，但人工、材料不变。

2）定额中铁件已包括刷防锈漆一遍，如设计需涂刷油漆、防火涂料按油漆、涂料、裱糊工程相应子目执行。

3）招牌基层：

① 平面招牌是指安装在门前的墙面上；箱式招牌、竖式招牌是指六面体固定在墙面上；沿雨篷、檐口、阳台走向的立式招牌，按平面招牌复杂项目执行。

② 一般招牌和矩形招牌是指正立面平整无凸面；复杂招牌和异形招牌是指正立面有凹凸造型。

③ 招牌的灯饰均不包括在定额内。

4）美术字安装：

① 美术字均以成品安装固定为准。

② 美术字不分字体均执行定额。

5）装饰线条：

① 木装饰线、石膏装饰线均以成品安装为准。

② 石材装饰线条均以成品安装为准。石材装饰线条磨边、磨圆角均包括在成品的单价中，不再另计。

6）石材磨边、磨斜边、磨半圆边及台面开孔子目均为现场磨制。

7）装饰线条以墙面上直线安装为准，如天棚安装直线型、圆弧形或其他图案者，按以下规定计算：

① 天棚面安装直线装饰线条，人工乘以 1.34 系数。

② 天棚面安装圆弧装饰线条，人工乘 1.6 系数，材料乘 1.1 系数。

③ 墙面安装圆弧装饰线条，人工乘 1.2 系数，材料乘 1.1 系数。

④ 装饰线条做艺术图案者，人工乘以 1.8 系数，材料乘以 1.1 系数。

8）暖气罩挂板式是指钩挂在暖气片上；平墙式是指凹入墙内，明式是指凸出墙面；半凹半凸式按明式定额子目执行。

9）货架、柜类定额中未考虑面板拼花及饰面板上贴其他材料的花饰、造型艺术品。

5.6.2　其他工程工程量计算规则

1）招牌、灯箱

① 平面招牌基层按正立面面积计算，复杂性的凹凸造型部分也不增减。

② 沿雨篷、檐口或阳台走向的立式招牌基层，按平面招牌复杂项目执行时，应按展开面积计算。

③ 箱体招牌和竖式标箱的基层，按外围体积计算。突出箱外的灯饰、店徽及其他艺术装潢等均另行计算。

④ 灯箱的面层按展开面积以 m^2 计算。

⑤ 广告牌钢骨架以"吨"计算。

2）美术字安装按字的最大外围矩形面积以"个"计算。

3）压条、装饰线条均按延长米计算。

4）暖气罩（包括脚的高度在内）按边框外围尺寸垂直投影面积计算。

5）镜面玻璃安装、盥洗室木镜箱以正立面面积计算。

6）塑料镜箱、毛巾环、肥皂盒、金属帘子杆、浴缸拉手、毛巾杆安装以"只"或"副"计算。不锈钢旗杆以延长米计算。大理石洗漱台以台面投影面积计算（不扣除空洞面积）。

7）货架、柜橱类均以正立面的高（包括脚的高度在内）乘以宽以 m^2 计算。

8）收银台、试衣间等以个计算，其他以延长米为单位计算。

9）拆除工程量按拆除面积或长度计算，执行相应子目。

5.6.3 其他工程定额工程量计算实例

【例5-45】 图5-45所示为一平面招牌示意图，请计算墙面招牌上美术字工程量。

图 5-45 平面招牌计算示意图

【解】

墙面招牌上美术字工程量＝5个

【例5-46】 由图5-46可知钢管密度为7.85g/cm³，请计算工程量：

1）天棚黑色阳光板工程量。

2）天棚40不锈钢圆管工程量和ϕ35mm×20mm不锈钢扁管工程量。

3）广告牌乳白色阳光板工程量。

4）广告牌立柱ϕ100mm，δ＝1.0mm 的不锈钢磨砂管工程量。

5）广告牌ϕ100mm 立柱内ϕ92mm，δ＝3.2mm 钢套管工程量。

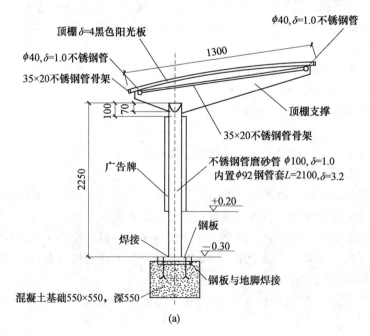

(a)

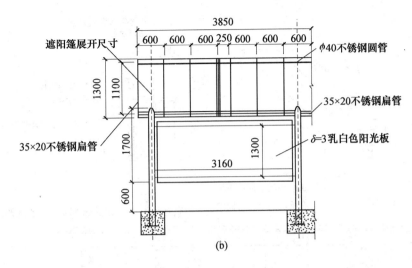

图 5-46 车站广告牌计算示意图

（a）侧立面图；（b）正投影图

【解】

1）工程量：$1.3 \times 3.85 = 5.005 (m^2)$

2）钢管密度为 $7.85g/cm^3 = 7850(kg/m^3)$

$\phi 40$ 不锈钢圆管工程量：

$$3.85 \times 2 \times 3.14 \times 0.04 \times 0.001 \times 7850 = 7.59(kg)$$

35×20 不锈钢扁管工程量：

$$(3.85 \times 2 + 1.1 \times 7) \times (0.035 + 0.02) \times 2 \times 0.001 \times 7850 = 13.3(kg)$$

3）阳光板工程量：$1.3 \times 3.16 \times 2 = 8.22(m^2)$

4）不锈钢磨砂管工程量：$2.25 \times 2 \times 3.14 \times 0.1 \times 0.001 \times 7850 = 11.09(kg)$

5）钢套管工程量：$2.1 \times 2 \times 3.14 \times 0.092 \times 0.0032 \times 7850 = 30.48(kg)$

【例 5-47】 图 5-47 是××酒店大堂收银台俯视图、剖视图及立面图。请计算其收银台制作工程量。

【解】

工程量：$1.4 + 4.07 = 5.47$ （m）

【例 5-48】 图 5-48 为××酒店豪华套房。请计算其暖气罩工程量。

【解】

暖气罩工程量：$0.72 \times 0.8 = 0.58(m^2)$

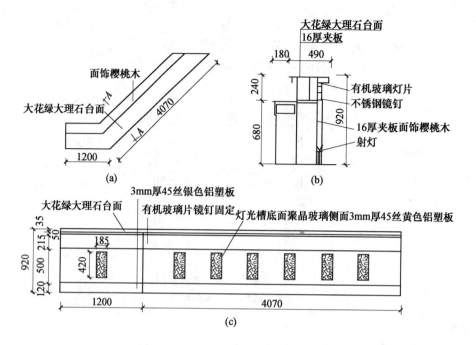

图 5-47　大堂收银台

（a）俯视图；（b）剖面图；（c）立面图

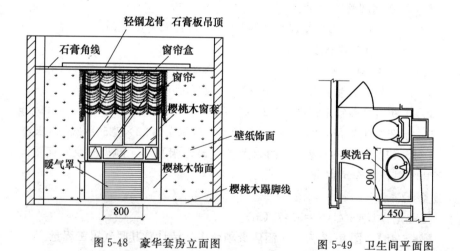

图 5-48　豪华套房立面图　　　　图 5-49　卫生间平面图

【例 5-49】　图 5-49 是××酒店卫生间平面图。请计算其盥洗台的工程量。

【解】

工程量：0.45×0.9＝0.41（m²）

【例 5-50】　图 5-50 为××酒店卫生间立面图。请计算其银镜工程量。

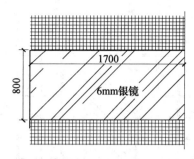

图 5-50 卫生间墙面银镜正立面图

【解】

工程量：$0.8 \times 1.7 = 1.36$（m²）

【例 5-51】 已知××卫生间，见图 5-51。请计算其镜面不锈钢装饰线、石材装饰线和镜面玻璃的工程量。

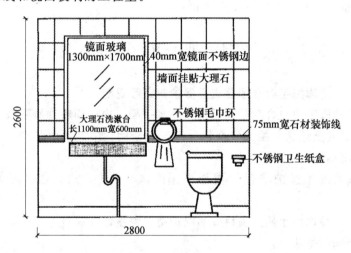

图 5-51 卫生间示意图

【解】

镜面不锈钢装饰线工程量：$2 \times (1.1 + 2 \times 0.04 + 1.4) = 5.16$(m)

套用装饰定额：6-064

石材装饰线工程量：$2.8 - (1.1 + 0.04 \times 2) = 1.62$(m)

套用装饰定额：6-087

镜面玻璃工程量：$1.1 \times 1.4 = 1.54$(m²)

套用装饰定额：6-112

【例 5-52】 图 5-52 为××浴池浴柜。请计算浴柜工程量。

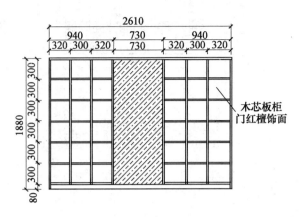

图 5-52　浴池浴柜样式图

【解】

工程量：$1.88 \times 2.61 = 4.91$（m^2）

5.7　装饰脚手架及项目成品保护费

5.7.1　装饰脚手架及项目成品保护费定额说明

1）装饰脚手架包含满堂脚手架、外脚手架、内墙面粉饰脚手架，安全过道、封闭式安全笆、斜挑式安全笆、满挂安全网。吊篮架由各省、市根据当地具体情况编制。

2）项目成品保护费包括楼地面、楼梯、台阶、独立柱、内墙面饰面面层。

5.7.2　装饰脚手架及项目成品保护费工程量计算规则

1）装饰脚手架

① 满堂脚手架，按实际搭设的水平投影面积，不扣除附墙柱、柱所占面积，其基本层高以 3.6～5.2m 为准。凡超过 3.6m 且在 5.2m 以内的天棚抹灰及装饰，应计算满堂脚手架基本层；层高超过 5.2m，每增加 1.2m 计算一个增加层，增加层的层数 ＝（层高－5.2m）/1.2m，按四舍五入取整数。室内凡计算满堂脚手架的，其内墙面粉饰不再计算粉饰架，只按每 100m² 墙面垂直投影面积增加改架工 1.28 工日。

② 装饰外脚手架，按外墙的外边线长乘以墙高以 m² 计算，不扣除门窗洞口的面积。同一个建筑物各面墙的高度不同，且不在同一定额布距内时，应分别计算工程量。定额中所指的檐口高度 5～45m 以内，是指建筑物自设计室外地坪至外墙顶面或构筑物顶面的高度。

③ 利用主体外脚手架改变其步高作外墙面装饰架时，按每 $100m^2$ 外墙面垂直投影面积，增加改架工 1.28 工日；独立柱按柱周长增加 3.6m 乘以柱高并套用装饰外脚手架相应高度的定额。

④ 内墙面粉饰脚手架，均按内墙面垂直投影面积计算，不扣除门窗洞口的面积。

⑤ 安全过道按实际搭设水平的投影面积（架宽×架长）计算。

⑥ 封闭式安全笆按实际封闭的垂直投影面积计算。实际用封闭材料与定额不符时，不作调整。

⑦ 斜挑式安全笆按实际搭设的（长×宽）斜面面积计算。

⑧ 满挂安全网按实际满挂的垂直投影面积计算。

2）项目成品保护工程量计算规则按各章节相应子目规则执行。

5.7.3 装饰脚手架及项目成品保护费计算实例

【例 5-53】 在××临街高层办公楼往返沿街面方向的脚手架方向安设了立挂式的安全网。其实挂长度为 11m，实挂高度为 27m，请计算安全网的工程量。

【解】

工程量：$11 \times 27 = 297$（m^2）

【例 5-54】 一单层建筑物（图 5-53），要对其进行装饰装修，请计算搭设脚手架。

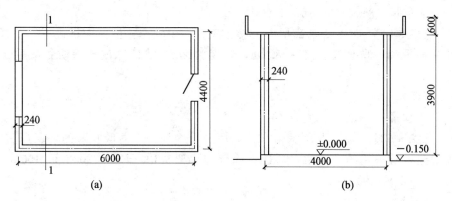

图 5-53 搭设脚手架
（a）平面图；（b）剖面图

【解】

搭设高度为 3.9m，因 3.6m＜3.9m＜5.2m，所以应搭设满堂脚手架基本层；因（3.9－3.6）＝0.3m＜1.2m，所以不能计算增加层。

脚手架搭设面积：（6.8＋0.24）×（4.4＋0.24）＝32.67（m^2）

【例 5-55】 ××临街高层办公楼要施工，为了安全，此楼要进行垂直封闭，垂直封闭的长和高分别是 20m 和 11m，请计算垂直封闭的搭设工程量。

【解】

工程量＝20×11＝220（m²）

【例 5-56】 图 5-54 为××办公楼一层墙面图，其石材装饰墙面净长为 31m，请计算其内墙装饰脚手架工程量。

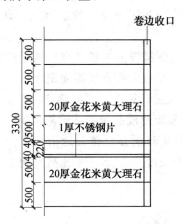

图 5-54　办公楼外立面装饰图

【解】

工程量：31×3.3＝102.3（m²）

【例 5-57】 ××临街高层办公楼施工，为了安全，沿街面搭设了一个排水平防护架，脚手板长度为 8.5m，宽度为 2m，请计算该水平防护架的工程量。

【解】

工程量＝2×8.5＝17（m²）

【例 5-58】 图 5-55 所示为一工业厂房，这是一个高低联跨的单层厂房，垂直运输机采用的是塔吊，请计算综合脚手架费用（P_6＝220.8 元/100m²，P_1＝72.5 元/100m²）。

【解】

1）确定厂房高度和建筑面积

厂房高度：高跨为 8.5m，低跨为 5.3m

建筑面积：$S_高$＝48.72×18.66＝909.12（m²）

　　　　　$S_低$＝48.72×15.06＝733.72（m²）

2）确定是否有增加层

高跨：8.5m＞6m，$N_高$＝8.5－6＝2.5≈3（m）

低跨：5.3m＜6m，无增加层

3）脚手架费用

高跨：
$$P_{综高} = (P_6 + P_1 \times N_高)S_高/100$$
$$= (220.8 + 72.5 \times 3) \times 909.12/100$$
$$= 3984.7(元)$$

低跨：$P_{综低} = P_6 \times S_低/100 = 220.8 \times 733.72/100 = 1620.05$（元）

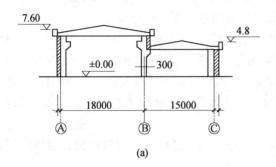

(a)

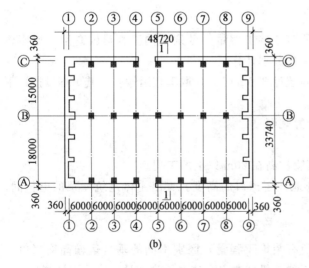

(b)

图 5-55　工业厂房图

（a）剖面图；（b）平面图

图 5-56　包房平面图

【例 5-59】　图 5-56 为××酒店包房平面图，该包房天棚做吊顶，室内净高 3.9m，请计算其满堂脚手架工程量。

【解】

工程量：$3.2 \times 5.4 = 17.28$（m²）

5.8 垂直运输及超高增加费

5.8.1 垂直运输工程量计算规则

1. 垂直运输费

1) 本定额不包括特大型机械进出场及安拆费。垂直运输费定额按多层建筑物和单层建筑物划分。多层建筑物又根据建筑物檐高和垂直运输高度细分为 21 个定额子目。单层建筑物按建筑物檐高分 2 个定额子目。

2) 垂直运输高度：设计室外地坪以上部分是指室外地坪至相应地（楼）面的高度。设计室外地坪以下部分指室外地坪至相应地（楼）面的高度。

3) 单层建筑物檐高高度在 3.6m 以内时，不计算其垂直运输机械费。

4) 带一层地下室的建筑物，若地下室垂直运输高度小于 3.6m，则地下室不计算垂直运输机械费。

5) 再次装饰利用电梯进行垂直运输或通过楼梯人力进行垂直运输的按实际计算。

2. 垂直运输工程量

装饰楼层（包括楼层所有装饰工程量）区别不同垂直运输高度（单层建筑物系檐口高度）按定额工日分别计算。

地下室超过二层或层高超过 3.6m 时，计取垂直运输费，其工程量按地下室全面积计算。

5.8.2 超高增加费计算规则

1. 超高增加费

1) 本定额适用于建筑物檐高在 20m 以上的工程。

2) 檐高是指设计室外地坪至檐口的高度。突出主体建筑屋顶的电梯间、水箱间等不计入檐高之内。

2. 超高增加费工程量

装饰楼面（包括楼层所有装饰工程量）区别不同的垂直运输高度（单层建筑物是檐口高度）以人工费与机械费之和按百元为计量单位分别计算。

5.8.3 垂直运输及超高增加费计算实例

【例 5-60】 图 5-57 所示为一单层建筑物，其檐高为 21.5m，此建筑物所有装饰装修人工费之和为 3 187 元，机械费为 732 元，计算其超高增加费。

【解】

该单层建筑物檐高 21.5m 小于 30m，所以套用装饰定额 8-029，由于建筑物超高增加费工程量是用人工费和机械费之和用 100 元做计算单位，因此这个建筑物超高增加费工程量为：

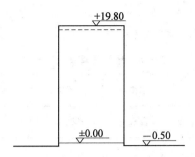

图 5-57　单层建筑物檐高

（3187＋732）÷100＝39.19（百元）

此建筑物超高增加费见表 5-7。

表 5-7　单层建筑物超

（单位：100 元）

名　称	单位	定额含量	工程量	超高增加费
人工、机械降效系数	％	3.12	39.19	122.27

【例 5-61】　图 5-58 所示为某建筑物带二层地下室，室外地坪以上部分楼层装饰装修工程量总工日为 4 500 工日，以下部分地下层的装饰装修全面积工日总数为 8 700 工日，计算该建筑物地下室垂直运输费。

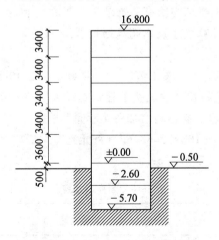

图 5-58　室外地坪以上部分示意图

【解】

建筑物设计室外地坪以上部分的垂直运输高度为：

$$3.6＋3.4×4＋0.5＝17.7(m)$$

运输费工程量：45 百工日

147

套用装饰定额：8-001

该建筑物垂直运输费见表5-8。

表 5-8　建筑物垂直运输费　　　　　　（单位：100元）

名　称		单位	定额含量	工程量	垂直运输费
机械	卷扬机、单筒慢速5t	台班	2.92	45	131.4

建筑物设计室外地坪以下部分的垂直运输高度为：

$$5.9-0.5＝5.7（m）$$

运输费工程量：7.0百工日

套用装饰定额：8-001

该建筑物地下室垂直运输费见表5-9。

表 5-9　建筑物地下室垂直运输费　　　　　（单位：100元）

名　称		单位	定额含量	工程量	垂直运输费
机械	卷扬机、单筒慢速5t	台班	2.92	7.0	20.44

【例 5-62】　某酒店层数是10层，±0.00以上高度为33.8m，设计室外地坪为－0.50m，假设该建筑物所有装饰装修人工费之和为240 731元，机械费之和为6 132元，请计算该建筑物超高增加费。

【解】

该多层建筑物檐高为34.9＋0.5＝35.4（m），在40m以内，因此套用定额8-024，又因为建筑物超高增加费工程量是以人工费和机械费之和以100元为计量单位，所以此建筑物超高增加费工程量为：

（240731＋6132）÷100＝2468.63（百元）

此建筑物超高增加费见表5-10。

表 5-10　超高增加费　　　　　　（单位：100元）

名　称	单位	定额含量	工程量	超高增加费
人工、机械降效系数	%	9.35	2468.63	23081.69

【例 5-63】　某多层建筑物檐口高度是32m，其室内装修合计工日数是12万工日，人工费是400万元，机械费是142万元，其他资料如表5-11、表5-12所示，请计算该工程垂直运输工程量及超高增加费。

表 5-11　多层建筑物垂直运输费　　　　（单位：100 工日）

定额编号				8-001	8-002	8-003
项目				建筑物檐高（m 以内）		
				20	40	
				垂直运输高度/m		
				20 以内	20～40	
	名称	单位	代码	数量		
机械	施工电梯（单笼）75mm	台班	TM0001	—	1.4600	1.6200
	卷扬机单筒慢速	台班	TM0001	2.9200	1.4600	1.6200

表 5-12　多层建筑物超高增加费　　　　（单位：100 元）

定额编号			8-024	8-025	8-026	8-027	8-028
项目			垂直运输高度/m				
			20～40	40～60	60～80	80～100	100～200
名称	单位	代码	数量				
人工、机械降效系数	%	AW0570	9.3500	15.300	21.2500	28.0500	34.8500

【解】

垂直运输及超高增加费计算如下：

查定额 8-003，（单笼）75m 施工电梯为 1.6200 台班/100 工日，单筒慢速 5t 卷扬机为 1.6200 台班/工日，查定额 8-024，人工、机械降效系数 为 9.3500%。

1）垂直运输台班：

（单笼）75m 施工电梯：$120000 \times 1.6200/100 = 1944$（台班）

单筒慢速 5t 卷扬机：1944 台班

2）超高增加费：$(400+142) \times 9.3500\% = 50.677$（元）

5.9　建筑面积计算

5.9.1　建筑面积的相关概念

1. 建筑面积的概念

建筑面积（也称建筑展开面积），指的是建筑物各层水平面积的总和。建筑面积是由使用面积、辅助面积和结构面积组成，其中使用面积与辅助面积之和称为有效面积。其公式为：

建筑面积＝使用面积＋辅助面积＋结构面积＝有效面积＋结构面积　（5-1）

2. 使用面积的概念

使用面积，指的是建筑物各层布置中可直接为生产或生活使用的净面积总和。例如住宅建筑中的卧室、起居室、客厅等。住宅建筑中的使用面积也称为居住面积。

3. 辅助面积的概念

辅助面积，指的是建筑物各层平面布置中为辅助生产和生活所占净面积的总和。例如住宅建筑中的楼梯、走道、厕所、厨房等。

4. 结构面积的概念

结构面积，指的是建筑物各层平面布置中的墙体、柱等结构所占的面积的总和。

5. 首层建筑面积的概念

首层建筑面积，也可称为底层建筑面积，指的是建筑物底层勒脚以上外墙外围水平投影面积。首层建筑面积作为"二线一面"中的一个重要指标，在工程量计算时，将被反复使用。

5.9.2 建筑面积计算规则及方法

1. 应计算建筑面积的项目

(1) 单层建筑物的建筑面积计算规则

1) 单层建筑物内未设有局部楼层者，如图 5-59 所示，计算规则如下：

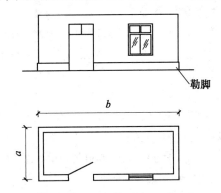

图 5-59 单层建筑物建筑面积计算示意图

①单层建筑物高度在 2.20m 及以上者（$h \geqslant 2.20m$）应按其外墙勒脚以上结构外围水平面积计算。即

$$S = a \times b \tag{5-2}$$

② 单层建筑物高度不足 2.20m 者（$h < 2.20m$）应按其外墙勒脚以上结构外围水平面积的一半计算。即

$$S = 1/2\ (a \times b) \tag{5-3}$$

注：h 为单层建筑物的高度，这里是指单层建筑物的层高。

2）单层建筑物内设有局部楼层者，如图 5-60 所示，局部楼层的二层及以上楼层计算规则如下：

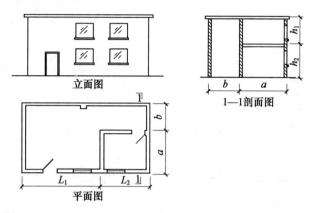

图 5-60 单层建筑物内设有局部楼层者建筑面积计算示意图

① 有围护结构的应按其围护结构外围水平面积计算。

计算规则：

当 $h_1 \geqslant 2.20\mathrm{m}$，计算全面积，即

$$S = (L_1 + L_2) \times (a + b) + L_2 \times a \tag{5-4}$$

当 $h_1 < 2.20\mathrm{m}$，计算 1/2 面积，即

$$S = (L_1 + L_2) \times (a + b) + 1/2 L_2 \times a \tag{5-5}$$

式中　h_1——单层建筑物内局部楼层的二层及以上楼层的层高。

② 无围护结构的应按其结构底板水平面积计算。

计算规则：

$h_1 \geqslant 2.20\mathrm{m}$，计算全面积。

$h_1 < 2.20\mathrm{m}$，计算 1/2 面积。

需要注意的是，局部楼层的一层建筑面积不需另计算，它已包括在单层建筑物的建筑面积计算之内。

3）单层建筑物坡屋顶内建筑面积如图 5-61 所示，计算规则如下：

① 当设计加以利用时：

计算规则：

$h > 2.10\mathrm{m}$，按其围护结构外围水平面积计算全部建筑面积。

$1.20\mathrm{m} \leqslant h \leqslant 2.10\mathrm{m}$，按围护结构外围水平面积 1/2 面积计算建筑面积。

$h < 1.20\mathrm{m}$，不计算建筑面积。

② 当设计不加以利用时，不计算建筑面积。

（2）高低联跨的建筑物建筑面积计算规则　面积如图 5-62 所示，计算规

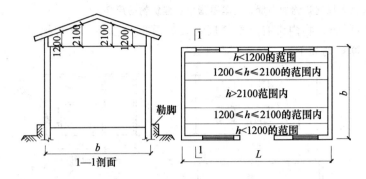

图 5-61 单层建筑物坡屋顶内建筑面积计算

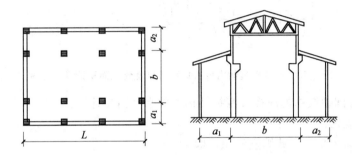

图 5-62 高低联跨的建筑物建筑面积计算示意图

则如下：

1）当高低跨需要分别计算建筑面积时，应以高跨部分的结构外边线为界分别计算建筑面积。

2）当高低跨内部连通时，其变形缝应计算在低跨面积内。

高跨建筑面积 $S = L \times b$ (5-6)

低跨建筑面积 $S = L \times (a_1 + a_2)$ (5-7)

式中 L——两端山墙勒脚以上外墙结构外边线间的水平距离；

  a_1、a_2——分别为高跨中柱外边线至两边低跨柱外边线水平宽度；

      b——高跨中柱外边线之间的水平宽度。

（3）多层建筑物建筑面积计算规则 多层建筑物建筑面积按其外墙勒脚以上结构外围水平面积计算；二层及以上楼层应按其外墙结构外围水平面积计算。

1）同一建筑物如结构、层数相同时，可以合并计算其建筑面积，如图 5-63 所示。

计算规则：

$h \geqslant 2.20\text{m}$，计算全面积，即

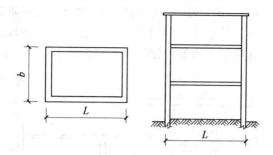

图 5-63　相同结构、层数的多层建筑物
建筑面积计算示意图

$$S = n \times L \times b \tag{5-8}$$

$h < 2.20\mathrm{m}$，计算 1/2 面积，即

$$S = 1/2 \ (L \times b) \ \times n \tag{5-9}$$

式中　h——单层或多层建筑物的层高。

n——层数，图 5-63 中，$n=3$。

2）同一建筑物如结构、层数不同时，应分别计算建筑面积，以檐口高的部分结构外边线为分界线，如图 5-64 所示。

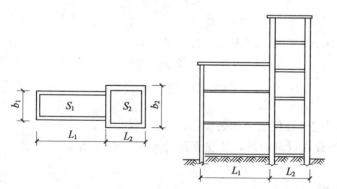

图 5-64　不同结构、层数的建筑物建筑面积计算示意图

计算规则：

$h \geqslant 2.20\mathrm{m}$，计算全面积，即

$$S_1 = n_1 \times L_1 \times b_1 \tag{5-10}$$

$$S_2 = n_2 \times L_2 \times b_2 \tag{5-11}$$

$h < 2.20\mathrm{m}$，计算 1/2 面积，即

$$S_1 = 1/2 \ (L_1 \times b_1 \times n_1) \tag{5-12}$$

$$S_2 = 1/2 \ (n_2 \times L_2 \times b_2) \tag{5-13}$$

图 5-64 中，$n_1 = 3$，$n_2 = 5$。

3）单层建筑与多层建筑联为一体的单位工程计算规则如下。

单层建筑与多层建筑联为一体的单位工程的计算规则与同一建筑物如结构、层数不同时的计算规则相似，如图 5-65 所示。

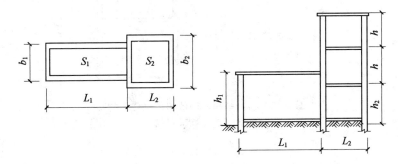

图 5-65　单层与多层建筑物建筑面积计算示意图

① 单层按单层结构外围至多层结构的外皮计算建筑面积。

② 多层建筑物按其结构外围面积之和计算建筑面积。

计算规则：

h、h_1 或 $h_2 \geqslant 2.20 \mathrm{m}$，计算全面积，即

$$S_1 = L_1 \times b_1 \tag{5-14}$$

$$S_2 = n_2 \times L_2 \times b_2 \tag{5-15}$$

h、h_1 或 $h_2 < 2.20 \mathrm{m}$，计算 1/2 面积，即

$$S_1 = 1/2 \ (L_1 \times b_1) \tag{5-16}$$

$$S_2 = 1/2 \ (n_2 \times L_2 \times b_2) \tag{5-17}$$

图 5-65 中，$n_2 = 3$。

4）多层建筑坡屋顶内建筑面积计算规则如下：

① 当设计加以利用时，坡屋面部分如图 5-61 所示，其余楼层如图 5-63、图 5-64 所示。

计算规则：

$h > 2.10 \mathrm{m}$，按其围护结构外围水平面积计算全部建筑面积。

$1.20 \mathrm{m} \leqslant h \leqslant 2.10 \mathrm{m}$，按围护结构外围水平面积 1/2 面积计算建筑面积。

$h < 1.20 \mathrm{m}$，不计算建筑面积。

② 当设计不加以利用时，不计算建筑面积。

需要注意，多层建筑物建筑面积的计算，不包括外墙面的粉刷层、装饰层，但建筑物外墙外侧有保温隔热层的，应按保温隔热层外边线计算建筑面积。

（4）足球场、网球场等场馆看台空间建筑面积计算规则

1）足球场、网球场等场馆看台下，如图 5-66 所示。按场馆看台下围护结

构外围水平面积计算建筑面积，具体规则如下：

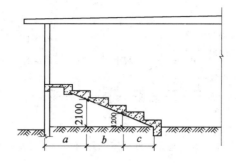

图 5-66　足球场、网球场等场馆看台下
的建筑面积计算示意图

①当设计加以利用时。

计算规则：

$h > 2.10\mathrm{m}$，计算全面积。

$1.2\mathrm{m} \leqslant h \leqslant 2.1\mathrm{m}$，按 1/2 面积计算建筑面积。

$h < 1.20\mathrm{m}$，不计算建筑面积。

式中　h——室内净高。

②当设计不加以利用时，不计算建筑面积。

2）有永久性顶盖无围护结构的场馆看台如图 5-67 所示，按其顶盖水平投影面积的 1/2 计算。

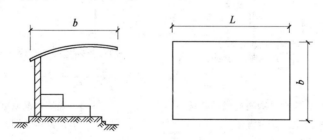

图 5-67　永久性顶盖无围护结构的场馆看台的
建筑面积计算示意图

本条所称"场馆"的实质是："场"指足球场、网球场等看台上有永久性顶盖部分；"馆"是有永久性顶盖和围护结构的，应按单层或多层建筑相关规定计算面积。

（5）地下室、半地下室（车间、商店、车站、车库、仓库等）计算规则

包括相应的有永久性顶盖的出入口建筑面积如图 5-68 所示，应按其外墙上口（不包括采光井、外墙防潮层及其保护墙）外边线所围的水平面积计算。

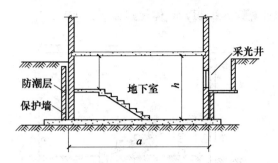

图 5-68　地下室、半地下室的建筑面积计算示意图

计算规则：

$h \geqslant 2.20\text{m}$，计算全面积。

$h < 2.20\text{m}$，计算 1/2 面积。

式中　h——地下室的层高。

（6）坡地的建筑物吊脚架空层、深基础架空层计算规则。

如图 5-69、图 5-70 所示，建筑面积计算规则如下。

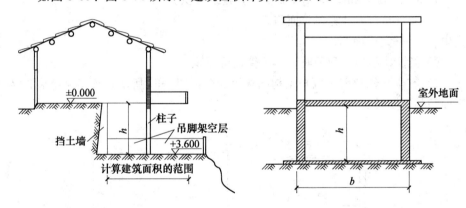

图 5-69　建筑物吊脚架空层的建筑　　　　图 5-70　建筑物深基础架空层
　　　　　面积计算示意图　　　　　　　　　　　　计算示意图

1）设计加以利用并有围护结构的，按围护结构外围水平面积计算建筑
面积。

计算规则：

$h \geqslant 2.20\text{m}$，计算全面积。

$h < 2.20\text{m}$，计算 1/2 面积。

式中　h——加以利用的吊脚架空层的层高。

注：图 5-69 所示吊脚计算面积的部位是指柱与挡土墙之间的那部分和外面有围护结构
并以阳台为顶盖的那部分。

2）设计加以利用无围护结构的，按利用部位水平面积的 1/2 计算建筑面积。

3）设计不加利用时，不计算建筑面积。

（7）建筑物的门厅、大厅建筑面积计算规则

1）建筑物内有顶盖的门厅、大厅，无论其高度如何，均按一层计算其建筑面积。

计算规则：

$h \geqslant 2.20$m，计算全面积。

$h < 2.20$m，计算 1/2 面积。

式中　h——门厅、大厅的层高。

2）建筑物内无顶盖的大厅不计算建筑面积。

3）门厅、大厅内设有回廊时，应按其结构底板水平面积计算，如图 5-71 所示。

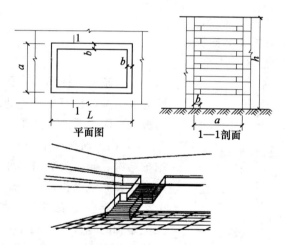

图 5-71　设有回廊的建筑物门厅、大厅建筑
面积计算示意图

计算规则：

$h \geqslant 2.20$m，计算全面积。

$h < 2.20$m，计算 1/2 面积。

式中　h——回廊的层高。

① 大厅有顶盖者，带回廊的七层大厅建筑面积计算如下：

大厅建筑面积 $= a \times L$

大厅回廊二层至七层按其自然层计算建筑面积，即

建筑面积 $= (L + a - 2b) \times 2 \times b \times 6$

② 大厅无顶盖者，带回廊的七层大厅建筑面积计算如下：

建筑面积 $=(L+a-2b)\times 2\times b\times 7$

(8) 建筑物间的架空走廊（图 5-72）建筑面积的计算规则

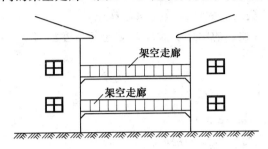

图 5-72　建筑物间的架空走廊建筑面积计算示意图

1）有围护结构的，按其围护结构外围水平面积计算。

计算规则：

$h\geqslant 2.20$m，计算全面积。

$h<2.20$m，计算 1/2 面积。

式中　h——架空走廊的层高。

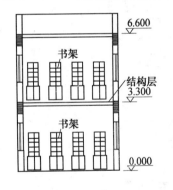

图 5-73　立体书库建筑
面积计算示意图

2）有永久性顶盖、无围护结构、侧面为玻璃型钢栏杆的架空走廊应按其结构底板水平面积的 1/2 计算。

3）作为通道使用，无永久性顶盖、无围护结构、侧面为玻璃型钢栏杆的架空走廊不计算建筑面积。

二层架空走廊的下层作为通道使用，架空走廊的地板可作为下层的顶盖，下层如果有围护结构，按规则 1）执行；如果没有围护结构，其建筑面积按架空走廊投影面积的 1/2 计算。

(9) 立体书库（图 5-73）、立体仓库、立体车库，其建筑面积的计算规则。

立体书库、立体仓库、立体车库的结构外围水平面积计算，不规定是否有围护结构，具体规则如下：

1）无结构层的，应按一层计算建筑面积。

计算规则：

$h\geqslant 2.20$m，计算全面积。

$h<2.20$m，计算 1/2 面积。

式中　h——立体书库、立体仓库、立体车库的层高。

2）有结构层的，应按其结构层面积分别计算。

计算规则：

$h\geqslant2.20$m，计算全面积。

$h<2.2$m，计算 1/2 面积。

（10）有围护结构的舞台灯光控制室计算规则

应按其围护结构外围水平面积计算，计算规则：

$h\geqslant2.20$m，计算全面积。

$h<2.20$m，计算 1/2 面积。

式中　h——舞台灯光控制室的层高。

如图 5-74 所示，我国很多剧院、歌舞厅将舞台灯光控制室设在这种有顶有墙的舞台夹层上或设在耳光室内。

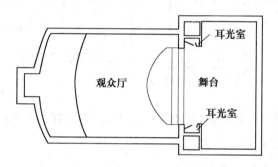

图 5-74　有围护结构的舞台灯光控制室
建筑面积计算示意图

（11）建筑物外的落地橱窗、门斗（图 5-75）、挑廊、走廊、檐廊计算规则

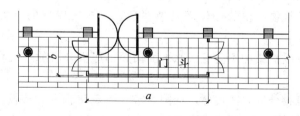

图 5-75　门斗示意图

建筑面积计算规则如下：

1）有围护结构的，应按其围护结构外围水平面积计算。

计算规则：

$h\geqslant2.20$m，计算全面积。

$h<2.20\text{m}$，计算 1/2 面积。

式中　h——落地橱窗、门斗、挑廊、走廊、檐廊的层高。

2）有永久性顶盖无围护结构的应按其结构底板水平面积的 1/2 计算。

（12）建筑物顶部有围护结构的楼梯间、水箱间、电梯机房等建筑面积计算规则

1）按围护结构的外围水平面积计算，如图 5-76 所示，具体规则如下：

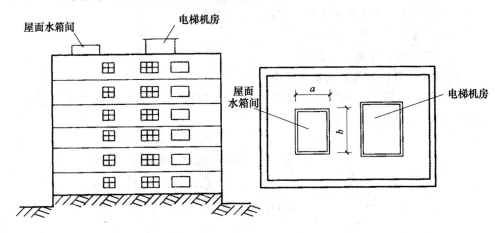

图 5-76　建筑物屋面水箱间、电梯机房建筑面积计算示意图

计算规则：

$h\geqslant2.20\text{m}$，计算全面积，即

$$S=a\times b \tag{5-18}$$

$h<2.20\text{m}$，计算 1/2 面积，即

$$S=1/2\ (a\times b) \tag{5-19}$$

式中　h——楼梯间、水箱间、电梯机房的层高。

2）如遇建筑物屋顶的楼梯间是坡屋顶，应按坡屋顶的相关规则计算其面积。

（13）设有围护结构不垂直于水平面而超出底板外沿的建筑物，其建筑面积计算规则

1）向建筑物外倾斜的墙体，如图 5-77、图 5-78 所示，应按其底板面的外围的水平面积计算。

计算规则：

$h\geqslant2.20\text{m}$，计算全面积，即

$$S=\ (b-a)\times L \tag{5-20}$$

$h<2.20\text{m}$，计算 1/2 面积，即

$$S=1/2 (b-a)\times L \qquad (5-21)$$

式中 h——建筑物的层高。

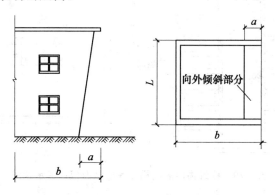

图 5-77 设有围护结构不垂直于水平面建筑物的
建筑面积计算示意图

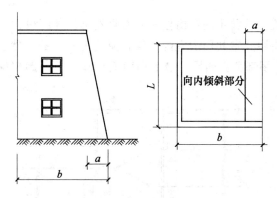

图 5-78 设有围护结构向内倾斜的建筑物的
建筑面积计算示意图

2）若遇有向建筑物内倾斜的墙体，应视为坡屋顶，应按坡屋顶有关规则计算其建筑面积。

（14）建筑物内的电梯井、观光电梯井、提物井、管道井、通风排气竖井、垃圾道、附墙烟囱计算规则 如图 5-79 所示，其建筑面积计算规则如下：

1）建筑物内的电梯井、观光电梯井、提物井、管道井、通风排气竖井、垃圾道、附墙烟囱等应按建筑物的自然层计算其建筑面积，自然层一般是指结构层。

计算公式如下：

$$电梯井建筑面积=自然层建筑面积=6\times a\times b \qquad (5-22)$$

2）如遇建筑物屋顶的楼梯间是坡屋顶，应按坡屋顶的相关规则计算其面积。

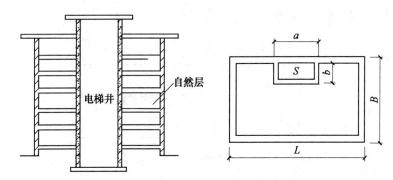

图 5-79　建筑物内的电梯井等建筑面积计算示意图

（15）建筑物室内楼梯间的建筑面积计算规则

1）应该按照楼梯所依附的建筑物的自然层数计算，合并在建筑物面积内。

2）跃层建筑，其共用的室内楼梯应按自然层计算面积。

3）上下两错层户室共用的室内楼梯，应选上一层的自然层计算面积。如图 5-80 所示，共用部分算四层，最上一跑楼梯和最下一跑楼梯按相应规则另行计算。

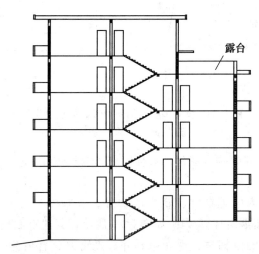

图 5-80　建筑物室内楼梯间的面积计算示意图

（16）室外楼梯如图 5-81 所示，建筑面积计算规则

1）有永久性顶盖的室外楼梯应按建筑物自然层的水平投影面积的 1/2 计算。

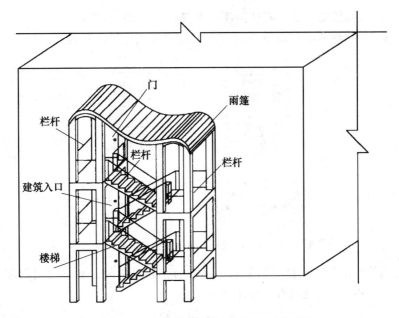

图 5-81 室外楼梯建筑面积计算示意图

2）室外楼梯，最上层楼梯无永久性顶盖，或不能完全遮盖楼梯的雨篷，上层楼梯不计算面积，上层楼梯可视为下层楼梯的永久性顶盖，下层楼梯应计算其面积。

（17）雨篷建筑面积计算规则

雨篷结构的外边线至外墙结构外边线的宽度超过 2.10m 者，应按雨篷结构板的水平投影面积的 1/2 计算，有柱雨篷和无柱雨篷计算应一致，如图 5-82 所示。

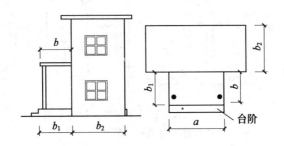

图 5-82 雨篷建筑面积计算示意图

1）$b \leqslant 2.10$m，不计算雨篷建筑面积。

2）$b > 2.10$m，按雨篷结构板的水平投影面积的 1/2 计算，即

$$S=1/2 \ (a \times b) \tag{5-23}$$

3）无柱雨篷的计算同有柱雨篷，皆符合 1）、2）的规定。

（18）建筑物的阳台如图 5-83 所示，建筑面积计算规则如下：

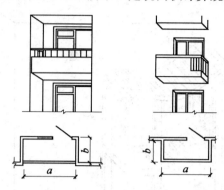

图 5-83　建筑物的阳台建筑面积计算示意图

建筑物的阳台，不论是凹阳台、挑阳台，还是封闭阳台、不封闭阳台均应按其水平投影面积的 1/2 计算，即

$$S=1/2 \ (a \times b) \tag{5-24}$$

（19）有永久性顶盖无围护结构的车棚、货棚（图 5-84）、站台、加油站、收费站等建筑面积计算规则：

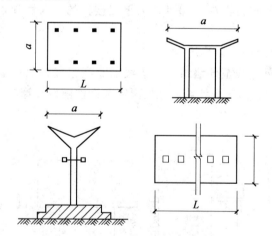

图 5-84　有永久性顶盖无围护结构的车棚、
货棚等建筑面积计算示意图

1）正 V 形柱、倒八形柱等不同类型的柱支撑的车棚、货棚、加油站、收费站等均应按其顶盖水平投影面积的 1/2 计算建筑面积，即

$$车棚、货棚、站台建筑面积=1/2 \ (a \times L) \tag{5-25}$$

2) 在车棚、货棚、站台、加油站、收费站内设有围护结构的管理室、休息室等, 另按相关规定计算面积。

（20）以幕墙作为围护结构的建筑物的建筑面积计算规则 如图 5-85 所示, 以幕墙作为围护结构的建筑物的建筑面积应按幕墙外边线计算建筑面积。

（21）建筑物内的变形缝的建筑面积计算规则 建筑物内的变形缝的建筑面积应按其自然层合并在建筑物面积内计算, 如图 5-85 所示。

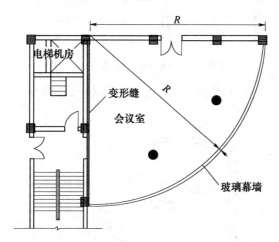

图 5-85　幕墙作为围护结构的建筑物的
建筑面积计算示意图

2. 不应计算建筑面积的项目

1）建筑物通道（骑楼、过街楼的底层）, 如图 5-86 所示。

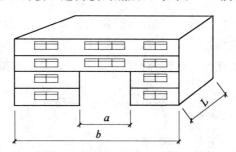

图 5-86　骑楼、过街楼示意图

2）建筑物内的设备管道夹层, 如图 5-87 所示。

3）建筑物内分隔的单层房间, 舞台以及后台悬挂幕布、布景的天桥、挑台等。

4）屋顶水箱、花架、凉棚、露台及露天游泳池。

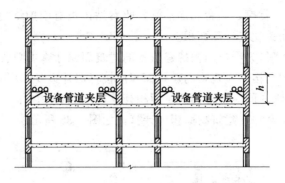

图 5-87　建筑物内的设备管道夹层

5）建筑物内的操作平台、上料平台、安装箱和罐体的平台，如图 5-88 所示。

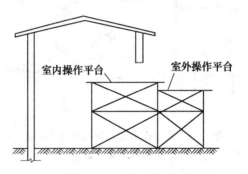

图 5-88　建筑物内的操作平台、
上料平台等示意图

6）勒脚、附墙柱、垛、台阶、墙面抹灰、装饰面、镶贴块料面层、装饰性幕墙、空调机外机搁箱（板）、飘窗、构件、配件、宽度在 2.10m 以内的雨篷以及与建筑物内不相连通的装饰性阳台、挑廊，如图 5-89 所示。

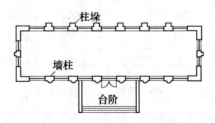

图 5-89　突出墙面的构配件示意图

7）无永久性顶盖的架空走廊、室外楼梯及用于检修、消防等的室外钢楼梯、爬梯，如图 5-90 所示。

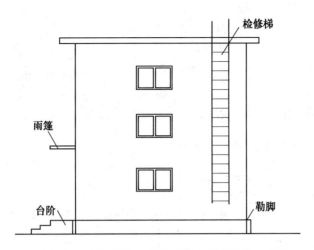

图 5-90 用于检修、消防等的室外钢楼梯、爬梯

8）自动扶梯、自动人行道。

9）独立的烟囱、烟道、地沟、油（水）罐、气柜、水塔、贮油（水）池、贮仓、栈桥、地下人防通道、地铁隧道。

3. 其他

1）建筑物与构筑物连成一体的，属建筑物部分应按上述规定计算。

2）上述规则适用于地上、地下建筑物的建筑面积计算，如遇有上述未尽事宜，可参照相关规则处理。

5.9.3 应用建筑面积计算规则时应注意的问题

1）在计算建筑面积时，是按外墙的外边线取定尺寸，而设计图样多以轴线标注尺寸，因此，要注意将底层和标准层按各自墙厚尺寸，转换成边线尺寸进行计算。

2）当在同一外边轴线上有墙有柱时，要查看墙外边线是否一致，不一致时要按墙外边线、柱外边线分别取定尺寸计算建筑面积。

3）若遇有建筑物内留有天井空间时，在计算建筑面积中应注意扣除天井面积。

4）无柱走廊、檐廊和无围护结构的阳台，一般都按栏杆或栏板标注尺寸，其水平面积可以按栏杆或栏板墙外边线取定尺寸；若是采用钢木花栏杆者，应以廊台板外边线取定尺寸。

5）层高小于 2.2m 的架空层或结构层，一般均不计算建筑面积。

5.9.4 建筑面积计算实例

【例 5-64】 图 5-91 所示为一地下商店，请计算该地下商店的建筑面积。

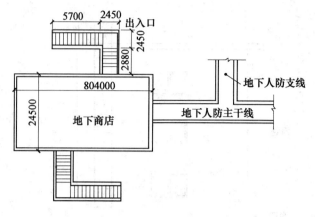

图 5-91　地下商店示意图

【解】

地下室、半地下室、地下车间、仓库、商店、车站、地下指挥部等和对应的出入口建筑面积，按照其上口外墙（不包括采光井、防潮层和其保护墙）外围水平面积计算。

地下商店按照上口外墙外围水平投影面积计算建筑面积；地下出入口按上口外墙外围水平投影面积计算建筑面积；地下人防通道不计算建筑面积。

$$S = 80.4 \times 24.5 + (5.7 \times 2.45 + 5.33 \times 2.45) \times 2 = 2023.847 \, (\text{m}^2)$$

【例 5-65】　根据图 5-92 中所示，请计算有盖和柱的走廊和檐廊的建筑面积。

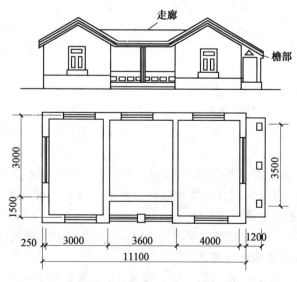

图 5-92　有盖和柱的走廊和檐廊

【解】

$S=11.1\times(1.5+3.0+0.25\times2)-1.5\times(3.6-0.25\times2)+1.2\times3.5+$

$1.5\times(3.6-0.25\times2)=59.7(\mathrm{m}^2)$

【例 5-66】 请计算如图 5-93 所示的建筑物的面积（墙厚为 240mm）。

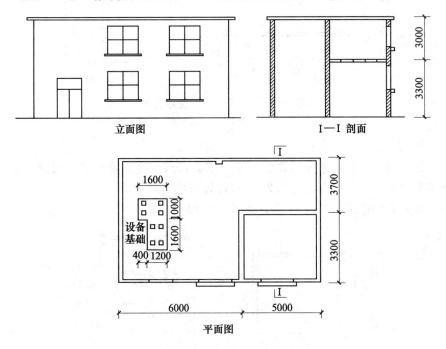

图 5-93 某建筑物示意图

【解】

底层建筑面积：$(6.0+5.0+0.24)\times(3.30+3.70+0.24)=81.38(\mathrm{m}^2)$

楼隔层建筑面积：$(5.0+0.24)\times(3.30+0.24)=18.55(\mathrm{m}^2)$

全部建筑面积：$81.38+18.55=99.93(\mathrm{m}^2)$

【例 5-67】 图 5-94 中，有两跨单层工业厂房，高跨为 9.5m，低跨为 5.5m，计算其建筑面积。

【解】

1）高跨建筑面积：

$$S_1=(9.5+0.24)\times(26+0.24\times2)=257.92(\mathrm{m}^2)$$

2）低跨建筑面积：

$$S_2=(5.5+0.24)\times(26+0.24\times2)=152.00(\mathrm{m}^2)$$

【例 5-68】 请计算一有设备管道的多层建筑物的建筑面积，见图 5-95。

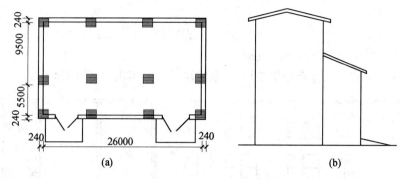

图 5-94　某单层工业厂房示意图

（a）平面图；（b）立面图

【解】

设备管道主要用来安装通信电缆、空调通风、冷热管道等，无论是满设或部分设置，只要层高超过 2.2m，就应计算建筑面积。

该建筑物建筑面积：$S = 27.5 \times 20 \times 7 = 3\ 850 (\text{m}^2)$

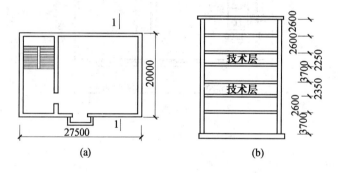

图 5-95　有设备管道的多层建筑物示意图

（a）平面图；（b）1—1 剖面图

【例 5-69】　如图 5-96 所示，某剧院设有二层观众席位，计算其建筑面积。

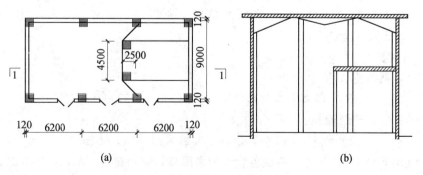

图 5-96　单层建筑内部分楼层示意图

（a）平面图；（b）1—1 剖面图

【解】

1）底层建筑面积：
$$S_1 = (6.2 \times 3 + 0.24) \times (9 + 0.24) = 174.08 \text{m}^2$$

2）二层建筑面积：
$$S_2 = (6.2 + 2.5 + 0.12) \times 4.5 + [(6.2 + 0.12 + 6.2 + 2.5 + 0.12) \times (9 - 4.5 + 0.12 \times 2) \div 2] = 75.57 \text{m}^2$$

3）总建筑面积：
$$总建筑面积 = 底层建筑面积 + 二层建筑面积$$
$$S = 174.08 + 75.57 = 249.65 \text{m}^2$$

【例 5-70】 图 5-97 所示为一单层建筑物，请计算其建筑面积。

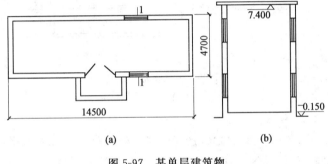

图 5-97 某单层建筑物

（a）平面图；（b）1—1 剖面图

【解】

单层建筑物不管其高度如何，都按一层计算建筑面积。其建筑面积按照建筑物外墙勒脚以上结构的外围水平投影面积计算。

$$S = 14.5 \times 4.7 = 68.15 (\text{m}^2)$$

【例 5-71】 请计算有柱雨篷建筑面积（图 5-98）。

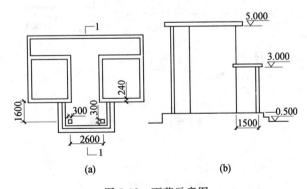

图 5-98 雨篷示意图

（a）平面图；（b）1—1 剖面图

【解】

有柱的雨篷、车棚、货棚、站台等，按照柱外围水平面积计算建筑面积。

有柱雨篷建筑面积：$S=(2.60+0.30)\times(1.60+0.15-0.12)=5.04(m^2)$

【例 5-72】 请计算如图 5-99 所示的××多层建筑物建筑面积。

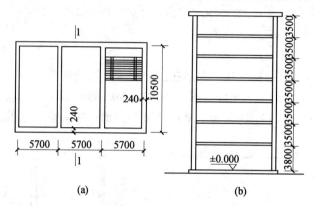

(a)　　　　　　　　　(b)

图 5-99　××多层建筑物

(a) 平面图；(b) 1—1 剖面图

【解】

$$S=(5.7\times3+0.24)\times(10.05+0.24)\times7=1\ 303.62(m^2)$$

【例 5-73】 请计算××商店地下室的面积（图 5-100）。

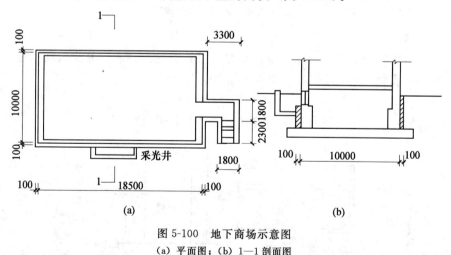

(a)　　　　　　　　　(b)

图 5-100　地下商场示意图

(a) 平面图；(b) 1—1 剖面图

【解】

地下室面积：$S=18.5\times10+1.8\times2.3+1.8\times3.3=195.08\ (m^2)$

【例 5-74】 图 5-101 为一无围护结构的室外楼梯，图 5-102 为一有围护结构的室外楼梯，分别计算其建筑面积。

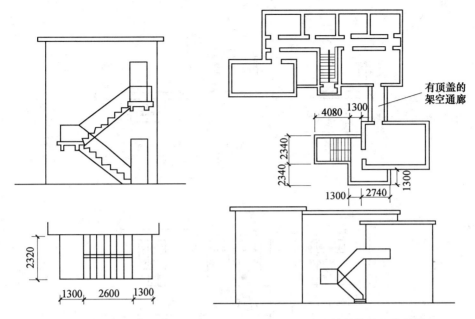

图 5-101　无围护结构的室外楼梯　　　图 5-102　有围护结构的室外楼梯

【解】

建筑物的室外楼梯，不管其有无围护结构，均按自然层投影面积之和计算建筑面积。

1）无围护室外楼梯的建筑面积：

$$S = 2.32 \times (1.3 + 2.6 + 1.3) = 12.06 (\text{m}^2)$$

2）有围护室外楼梯的建筑面积：

$$S = [(4.08 + 1.3) \times 2.34 + 2.34 \times 1.3 + 1.3 \times 2.74] = 19.19 (\text{m}^2)$$

【例 5-75】　如图 5-103 至图 5-105 所示为未封闭式凸凹、挑阳台，请计算其建筑面积。

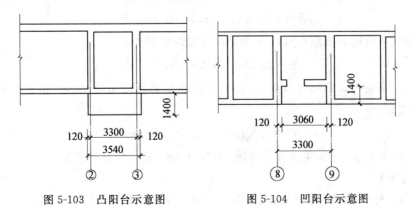

图 5-103　凸阳台示意图　　　　　图 5-104　凹阳台示意图

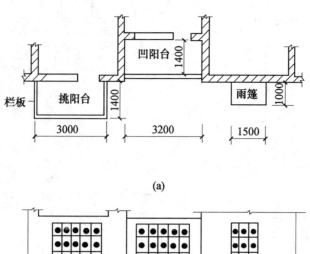

(a)

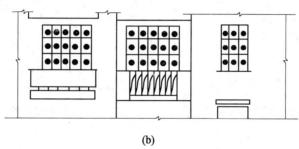

(b)

图 5-105　未封闭式凹、挑阳台

（a）平面图；（b）立面图

【解】

无围护结构的凹阳台、挑阳台，按照其水平面积一半计算建筑面积。

1）未封闭式凸阳台（图 5-103），其建筑面积为：

$$S=3.54×1.4×0.5=2.48（m^2）$$

2）未封闭式凹阳台（图 5-104），其建筑面积为：

$$S=3.06×1.4×0.5=2.14（m^2）$$

3）未封闭式挑阳台（图 5-105），其建筑面积为：

$$S=3.0×1.4×0.5=2.1（m^2）$$

4）未封闭式凹阳台（图 5-105）按其净空面积（包括栏板）的一半计算建筑面积。

$$S=3.2×1.4×0.5=2.24（m^2）$$

【例 5-76】　××单层仓库如图 5-106 所示，请计算其建筑面积。

【解】

$$S=外墙外围的水平投影面积=(32+0.24)×(16+0.24)=524（m^2）$$

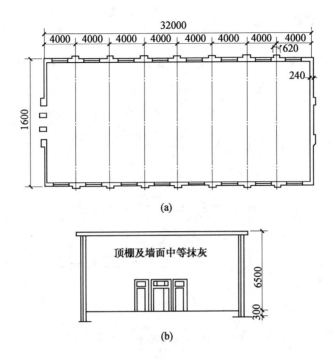

(a)

(b)

图 5-106　某单层仓库

(a) 平面图；(b) 剖面图

【例 5-77】　图 5-107 所示一水箱间，请计算屋面水箱间建筑面积。

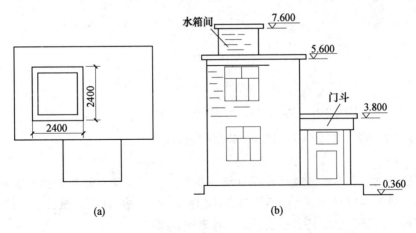

图 5-107　有围护结构的水箱间

(a) 平面示意图；(b) 侧立面示意图

【解】

屋面上部有围护结构的楼梯间、水箱间、电梯机房等，按围护结构外围水平面积计算建筑面积。

$$S=2.4\times2.4=5.76(m^2)$$

【例 5-78】 某舞台灯光控制室，见图 5-108。试计算其建筑面积的工程量。

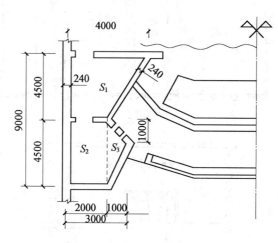

图 5-108 有护围结构的舞台

【解】

有围护结构的舞台灯光控制室，按照它围护结构外围水平面积乘以层数计算建筑面积。

$$S_1=\frac{4.00+0.24+2.00+0.24}{2}\times(4.50+0.12)=14.97(m^2)$$

$$S_2=(2.00+0.24)\times(4.50+0.12)=10.35(m^2)$$

$$S_3=(1.00/2)\times(4.50+0.12)=2.31(m^2)$$

$$S=14.97+10.35+2.31=27.63(m^2)$$

【例 5-79】 求图 5-109 所示的建筑物建筑面积。

【解】

建筑物设有伸缩缝时要分层计算建筑面积，并入所在建筑物的建筑面积之内。建筑物内门厅、大厅不管其高度如何，都按一层计算建筑面积。门厅、大厅内回廊部分按照其水平投影面积计算建筑面积。

$$S=20.5\times40\times3+30.0\times14.5\times2\times2-10.0\times(6.0+3.0-0.73)$$
$$=2460+1742.9-82.7$$
$$=4120.2(m^2)$$

【例 5-80】 ××无柱有盖檐廊如图 5-110 所示，请计算其建筑面积。

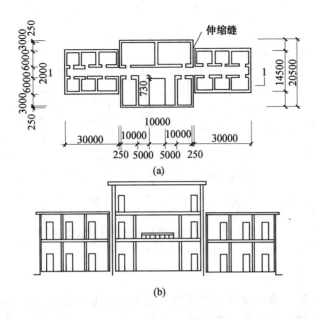

图 5-109 设有伸缩缝和回廊的建筑物

（a）平面图；（b）剖面图

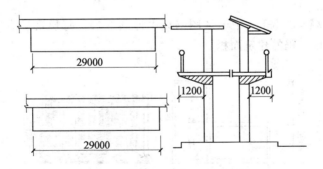

图 5-110 无柱的走廊和廊檐

【解】

无柱的走廊、檐廊的建筑面积按其投影面积的一半计算。

$$S_{走廊}:29\times1.2\times1/2=17.4(m^2)$$

$$S_{檐廊}:29\times1.2\times1/2=17.4(m^2)$$

【例 5-81】 由图 5-111 可知某大厦内有电梯井，请计算该电梯井建筑面积。

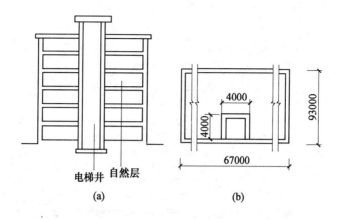

图 5-111　设有电梯井的建筑物示意图

(a) 剖面图；(b) 平面图

【解】

电梯井等建筑面积应随同建筑物一起按自然层计算建筑面积。突出屋面的有围护结构的电梯机房（楼梯间、水箱间）等，按围护结构外围水平面积计算建筑面积。

$$S = 67 \times 9.3 \times 6 + 4 \times 4 = 3\,754.6 (\text{m}^2)$$

【例 5-82】　图 5-112 中××图书馆书库共 5 层，每层都设有一承重书架层，请计算该工程的建筑面积。

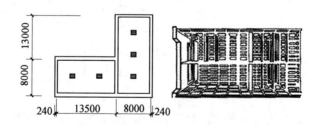

图 5-112　图书馆书库示意图

【解】

设书库为 5 层，书架层为 10 层，其建筑面积为：

$$S = [(13.5 + 8 + 0.24 \times 2) \times (8 + 13 + 0.24 \times 2) - 13 \times 13.5] \times 10$$
$$= 2966.3 (\text{m}^2)$$

【例 5-83】　图 5-113 所示，请计算有柱站台建筑面积。

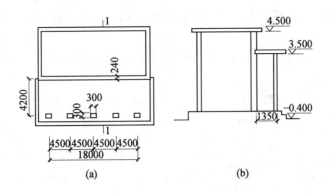

图 5-113 站台平面示意图

(a) 平面图；(b) 1—1 剖面图

【解】
$$S=(18+0.30)\times(4.2+0.135-0.12)=77.13(\text{m}^2)$$

【例 5-84】 图 5-114 所示一建筑物，请计算建筑物间架空通廊的建筑面积。

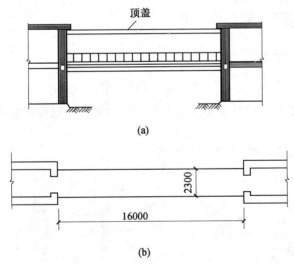

图 5-114 建筑物间架空通廊

(a) 剖面图；(b) 平面图

【解】

1）有顶盖的架空通廊建筑面积：
$$S=\text{通廊水平投影面积}=16.0\times2.3=36.8(\text{m}^2)$$

2）当本例的架空通廊无顶盖时，其建筑面积为：
$$S=\text{通廊水平投影面积}\times1/2=16\times2.3\times1/2=18.4(\text{m}^2)$$

【例 5-85】 计算如图 5-115 所示的封闭式阳台的建筑面积。

【解】

封闭式的挑阳台、凹阳台及半凹半挑阳台的建筑面积，按照其水平投影面积的 1/2 计算。

$$S = 1/2(2.8 \times 0.85 + 2.8 \times 0.85 + 1.35 \times 0.85) \times 4$$
$$= 11.82(\text{m}^2)$$

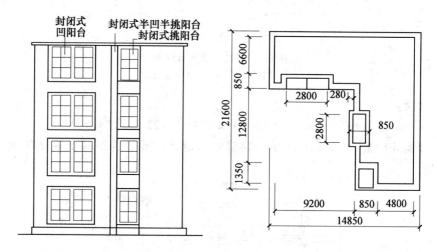

图 5-115 封闭阳台

【例 5-86】 图 5-116 所示，请计算高低联跨的单层建筑物的建筑面积。

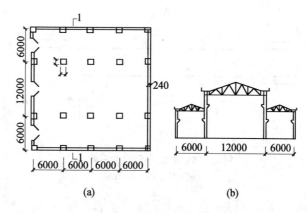

(a)   (b)

图 5-116 某单层建筑

（a）平面图；（b）1—1 剖面图

【解】

S_1（高跨）：$(24+0.24\times2)\times(12+0.25\times2)=306.00(\text{m}^2)$

S_2（低跨）：$(24+0.24\times2)\times(6-0.25+0.24)\times2=293.27(\text{m}^2)$

$S_建$（总面积）：$306.00+293.27=599.27(\text{m}^2)$

【例5-87】 如图5-117所示一建筑物，请计算独立柱雨篷的建筑面积。

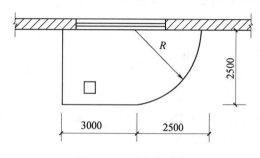

图5-117 独立柱雨篷

【解】

独立柱的雨篷按顶盖的水平投影面积的一半计算建筑面积。

$$S=2.5\times3+2.5\times2.5\times3.1416/4=12.41(\text{m}^2)$$

【例5-88】 图5-118所示一楼梯间，其墙厚为240mm，请计算该楼梯间的建筑面积。

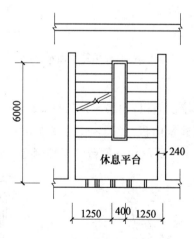

图5-118 楼梯间平面示意图

【解】

$$S=(1.25\times2+0.40-0.24)\times(6.0-0.12)$$
$$=15.64(\text{m}^2)$$

【例5-89】 图5-119所示，计算其建筑面积。

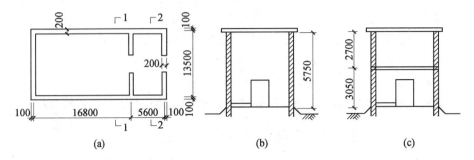

图 5-119　某单层建筑

(a) 平面图；(b) 1—1 剖面图；(c) 2—2 剖面图

【解】

单层建筑物内设置有部分楼层的，首层建筑面积已经包括在单层建筑物内，二层和二层以上应计算面积。

$$S = (16.8 + 5.6 + 0.2) \times (13.5 + 0.2) + (5.6 + 0.2) \times (13.5 + 0.2)$$
$$= 389.08 \ (\text{m}^2)$$

【例 5-90】　如图 5-120 所示，请计算有柱雨篷建筑面积。

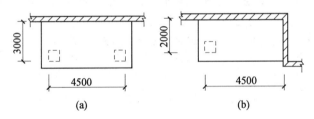

图 5-120　有柱雨篷平面示意图

【解】

图 5-120 (a) 雨篷建筑面积：$3.0 \times 4.5 = 13.5 \ (\text{m}^2)$

图 5-120 (b) 雨篷建筑面积：$2.0 \times 4.5 = 9 \ (\text{m}^2)$

【例 5-91】　如图 5-121 所示为一舞台灯光控制室，请计算其建筑面积。

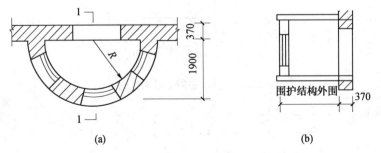

图 5-121　舞台灯光控制室

(a) 平面图；(b) 剖面图

【解】

舞台灯光控制室的建筑面积应按其围护结构外围水平投影面积乘以实际层数计算，并计入所依附的建筑物的建筑面积中。

$$S = \frac{3.1416 \times 1.9 \times 1.9}{2} = 5.67 \ (\text{m}^2)$$

【例 5-92】　图 5-122 所示为一实验楼，其设有 5 层大厅带回廊。请计算其大厅和回廊的建筑面积。

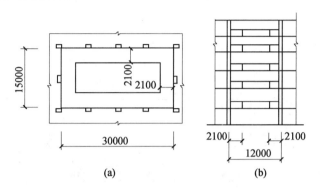

图 5-122　某实验楼平面和剖面示意图

（a）平面图；（b）剖面图

【解】

大厅部分建筑面积：$15 \times 30 = 450 (\text{m}^2)$

回廊部分建筑面积：$(30 - 2.1 + 15 - 2.1) \times 2.1 \times 2 \times 5 = 856.80 (\text{m}^2)$

【例 5-93】　如图 5-123 所示为一栋建筑物，请计算用深基础做地下架空层的建筑面积。

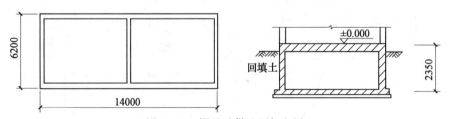

图 5-123　深基础做地下架空层

【解】

用深基础做地下架空层并加以利用，其层高超过 2.2m 的，按围护结构外围水平投影面积计算建筑面积。

$$S = 14 \times 6.2 = 86.8 (\text{m}^2)$$

【例 5-94】　如图 5-124 所示为一吊脚空间设置的架空层，请计算其建筑面积。

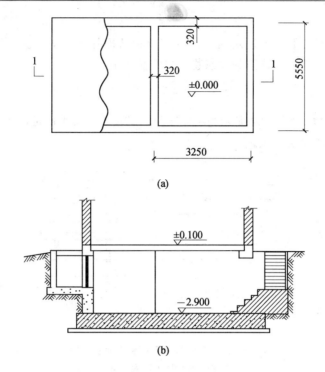

(a)

(b)

图 5-124　吊脚空间示意图
（a）平面图；（b）1—1 剖面图

【解】

建于坡地的建筑物利用吊脚空间来设置架空层并加以利用时，如果层高超过 2.2m，按围护结构外围水平面积计算建筑面积。

$$S=(5.55+0.32)\times(3.25+0.32)=20.96(\text{m}^2)$$

【例 5-95】　如图 5-125 所示，请计算室外有围护结构的门斗建筑面积。

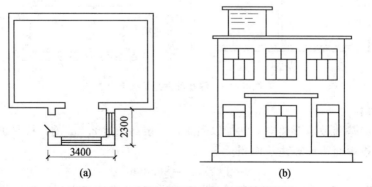

(a)　　　　　　　　　　　(b)

图 5-125　建筑外有围护结构的门斗示意图
（a）地层平面示意图；（b）正立面示意图

【解】

建筑物外有围护结构的门斗、眺望间、观望电梯间、阳台、橱窗、挑廊、走廊等，按其围护结构外围水平面积计算建筑面积。

$$S = 3.4 \times 2.3 = 7.82 \ (\text{m}^2)$$

【例 5-96】 ××仓库货台，见图 5-126。请计算其建筑面积。

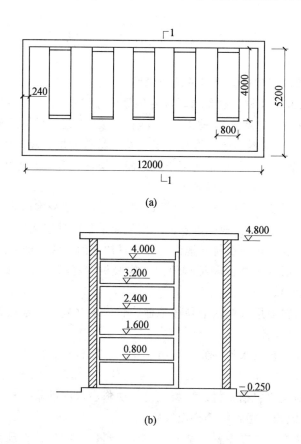

(a)

(b)

图 5-126 货台示意图

(a) 货台平面图；(b) 1—1 剖面图

【解】

货台建筑面积：

$$S = 0.85 \times 4 \times 5 \times 4 = 68 (\text{m}^2)$$

6 装饰装修工程清单计价工程量计算

6.1 楼地面装饰工程

6.1.1 清单工程量计算有关问题说明

1. 楼地面装饰工程工程量清单项目的划分与编码

（1）清单项目的划分 楼地面装饰工程按施工工艺、材料及部位可分为整体面层及找平层、块料面层、橡塑面层、其他材料面层、踢脚线、楼梯面层、台阶装饰、零星装饰项目。其适用于楼地面、楼梯、台阶等装饰工程。

各项目所包含的清单项目如下：

1）整体面层及找平层（包括水泥砂浆楼地面、现浇水磨石楼地面、细石混凝土楼地面、菱苦土楼地面、自流坪楼地面、平面砂浆找平层）。

2）块料面层（包括石材楼地面、碎石材楼地面、块料楼地面）。

3）橡塑面层（包括橡胶板楼地面、橡胶板卷材楼地面、塑料板楼地面、塑料卷材楼地面）。

4）其他材料面层（包括地毯楼地面、竹、木（复合）地板、金属复合地板及防静电活动地板）。

5）踢脚线（包括水泥砂浆、石材、块料、塑料板、木质、金属、防静电踢脚线）。

6）楼梯面层（包括石材、块料、拼碎块料、水泥砂浆、现浇水磨石、地毯、木板、橡胶板、塑料板楼梯面层）。

7）台阶装饰（包括石材、块料、拼碎块料、水泥砂浆、现浇水磨石、剁假石台阶面）。

8）零星装饰项目（包括石材、拼碎石材、块料、水泥砂浆零星项目）。

（2）清单项目的编码 一级编码为01；二级编码11（《房屋建筑与装饰工程工程量计算规范》第十一章）；三级编码01～08（从整体面层及找平层至零星装饰项目）；四级编码从001开始，根据各项目所包含的清单项目不同，第三位数字依次递增；五级编码从001开始，依次递增，如：同一个工程中的块料面层，不同房间其规格、品牌等不同，因而其价格不同，其编码从第五级编码区分。

186

2. 清单工程量计算有关问题说明

（1）有关项目列项问题说明 楼梯、台阶牵边和侧面镶贴块料面层，不大于 0.5m² 的少量分散的楼地面镶贴块料面层，应按零星装饰项目表执行。

（2）有关项目特征说明

1）楼地面是指构成的基层（楼板、夯实土基）、垫层（承受地面荷载并均匀传递给基层的构造层）、填充层（在建筑楼地面上起隔声、保温、找坡或敷设暗管、暗线等作用的构造层）、隔离层（起防水、防潮作用的构造层）、找平层（在垫层、楼板上或填充层上起找平、找坡或加强作用的构造层）、结合层（面层与下层相结合的中间层）、面层（直接承受各种荷载作用的表面层）等。

2）垫层是指混凝土垫层、砂石人工级配垫层、天然级配砂石垫层、灰土垫层、碎石垫层、碎砖垫层、三合土垫层、炉渣垫层等。

3）找平层是指水泥砂浆找平层，有比较特殊要求的可选用细石混凝土、沥青砂浆、沥青混凝土等材料铺设找平层。

4）面层是指整体面层（水泥砂浆、现浇水磨石、细石混凝土、菱苦土等）、块料面层（石材，陶瓷地砖，橡胶，塑料、竹、木地板）等。

5）面层中其他材料：

① 防护材料是耐酸、耐碱、耐臭氧、耐老化、防火、防油渗等材料。

② 嵌条材料适用于水磨石的分格、作图案等。例如：玻璃嵌条、铜嵌条、铝合金嵌条、不锈钢嵌条等。

③ 压线条是用地毯、橡胶板、橡胶卷材铺设而成。例如：铝合金、不锈钢、铜压线条等。

④ 颜料适用于水磨石地面、踢脚线、楼梯、台阶和块料面层勾缝所需配制的石子浆或砂浆内加添的材料（耐碱的矿物颜料）。

⑤ 防滑条适用于楼梯、台阶踏步的防滑设施，例如：水泥玻璃屑、水泥钢屑、铜、铁防滑条等。

⑥ 地毡固定配件适用于固定地毡的压棍脚和压棍。

⑦ 扶手固定配件适用于楼梯、台阶的栏杆柱、栏杆、栏板与扶手相连接的固定件，靠墙扶手与墙相连接的固定件。

⑧ 酸洗、打蜡磨光，磨石、菱苦土、陶瓷块料等，均可用酸洗（草酸）清洗油渍、污渍，然后打蜡（蜡脂、松香水、鱼油、煤油等按设计要求配合）和磨光。

3. 工程量计算规则的说明

1）"不扣除间壁墙及≤0.3m² 柱、垛、附墙烟囱及孔洞所占面积"与《全国统一建设工程基础定额》不同。

2）单跑楼梯不论其中间是否有休息平台，其工程量与双跑楼梯计算相同。

3）台阶面层与平台面层是同一种材料时，平台计算面层后，台阶不再计算最上一层踏步面积；如台阶计算最上一层踏步（加 30cm），平台面层中必须扣除该面积。

4）包括垫层的地面和不包括垫层的楼面应分别计算其工程量，分别编码（第五级编码）列项。

4. 有关工程内容说明

1）有填充层和隔离层的楼地面通常有两层找平层，应注意报价。

2）当台阶面层与找平层材料相同而最后一步台阶投影面积不计算时，应将最后一步台阶的踢脚板面层考虑在报价中。

6.1.2 楼地面装饰工程清单工程量计算

1. 整体面层及找平层

工程量清单项目设置及工程量计算规则，应按表 6-1 的规定执行。

表 6-1 整体面层及找平层（编码：011101）

项目编码	项目名称	项目特征	计量单位	工程量计算规则	工作内容
011101001	水泥砂浆楼地面	1）找平层厚度、砂浆配合比 2）素水泥浆遍数 3）面层厚度、砂浆配合比 4）面层做法要求	m²	按设计图示尺寸以面积计算。扣除凸出地面构筑物、设备基础、室内管道、地沟等所占面积，不扣除间壁墙及 ≤ 0.3 m² 柱、垛、附墙烟囱及孔洞所占面积。门洞、空圈、暖气包槽、壁龛的开口部分不增加面积	1）基层清理 2）抹找平层 3）抹面层 4）材料运输
011101002	现浇水磨石楼地面	1）找平层厚度、砂浆配合比 2）面层厚度、水泥石子浆配合比 3）嵌条材料种类、规格 4）石子种类、规格、颜色 5）颜料种类、颜色 6）图案要求 7）磨光、酸洗、打蜡要求	m²		1）基层清理 2）抹找平层 3）面层铺设 4）嵌缝条安装 5）磨光、酸洗、打蜡 6）材料运输

续表

项目编码	项目名称	项目特征	计量单位	工程量计算规则	工作内容
011101003	细石混凝土楼地面	1）找平层厚度、砂浆配合比 2）面层厚度、混凝土强度等级	m²	按设计图示尺寸以面积计算。扣除凸出地面构筑物、设备基础、室内管道、地沟等所占面积，不扣除间壁墙及≤0.3 m² 柱、垛、附墙烟囱及孔洞所占面积。门洞、空圈、暖气包槽、壁龛的开口部分不增加面积	1）基层清理 2）抹找平层 3）面层铺设 4）材料运输
011101004	菱苦土楼地面	1）找平层厚度、砂浆配合比 2）面层厚度 3）打蜡要求			1）基层清理 2）抹找平层 3）面层铺设 4）打蜡 5）材料运输
011101005	自流坪楼地面	1）找平层砂浆配合比、厚度 2）界面剂材料种类 3）中层漆材料种类、厚度 4）面漆材料种类、厚度 5）面层材料种类			1）基层清理 2）抹找平层 3）涂界面剂 4）涂刷中层漆 5）打磨、吸尘 6）镘自流平面漆（浆） 7）拌合自流平浆料 8）铺面层
011101006	平面砂浆找平层	找平层厚度、砂浆配合比		按设计图示尺寸以面积计算	1）基层清理 2）抹找平层 3）材料运输

注：1. 水泥砂浆面层处理是拉毛还是提浆压光应在面层做法要求中描述。
2. 平面砂浆找平层只适用于仅做找平层的平面抹灰。
3. 间壁墙指墙厚≤120mm 的墙。
4. 楼地面混凝土垫层另《房屋建筑与装饰工程工程量计算规范》现浇混凝土基础表垫层项目编码列项，除混凝土外的其他材料垫层按《房屋建筑与装饰工程工程量计算规范》垫层表项目编码列项。

2. 块料面层

工程量清单项目设置及工程量计算规则，应按表 6-2 的规定执行。

表 6-2　块料面层（编码：011102）

项目编码	项目名称	项目特征	计量单位	工程量计算规则	工作内容
011102001	石材楼地面	1）找平层厚度、砂浆配合比 2）结合层厚度、砂浆配合比 3）面层材料品种、规格、颜色 4）嵌缝材料种类 5）防护层材料种类 6）酸洗、打蜡要求	m²	按设计图示尺寸以面积计算。门洞、空圈、暖气包槽、壁龛的开口部分并入相应的工程量内	1）基层清理 2）抹找平层 3）面层铺设、磨边 4）嵌缝 5）刷防护材料 6）酸洗、打蜡 7）材料运输
011102002	碎石材楼地面				
011102003	块料楼地面				

注：1. 在描述碎石材项目的面层材料特征时可不用描述规格、颜色。
2. 石材、块料与粘接材料的结合面刷防渗材料的种类在防护层材料种类中描述。
3. 本表工作内容中的磨边指施工现场磨边，后面章节工作内容中涉及的磨边含义同。

3. 橡塑面层

工程量清单项目设置及工程量计算规则，应按表 6-3 的规定执行。

表 6-3　橡塑面层（编码：011103）

项目编码	项目名称	项目特征	计量单位	工程量计算规则	工作内容
011103001	橡胶板楼地面	1）粘结层厚度、材料种类 2）面层材料品种、规格、颜色 3）压线条种类	m²	按设计图示尺寸以面积计算。门洞、空圈、暖气包槽、壁龛的开口部分并入相应的工程量内	1）基层清理 2）面层铺贴 3）压缝条装钉 4）材料运输
011103002	橡胶板卷材楼地面				
011103003	塑料板楼地面				
011103004	塑料卷材楼地面				

注：本表项目中如涉及找平层，另按《房屋建筑与装饰工程工程量计算规范》整体面层及找平层表找平层项目编码列项。

4. 其他材料面层

工程量清单项目设置及工程量计算规则，应按表 6-4 的规定执行。

表 6-4　其他材料面层（编码：011104）

项目编码	项目名称	项目特征	计量单位	工程量计算规则	工作内容
011104001	地毯楼地面	1）面层材料品种、规格、颜色 2）防护材料种类 3）粘结材料种类 4）压线条种类	m²	按设计图示尺寸以面积计算。门洞、空圈、暖气包槽、壁龛的开口部分并入相应的工程量内	1）基层清理 2）铺贴面层 3）刷防护材料 4）装钉压条 5）材料运输
011104002	竹、木（复合）地板	1）龙骨材料种类、规格、铺设间距 2）基层材料种类、规格 3）面层材料品种、规格、颜色 4）防护材料种类			1）基层清理 2）龙骨铺设 3）基层铺设 4）面层铺贴 5）刷防护材料 6）材料运输
011104003	金属复合地板				
011104004	防静电活动地板	1）支架高度、材料种类 2）面层材料品种、规格、颜色 3）防护材料种类			1）基层清理 2）固定支架安装 3）活动面层安装 4）刷防护材料 5）材料运输

5. 踢脚线

工程量清单项目设置及工程量计算规则，应按表 6-5 的规定执行。

表 6-5 踢脚线 (编码：011105)

项目编码	项目名称	项目特征	计量单位	工程量计算规则	工作内容
011105001	水泥砂浆踢脚线	1) 踢脚线高度 2) 底层厚度、砂浆配合比 3) 面层厚度、砂浆配合比	1) m² 2) m	1) 以平方米计量，按设计图示长度乘高度，以面积计算 2) 以米计量，按延长米计算	1) 基层清理 2) 底层和面层抹灰 3) 材料运输
011105002	石材踢脚线	1) 踢脚线高度 2) 粘贴层厚度、材料种类 3) 面层材料品种、规格、颜色 4) 防护材料种类			1) 基层清理 2) 底层抹灰 3) 面层铺贴、磨边 4) 擦缝 5) 磨光、酸洗、打蜡 6) 刷防护材料 7) 材料运输
011105003	块料踢脚线				
011105004	塑料板踢脚线	1) 踢脚线高度 2) 粘结层厚度、材料种类 3) 面层材料种类、规格、颜色			1) 基层清理 2) 基层铺贴 3) 面层铺贴 4) 材料运输
011105005	木质踢脚线	1) 踢脚线高度 2) 基层材料种类、规格 3) 面层材料品种、规格、颜色			
011105006	金属踢脚线				
011105007	防静电踢脚线				

注：石材、块料与粘接材料的结合面刷防渗材料的种类在防护材料种类中描述。

6. 楼梯面层

工程量清单项目设置及工程量计算规则，应按表 6-6 的规定执行。

表 6-6 楼梯面层（编码：011106）

项目编码	项目名称	项目特征	计量单位	工程量计算规则	工作内容
011106001	石材楼梯面层	1）找平层厚度、砂浆配合比 2）粘结层厚度、材料种类 3）面层材料品种、规格、颜色 4）防滑条材料种类、规格 5）勾缝材料种类 6）防护层材料种类 7）酸洗、打蜡要求			1）基层清理 2）抹找平层 3）面层铺贴、磨边 4）贴嵌防滑条 5）勾缝 6）刷防护材料 7）酸洗、打蜡 8）材料运输
011106002	块料楼梯面层				
011106003	拼碎块料面层				
011106004	水泥砂浆楼梯面层	1）找平层厚度、砂浆配合比 2）面层厚度、砂浆配合比 3）防滑条材料种类、规格	m²	按设计图示尺寸以楼梯（包括踏步、休息平台及≤500mm的楼梯井）水平投影面积计算。楼梯与楼地面相连时，算至梯口梁内侧边沿；无梯口梁者，算至最上一层踏步边沿加300mm	1）基层清理 2）抹找平层 3）抹面层 4）抹防滑条 5）材料运输
011106005	现浇水磨石楼梯面层	1）找平层厚度、砂浆配合比 2）面层厚度、水泥石子浆配合比 3）防滑条材料种类、规格 4）石子种类、规格、颜色 5）颜料种类、颜色 6）磨光、酸洗、打蜡要求			1）基层清理 2）抹找平层 3）抹面层 4）贴嵌防滑条 5）磨光、酸洗、打蜡 6）材料运输
011106006	地毯楼梯面层	1）基层种类 2）面层材料品种、规格、颜色 3）防护材料种类 4）粘结材料种类 5）固定配件材料种类、规格			1）基层清理 2）铺贴面层 3）固定配件安装 4）刷防护材料 5）材料运输

续表

项目编码	项目名称	项目特征	计量单位	工程量计算规则	工作内容
011106007	木板楼梯面层	1）基层材料种类、规格 2）面层材料品种、规格、颜色 3）粘结材料种类 4）防护材料种类	m²	按设计图示尺寸以楼梯（包括踏步、休息平台及≤500mm的楼梯井）水平投影面积计算。楼梯与楼地面相连时，算至梯口梁内侧边沿；无梯口梁者，算至最上一层踏步边沿加300mm	1）基层清理 2）基层铺贴 3）面层铺贴 4）刷防护材料 5）材料运输
011106008	橡胶板楼梯面层	1）粘结层厚度、材料种类 2）面层材料品种、规格、颜色 3）压线条种类			1）基层清理 2）面层铺贴 3）压缝条装钉 4）材料运输
011106009	塑料板楼梯面层				

注：1. 在描述碎石材项目的面层材料特征时可不用描述规格、颜色。

　　2. 石材、块料与粘接材料的结合面刷防渗材料的种类在防护材料种类中描述。

7. 台阶装饰

工程量清单项目设置及工程量计算规则，应按表 6-7 的规定执行。

表 6-7　台阶装饰（编码：011107）

项目编码	项目名称	项目特征	计量单位	工程量计算规则	工作内容
011107001	石材台阶面	1）找平层厚度、砂浆配合比 2）粘结材料种类 3）面层材料品种、规格、颜色 4）勾缝材料种类 5）防滑条材料种类、规格 6）防护材料种类	m²	按设计图示尺寸以台阶（包括最上层踏步边沿300mm）水平投影面积计算	1）基层清理 2）抹找平层 3）面层铺贴 4）贴嵌防滑条 5）勾缝 6）刷防护材料 7）材料运输
011107002	块料台阶面				
011107003	拼碎块料台阶面				
011107004	水泥砂浆台阶面	1）找平层厚度、砂浆配合比 2）面层厚度、砂浆配合比 3）防滑条材料种类			1）基层清理 2）抹找平层 3）抹面层 4）抹防滑条 5）材料运输
011107005	现浇水磨石台阶面	1）找平层厚度、砂浆配合比 2）面层厚度、水泥石子浆配合比 3）防滑条材料种类、规格 4）石子种类、规格、颜色 5）颜料种类、颜色 6）磨光、酸洗、打蜡要求			1）清理基层 2）抹找平层 3）抹面层 4）贴嵌防滑条 5）打磨、酸洗、打蜡 6）材料运输
011107006	剁假石台阶面	1）找平层厚度、砂浆配合比 2）面层厚度、砂浆配合比 3）剁假石要求			1）清理基层 2）抹找平层 3）抹面层 4）剁假石 5）材料运输

注：1. 在描述碎石材项目的面层材料特征时可不用描述规格、颜色。

　　2. 石材、块料与粘接材料的结合面刷防渗材料的种类在防护材料种类中描述。

8. 零星装饰项目

工程量清单项目设置及工程量计算规则，应按表 6-8 的规定执行。

表 6-8　零星装饰项目（编码：011108）

项目编码	项目名称	项目特征	计量单位	工程量计算规则	工作内容
011108001	石材零星项目	1）工程部位 2）找平层厚度、砂浆配合比 3）贴结合层厚度、材料种类 4）面层材料品种、规格、颜色 5）勾缝材料种类 6）防护材料种类 7）酸洗、打蜡要求	m²	按设计图示尺寸以面积计算	1）清理基层 2）抹找平层 3）面层铺贴、磨边 4）勾缝 5）刷防护材料 6）酸洗、打蜡 7）材料运输
011108002	拼碎石材零星项目				
011108003	块料零星项目				
011108004	水泥砂浆零星项目	1）工程部位 2）找平层厚度、砂浆配合比 3）面层厚度、砂浆厚度	m²	按设计图示尺寸以面积计算	1）清理基层 2）抹找平层 3）抹面层 4）材料运输

注：1. 楼梯、台阶牵边和侧面镶贴块料面层，不大于 0.5 m² 的少量分散的楼地面镶贴块料面层，应按本表执行。

　　2. 石材、块料与粘接材料的结合面刷防渗材料的种类在防护材料种类中描述。

6.1.3　楼地面装饰工程清单工程量计算实例

【例 6-1】　某卫生间地面做的法是：清理基层，刷素水泥浆，用 1∶3 水泥砂浆粘贴马赛克面层，见图 6-1。编制分部分项工程量清单计价表和综合单价计算表（墙厚是 240mm，门洞口宽度均是 900mm）。

【解】

1）清单工程量：

$(3.2-0.12\times2)\times(2.8-0.12\times2)\times2+(2.4-0.12\times2)\times(2.8\times2-0.12\times2)+0.9\times0.24\times2-0.55\times0.55=25.91(m^2)$

2）消耗量定额工程量：25.91m²

计算清单项目每计量单位应包含的各项工程内容的工程数量：

$$25.91\div25.91=1$$

3）陶瓷锦砖楼地面：

人工费：11.48 元

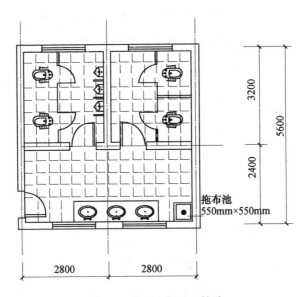

图 6-1　某卫生间地面铺贴

材料费：21.03 元

机械费：0.15 元

4）综合

直接费合计：32.66 元

管理费：32.66×34%=11.10（元）

利润：32.66×8%=2.61（元）

综合单价：46.37（元/m²）

合价：46.37×25.91=1201.45（元）

表 6-9　分部分项工程量清单计价表

序号	项目编号	项目名称	项目特征描述	计算单位	工程数量	金额/元		
						综合单价	合价	其中
								直接费
1	011102003001	块料楼地面	面层材料品种、规格：陶瓷锦砖；结合层材料种类：水泥砂浆 1∶3	m²	25.91	46.37	1201.45	32.66

表 6-10　分部分项工程量清单综合单价计算表

项目编号	011102003001	项目名称	块料楼地面	计量单位	m²	工程量	20.56

清单综合单价组成明细

定额编号	定额项目名称	定额单位	数量	单价/元			合价/元			
				人工费	材料费	机械费	人工费	材料费	机械费	管理费和利润
—	陶瓷锦砖铺贴	m²	1.00	11.48	21.03	0.15	11.48	21.03	0.15	13.71
人工单价		小计					11.48	21.03	0.15	13.71
28元/工日		未计价材料费					—			
清单项目综合单价/（元/m²）							46.37			

【例 6-2】　某歌厅地面圆舞池要铺贴 600mm×600mm 花岗岩板，石材表面要刷保护液，舞池中心及条带贴 10mm 厚 600mm×600mm 单层钢化镭射玻璃砖，圆舞池以外地面铺贴带胶垫羊毛地毯，见图 6-2。编制分部分项工程量清单计价表和综合单价计算表。

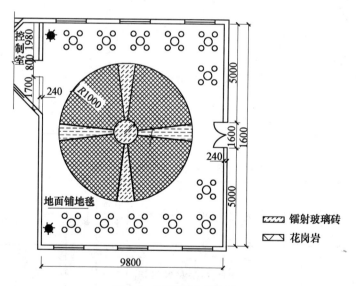

图 6-2　某歌厅地面铺贴

【解】

1）清单工程量：

钢化镭射玻璃砖清单工程量：

$$3.14×0.80^2＋(16÷360)×3.14×(4^2－0.80^2)=3.94(m^2)$$

花岗岩楼地面清单工程量：$3.14 \times 4^2 - 3.94 = 46.30 (m^2)$

楼地面地毯清单工程量：

$$11.6 \times 9.8 + 0.12 \times (1.6 + 0.8) - 3.14 \times 4^2 = 63.728 (m^2)$$

2）消耗量定额工程量：

① 工程量计算：

钢化镭射玻璃砖：$3.94m^2$

花岗岩板铺贴：$46.3m^2$

石材表面刷保护液：$46.3m^2$

楼地面羊毛地毯铺贴：$63.728m^2$

② 计算清单项目每计量单位应包含的各项工程内容的工程数量：

钢化镭射玻璃砖：$3.94 \div 3.94 = 1$

花岗岩板铺贴：$46.3 \div 46.3 = 1$

石材表面刷保护液：$46.3 \div 46.3 = 1$

楼地面羊毛地毯铺贴：$63.728 \div 63.728 = 1$

3）单层钢化镭射玻璃砖：

① 人工费：9 元

② 材料费：298 元

③ 综合

直接费合计：307 元

管理费：$307 \times 34\% = 104.38$ （元）

利润：$307 \times 8\% = 24.56$ （元）

综合单价：435.94 （元/m^2）

合价：$435.94 \times 3.94 = 1717.60$ （元）

4）花岗岩铺贴、石材表面刷保护液

① 花岗岩铺贴：

人工费：6.33 元

材料费：218 元

机械费：0.55

② 石材表面刷保护液：

人工费：1.25 元

材料费：21 元

③ 综合

直接费合计：247.13 元

管理费：$247.13 \times 34\% = 84.02$ （元）

利润：$247.13 \times 8\% = 19.77$ （元）

综合单价：350.92（元/m²）

合价：350.92×46.30＝16247.60（元）

5）羊毛地毯铺贴：

① 人工费：16.18 元

② 材料费：255 元

③ 综合

直接费合计：271.18 元

管理费：271.18×34%＝92.20（元）

利润：271.18×8%＝21.69（元）

综合单价：385.07（元/m²）

合价：385.07×63.73＝24540.51（元）

表 6-11　分部分项工程量清单计价表

序号	项目编号	项目名称	项目特征描述	计算单位	工程数量	金额/元		
						综合单价	合价	其中直接费
1	011102003001	块料楼地面	面层材料品种、规格：10mm 厚 600mm×600mm 单层钢化镭射玻璃砖；粘结层材料种类：玻璃胶	m²	3.94	435.94	1717.60	307
2	011102001001	石材楼地面	面层材料品种、规格：600mm×600mm 花岗岩板；结合层材料种类：粘结层水泥砂浆 1:3；酸洗、打蜡要求：石材表面刷保护液	m²	46.30	350.92	16247.60	247.13
3	011104001001	地毯楼地面	面层材料品种、规格：羊毛地毯；粘结材料种类：地毯胶垫固定安装	m²	63.73	385.07	24540.51	271.18

表 6-12 分部分项工程量清单综合单价计算表

项目编号	011102003001	项目名称	块料楼地面	计量单位	m²	工程量	3.94

清单综合单价组成明细								
定额编号	定额项目名称	定额单位	数量	单价/元			合价/元			
				人工费	材料费	机械费	人工费	材料费	机械费	管理费和利润
—	镭射玻璃砖	m²	1.00	9	298	—	9	298	—	128.94
人工单价			小计				9	298	—	128.94
28 元/工日			未计价材料费				—			
清单项目综合单价/（元/m²）									435.94		

表 6-13 分部分项工程量清单综合单价计算表

项目编号	011102001001	项目名称	石材楼地面	计量单位	m²	工程量	46.45

清单综合单价组成明细								
定额编号	定额项目名称	定额单位	数量	单价/元			合价/元			
				人工费	材料费	机械费	人工费	材料费	机械费	管理费和利润
—	花岗岩铺贴	m²	1.00	6.33	218	0.55	6.33	218	0.55	94.45
—	石材表面刷保护液	m²	1.00	1.25	21		1.25	21		9.34
人工单价			小计				7.58	239	0.55	103.79
28 元/工日			未计价材料费				—			
清单项目综合单价/（元/m²）									350.92		

表 6-14 分部分项工程量清单综合单价计算表

项目编号	011104001001	项目名称	地毯楼地面	计量单位	m²	工程量	63.73

清单综合单价组成明细								
定额编号	定额项目名称	定额单位	数量	单价/元			合价/元			
				人工费	材料费	机械费	人工费	材料费	机械费	管理费和利润
—	羊毛地毯铺贴	m²	1.00	16.18	255	—	16.18	255	—	113.90
人工单价			小计				16.18	255	—	113.89
28 元/工日			未计价材料费				—			
清单项目综合单价/（元/m²）									385.07		

【例 6-3】 图 6-3 所示为某会议室地面，做法为：拆除原有架空木地板，需清理基层，用塑料粘结剂铺贴防静电地毯面层。编制分部分项工程量清单计价表和综合单价计算表。

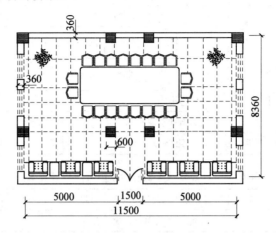

图 6-3 某会议室地面铺贴

【解】

1）清单工程量计算：

$$11.5 \times 8.36 - [0.6 \times 0.6 \times 2 + (0.6 - 0.36) \times 0.6 \times 4] + 0.12 \times 1.5$$
$$= 94.30(m^2)$$

2）消耗量定额工程量：94.30m²

计算清单项目每计量单位应包含的各项工程内容的工程数量：

$$94.30 \div 94.30 = 1$$

3）带木龙骨木地板拆除：

人工费：1.51 元

4）防静电地毯铺贴：

① 人工费：16.18 元

② 材料费：160.44 元

5）综合：

直接费合计：1.51＋16.18＋160.44＝178.13（元）

管理费：178.13×34％＝60.56（元）

利润：178.13×8％＝14.25（元）

综合单价：252.94 元

合计：252.94×94.30＝23852.24（元）

表 6-15 分部分项工程量清单计价表

序号	项目编号	项目名称	项目特征描述	计算单位	工程数量	综合单价	合价	其中 直接费
1	011104001001	地毯楼地面	拆除带木龙骨木地板；面层材料品种：防静电地毯；粘接材料种类：塑料粘结剂	m²	94.30	252.94	23852.24	178.13

金额/元 (header spanning 综合单价/合价/其中直接费)

表 6-16 分部分项工程量清单综合单价计算表

项目编号	011104001001		项目名称	地毯楼地面	计量单位	m²	工程量	94.30

清单综合单价组成明细

定额编号	定额项目名称	定额单位	数量	单价/元			合价/元			
				人工费	材料费	机械费	人工费	材料费	机械费	管理费和利润
—	带木龙骨木地板拆除	m²	1.00	1.51	—	—	1.51	—	—	0.63
—	防静电地毯铺贴	m²	1.00	16.18	160.44	—	16.18	160.44	—	74.18
人工单价			小计				17.69	160.44	—	74.81
28 元/工日			未计价材料费				—			
		清单项目综合单价/（元/m²）					252.94			

6.2 墙、柱面装饰与隔断、幕墙工程

6.2.1 清单工程量计算有关问题说明

1. 墙、柱面装饰与隔断、幕墙工程工程量清单项目的划分与编码

（1）清单项目的划分 墙、柱面装饰与隔断、幕墙工程：

1）墙面抹灰（包括墙面一般抹灰、墙面装饰抹灰、墙面勾缝、立面砂浆找平层）。

2）柱（梁）面抹灰（包括柱、梁面一般抹灰，柱、梁面装饰抹灰，柱、梁面砂浆找平，柱、梁面勾缝）。

3）零星抹灰（包括零星项目一般抹灰、装饰抹灰、砂浆找平）。

4）墙面块料面层（包括石材、拼碎石材、块料墙面、干挂石材钢骨架）。

5）柱（梁）面镶贴块料（包括石材、块料、拼碎块柱面、石材、块料梁面）。

6）镶贴零星块料（包括石材、块料、拼碎块零星项目）。

7）墙饰面（包括墙面装饰板、墙面装饰浮雕）。

8）柱（梁）饰面（包括柱（梁）面装饰、成品装饰柱）。

9）幕墙工程（包括带骨架幕墙、全玻（无框玻璃）幕墙）。

10）隔断（包括木隔断、金属隔断、玻璃隔断、塑料隔断、成品隔断等）。

（2）清单项目的编码 一级编码 01；二级编码 12（《房屋建筑与装饰工程工程量计算规范》第十二章，墙、柱面装饰与隔断、幕墙工程）；三级编码从 01～10（从墙面抹灰至隔断共 10 个项目）；四级编码自 001 开始，根据各分部不同的清单项目分别编码列项；同一个工程中墙面若采用一般抹灰，所用的砂浆种类既有水泥砂浆，又有混合砂浆，则第五级编码应分别设置。

2. 清单工程量计算有关问题说明

（1）有关项目列项问题说明

1）一般抹灰包括：石灰砂浆、水泥砂浆、混合砂浆、聚合物水泥砂浆、麻刀石灰浆、石膏灰浆等。

2）装饰抹灰包括：水刷石、斩假石、干黏石、假面砖等。

3）柱面抹灰项目、石材柱面项目、块料柱面项目适用于矩形柱、异形柱（包括圆形柱、半圆形柱等）。

4）墙、柱（梁）面≤0.5m² 的少量分散的抹灰按零星抹灰项目编码列项。

5）设置在隔断、幕墙上的门窗，可包含在隔墙、幕墙项目报价内，也可单独编码列项，并在清单项目中进行描述。

（2）有关项目特征说明

1）墙体类型指砖墙、石墙、混凝土墙、砌块墙以及内墙、外墙等。

2）底层、面层的厚度应根据设计规定（通常采用标准设计图）确定。

3）勾缝类型指清水砖墙、砖柱的加浆勾缝（平缝或凹缝），石墙、石柱的勾缝（如：平缝、平凹缝、平凸缝、半圆凹缝、半圆凸缝和三角凸缝等）。

4）挂贴方式是对大规格的石材（大理石、花岗石、青石等）使用先挂后灌浆的方式固定在墙、柱面上。

5）干挂方式是指直接干挂法，是通过不锈钢膨胀螺栓、不锈钢挂件、不锈钢连接件、不锈钢钢针等，将外墙饰面板连接在外墙墙面；间接干挂法，是通过固定在墙、柱、梁上的龙骨，再通过各种挂件固定外墙饰面板。

6）嵌缝材料指嵌缝砂浆、嵌缝油膏、密封胶封水材料等。

7）防护材料指石材等防碱背涂处理剂和面层防酸涂剂等。

8）基层材料指面层内的底板材料，如：木墙裙、木护墙、木板隔墙等，在龙骨上，粘贴或铺钉一层加强面层的底板。

（3）有关工程量计算说明

1）墙面抹灰不扣除踢脚线、挂镜线和墙与构件交接处的面积，是指墙与梁的交接处所占的面积，不包含墙与楼板的交接。

2）外墙裙抹灰面积，按其长度乘以高度计算，是指按外墙裙的长度计算。

3）柱的一般抹灰和装饰抹灰及勾缝，以柱断面周长乘以高度计算，柱断面周长是指结构断面周长。

4）柱（梁）面装饰按照设计图示外围饰面尺寸乘以高度（长度）以面积计算。外围饰面尺寸是饰面的表面尺寸。

5）带肋全玻璃幕墙是指玻璃幕墙带玻璃肋，玻璃肋的工程量应合并在玻璃幕墙工程量中计算。

（4）有关工程内容说明

1）"抹面层"是指一般抹灰的普通抹灰（一层底层和一层面层或不分层一遍成活），中级抹灰（一层底层、一层中层和一层面层或一层底层、一层面层），高级抹灰（一层底层、数层中层和一层面层）的面层。

2）"抹装饰面"是指装饰抹灰（抹底灰、涂刷108胶溶液、刮或刷水泥浆液、抹中层、抹装饰面层）的面层。

6.2.2　墙、柱面装饰与隔断、幕墙工程清单工程量计算

1.墙面抹灰

工程量清单项目设置及工程量计算规则，应按表6-17的规定执行。

表 6-17　墙面抹灰（编码：011201）

项目编码	项目名称	项目特征	计量单位	工程量计算规则	工作内容
011201001	墙面一般抹灰	1）墙体类型 2）底层厚度、砂浆配合比 3）面层厚度、砂浆配合比	m²	按设计图示尺寸以面积计算。扣除墙裙、门窗洞口及单个＞0.3m²的孔洞面积，不扣除踢脚线、挂镜线和墙与构件交接处的面积，门窗洞口和孔洞的侧壁及顶面不增加面积。附墙柱、梁、垛、烟囱侧壁并入相应的墙面面积内 1）外墙抹灰面积按外墙垂直投影面积计算	1）基层清理 2）砂浆制作、运输 3）底层抹灰 4）抹面层 5）抹装饰面 6）勾分格缝
011201002	墙面装饰抹灰	4）装饰面材料种类 5）分格缝宽度、材料种类		2）外墙裙抹灰面积按其长度乘以高度计算 3）内墙抹灰面积按主墙间的净长乘以高度计算 4）无墙裙的，高度按室内楼地面至天棚底面计算	
011201003	墙面勾缝	1）勾缝类型 2）勾缝材料种类			1）基层清理 2）砂浆制作、运输 3）勾缝
011201004	立面砂浆找平层	1）基层类型 2）找平层砂浆厚度、配合比		5）有墙裙的，高度按墙裙顶至天棚底面计算 6）有吊顶天棚抹灰，高度算至天棚底 7）内墙裙抹灰面按内墙净长乘以高度计算	1）基层清理 2）砂浆制作、运输 3）抹灰找平

注：1. 立面砂浆找平项目适用于仅做找平层的立面抹灰。

2. 墙面抹石灰砂浆、水泥砂浆、混合砂浆、聚合物水泥砂浆、麻刀石灰浆、石膏灰浆等按本表中墙面一般抹灰列项，墙面水刷石、斩假石、干黏石、假面砖等按本表中墙面装饰抹灰列项。

3. 飘窗凸出外墙面增加的抹灰并入外墙工程量内。

4. 有吊顶天棚的内墙面抹灰，抹至吊顶以上部分在综合单价中考虑。

2. 柱（梁）面抹灰

工程量清单项目设置及工程量计算规则，应按表 6-18 的规定执行。

表 6-18　柱（梁）面抹灰（编码：011202）

项目编码	项目名称	项目特征	计量单位	工程量计算规则	工作内容
011202001	柱、梁面一般抹灰	1）柱（梁）体类型 2）底层厚度、砂浆配合比 3）面层厚度、砂浆配合比 4）装饰面材料种类 5）分格缝宽度、材料种类	m²	1）柱面抹灰：按设计图示柱断面周长乘高度以面积计算 2）梁面抹灰：按设计图示梁断面周长乘长度以面积计算	1）基层清理 2）砂浆制作、运输 3）底层抹灰 4）抹面层 5）勾分格缝
011202002	柱、梁面装饰抹灰				
011202003	柱、梁面砂浆找平	1）柱（梁）体类型 2）找平的砂浆厚度、配合比			1）基层清理 2）砂浆制作、运输 3）抹灰找平
011202004	柱、梁面勾缝	1）勾缝类型 2）勾缝材料种类		按设计图示柱断面周长乘高度以面积计算	1）基层清理 2）砂浆制作、运输 3）勾缝

注：1. 砂浆找平项目适用于仅做找平层的柱（梁）面抹灰。
　　2. 柱（梁）面抹石灰砂浆、水泥砂浆、混合砂浆、聚合物水泥砂浆、麻刀石灰浆、石膏灰浆等按本表中柱（梁）面一般抹灰编码列项；柱（梁）面水刷石、斩假石、干黏石、假面砖等按本表中柱（梁）面装饰抹灰编码列项。

3. 零星抹灰

工程量清单项目设置及工程量计算规则，应按表 6-19 的规定执行。

表 6-19　零星抹灰（编码：011203）

项目编码	项目名称	项目特征	计量单位	工程量计算规则	工作内容
011203001	零星项目一般抹灰	1）基层类型、部位 2）底层厚度、砂浆配合比 3）面层厚度、砂浆配合比 4）装饰面材料种类 5）分格缝宽度、材料种类	m²	按设计图示尺寸以面积计算	1）基层清理 2）砂浆制作、运输 3）底层抹灰 4）抹面层 5）抹装饰面 6）勾分格缝
011203002	零星项目装饰抹灰				
011203003	零星项目砂浆找平	1）基层类型、部位 2）找平的砂浆厚度、配合比			1）基层清理 2）砂浆制作、运输 3）抹灰找平

注：1. 零星项目抹石灰砂浆、水泥砂浆、混合砂浆、聚合物水泥砂浆、麻刀石灰浆、石膏灰浆等按本表中零星项目一般抹灰编码列项，水刷石、斩假石、干黏石、假面砖等按本表中零星项目装饰抹灰编码列项。

2. 墙、柱（梁）面≤0.5 m² 的少量分散的抹灰按本表中零星抹灰项目编码列项。

4. 墙面块料面层

工程量清单项目设置及工程量计算规则，应按表 6-20 的规定执行。

表 6-20　墙面块料面层（编码：011204）

项目编码	项目名称	项目特征	计量单位	工程量计算规则	工作内容
011204001	石材墙面	1）墙体类型 2）安装方式 3）面层材料品种、规格、颜色 4）缝宽、嵌缝材料种类 5）防护材料种类 6）磨光、酸洗、打蜡要求	m²	按镶贴表面积计算	1）基层清理 2）砂浆制作、运输 3）粘结层铺贴 4）面层安装 5）嵌缝 6）刷防护材料 7）磨光、酸洗、打蜡
011204002	拼碎石材墙面				
011204003	块料墙面				
011204004	干挂石材钢骨架	1）骨架种类、规格 2）防锈漆品种遍数	t	按设计图示以质量计算	1）骨架制作、运输、安装 2）刷漆

注：1. 在描述碎块项目的面层材料特征时可不用描述规格、颜色。

2. 石材、块料与粘接材料的结合面刷防渗材料的种类在防护层材料种类中描述。

3. 安装方式可描述为砂浆或粘接剂粘贴、挂贴、干挂等，不论哪种安装方式，都要详细描述与组价相关的内容。

5. 柱（梁）面镶贴块料

工程量清单项目设置及工程量计算规则，应按表 6-21 的规定执行。

表 6-21　柱（梁）面镶贴块料（编码：011205）

项目编码	项目名称	项目特征	计量单位	工程量计算规则	工作内容
011205001	石材柱面	1）柱截面类型、尺寸 2）安装方式 3）面层材料品种、规格、颜色 4）缝宽、嵌缝材料种类 5）防护材料种类 6）磨光、酸洗、打蜡要求	m²	按镶贴表面积计	1）基层清理 2）砂浆制作、运输 3）粘结层铺贴 4）面层安装 5）嵌缝 6）刷防护材料 7）磨光、酸洗、打蜡
011205002	块料柱面				
011205003	拼碎块柱面				
011205004	石材梁面	1）安装方式 2）面层材料品种、规格、颜色 3）缝宽、嵌缝材料种类 4）防护材料种类 5）磨光、酸洗、打蜡要求			
011205005	块料梁面				

注：1. 在描述碎块项目的面层材料特征时可不用描述规格、颜色。

2. 石材、块料与粘接材料的结合面刷防渗材料的种类在防护层材料种类中描述。

3. 柱梁面干挂石材的钢骨架按表 6-20 相应项目编码列项。

6. 镶贴零星块料

工程量清单项目设置及工程量计算规则，应按表 6-22 的规定执行。

表 6-22　镶贴零星块料（编码：011206）

项目编码	项目名称	项目特征	计量单位	工程量计算规则	工作内容
011206001	石材零星项目	1）基层类型、部位 2）安装方式 3）面层材料品种、规格、颜色 4）缝宽、嵌缝材料种类 5）防护材料种类 6）磨光、酸洗、打蜡要求	m²	按镶贴表面积计算	1）基层清理 2）砂浆制作、运输 3）面层安装 4）嵌缝 5）刷防护材料 6）磨光、酸洗打蜡
011206002	块料零星项目				
011206003	拼碎块零星项目				

注：1. 在描述碎块项目的面层材料特征时可不用描述规格、颜色。

2. 石材、块料与粘接材料的结合面刷防渗材料的种类在防护材料种类中描述。

3. 零星项目干挂石材的钢骨架按表 6-20 相应项目编码列项。

4. 墙柱面≤0.5m² 的少量分散的镶贴块料面层按本表零星项目执行。

7. 墙饰面

工程量清单项目设置及工程量计算规则，应按表 6-23 的规定执行。

表 6-23　墙饰面（编码：011207）

项目编码	项目名称	项目特征	计量单位	工程量计算规则	工作内容
011207001	墙面装饰板	1）龙骨材料种类、规格中距 2）隔离层材料种类、规格 3）基层材料类、规格 4）面层材料品种、规格、颜色 5）压条材料种类、规格	m²	按设计图示墙净长乘净高以面积计算。扣除门窗洞口及单个>0.3 m²的孔洞所占面积	1）基层清理 2）龙骨制作、运输、安装 3）钉隔离层 4）基层铺钉 5）面层铺贴
011207002	墙面装饰浮雕	1）基层类型 2）浮雕材料种类 3）浮雕样式		按设计图示尺寸以面积计算	1）基层清理 2）材料制作、运输 3）安装成型

8. 柱（梁）饰面

工程量清单项目设置及工程量计算规则，应按表 6-24 的规定执行。

表 6-24 柱（梁）饰面（编码：011208）

项目编码	项目名称	项目特征	计量单位	工程量计算规则	工作内容
011208001	柱（梁）面装饰	1）龙骨材料种类、规格、中距 2）隔离层材料种类 3）基层材料种类、规格 4）面层材料品种、规格、颜色 5）压条材料种类、规格	m²	按设计图示饰面外围尺寸以面积计算。柱帽、柱墩并入相应柱饰面工程量内	1）清理基层 2）龙骨制作、运输、安装 3）钉隔离层 4）基层铺钉 5）面层铺贴
011208002	成品装饰柱	1）柱截面、高度尺寸 2）柱材质	1）根 2）m	1）以根计量，按设计数量计算 2）以米计量，按设计长度计算	柱运输、固定、安装

9. 幕墙工程

工程量清单项目设置及工程量计算规则，应按表 6-25 的规定执行。

表 6-25 幕墙工程（编码：011209）

项目编码	项目名称	项目特征	计量单位	工程量计算规则	工作内容
011209001	带骨架幕墙	1）骨架材料种类、规格、中距 2）面层材料品种、规格、颜色 3）面层固定方式 4）隔离带、框边封闭材料品种、规格 5）嵌缝、塞口材料种类	m²	按设计图示框外围尺寸以面积计算。与幕墙同种材质的窗所占面积不扣除	1）骨架制作、运输、安装 2）面层安装 3）隔离带、框边封闭 4）嵌缝、塞口 5）清洗
011209002	全玻（无框玻璃）幕墙	1）玻璃品种、规格、颜色 2）粘结塞口材料种类 3）固定方式		按设计图示尺寸以面积计算。带肋全玻幕墙按展开面积计算	1）幕墙安装 2）嵌缝、塞口 3）清洗

注：幕墙钢骨架按表 6-20 干挂石材钢骨架编码列项。

10. 隔断

工程量清单项目设置及工程量计算规则，应按表 6-26 的规定执行。

表 6-26 隔断（编码：011210）

项目编码	项目名称	项目特征	计量单位	工程量计算规则	工作内容
011210001	木隔断	1）骨架、边框材料种类、规格 2）隔板材料品种、规格、颜色 3）嵌缝、塞口材料品种 4）压条材料种类	m²	按设计图示框外围尺寸以面积计算。不扣除单个≤0.3 m²的孔洞所占面积；浴厕门的材质与隔断相同时，门的面积并入隔断面积内	1）骨架及边框制作、运输、安装 2）隔板制作、运输、安装 3）嵌缝、塞口 4）装钉压条
011210002	金属隔断	1）骨架、边框材料种类、规格 2）隔板材料品种、规格、颜色 3）嵌缝、塞口材料品种			1）骨架及边框制作、运输、安装 2）隔板制作、运输、安装 3）嵌缝、塞口
011210003	玻璃隔断	1）边框材料种类、规格 2）玻璃品种、规格、颜色 3）嵌缝、塞口材料品种		按设计图示框外围尺寸以面积计算。不扣除单个≤0.3 m²的孔洞所占面积	1）边框制作、运输、安装 2）玻璃制作、运输、安装 3）嵌缝、塞口
011210004	塑料隔断	1）边框材料种类、规格 2）隔板材料品种、规格、颜色 3）嵌缝、塞口材料品种			1）骨架及边框制作、运输、安装 2）隔板制作、运输、安装 3）嵌缝、塞口
011210005	成品隔断	1）隔断材料品种、规格、颜色 2）配件品种、规格	1）m² 2）间	1）以立方米计算，按设计图示框外围尺寸以面积计算 2）以间计算，按设计间的数量计算	1）隔断运输、安装 2）嵌缝、塞口
011210006	其他隔断	1）骨架、边框材料种类、规格 2）隔板材料品种、规格颜色 3）嵌缝、塞口材料品种	m²	按设计图示框外围尺寸以面积计算。不扣除单个≤0.3 m²的孔洞所占面积	1）骨架及边框安装 2）隔板安装 3）嵌缝、塞口

6.2.3　墙、柱面装饰与隔断、幕墙工程清单工程量计算实例

【例6-4】　图6-4所示为某室外4个直径为1.2m的圆柱，高度是3.8m，设计为斩假石柱面，编制分部分项工程量清单计价表和综合单价计算表。

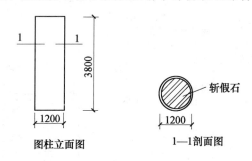

图6-4　某室外圆柱

【解】

1) 清单工程量计算：$3.14 \times 1.2 \times 3.8 \times 4 = 57.27$（m²）

2) 消耗量定额工程量：57.27m²

计算清单项目每计量单位应包含的各项工程内容的工程数量：

$$57.27 \div 57.27 = 1$$

3) 柱面装饰抹灰：

人工费：28.03元

材料费：7.32元

机械费：0.25元

4) 综合：

直接费合计：35.6元

管理费：$35.6 \times 34\% = 12.10$（元）

利润：$35.6 \times 8\% = 2.85$（元）

综合单价：50.55（元/m²）

合计：$50.55 \times 57.27 = 2895.00$（元）

表6-27　分部分项工程量清单计价表

序号	项目编号	项目名称	项目特征描述	计量单位	工程数量	金额/元 综合单价	合价	其中 直接费
1	011202002001	柱面装饰抹灰	柱体类型：砖混凝土柱体；材料种类，配合比，厚度：水泥砂浆，1：3，厚12mm；水泥白石子浆，1：1.5，厚10mm	m²	57.27	50.55	2895.00	35.6

表 6-28 分部分项工程量清单综合单价计算表

项目编号	011202002001		项目名称	柱面装饰抹灰		计量单位	m²	工程量	57.27
清单综合单价组成明细									
定额编号	定额项目名称	定额单位	数量	单价/元			合价/元		
				人工费	材料费	机械费	人工费	材料费	机械费	管理费和利润
—	柱面装饰抹灰	m²	1.00	28.03	7.32	0.25	28.03	7.32	0.25	14.95
人工单价		小 计					28.03	7.32	0.25	14.95
28 元/工日		未计价材料费					—			
清单项目综合单价/（元/m²）							50.55			

【例 6-5】 某宾馆玻璃隔断带有电子感应自动门，其隔断是 12mm 厚的钢化玻璃，边框为不锈钢的，12mm 厚钢化玻璃门，配有电磁感应装置一套（日本 ABA）。请编制工程量清单计价表及综合单价计算表。

【解】

1）经业主根据施工图计算

① 12mm 厚钢化玻璃隔断 10.8m²

② 电子感应门一樘

2）投标人根据施工图及施工方案计算

① 玻璃隔断：

a. 12mm 厚钢化玻璃隔断，工程量为 10.8m²

人工费：$16.53 \times 10.8 = 178.52$（元）

材料费：$322.14 \times 10.8 = 3479.11$（元）

机械费：$17.08 \times 10.8 = 184.46$（元）

b. 不锈钢边框，工程量为 1.26m²

人工费：$28.57 \times 1.26 = 36.00$（元）

材料费：$434.58 \times 1.26 = 547.57$（元）

机械费：$19.18 \times 1.26 = 24.17$（元）

c. 综合

直接费合计：4449.83 元

管理费：$4449.83 \times 34\% = 1512.94$（元）

利润：4449.83×8%＝355.99（元）

总计：6318.76 元

综合单价：6318.76÷10.8＝585.07（元/m²）

② 电子感应门

a. 电子感应玻璃门电磁感应装置，一套

人工费：72.90×1＝72.90（元）

材料费：15012.26×1＝15012.26（元）

机械费：3.02×1＝3.02（元）

b. 12mm 厚钢化玻璃门，工程量为：9.6m²

人工费：45.58×9.6＝437.57（元）

材料费：909.95×9.6＝8735.52（元）

机械费：29.36×9.6＝281.86（元）

c. 综合

直接费合计：24543.13 元

管理费：24543.13×34%＝8344.66（元）

利润：24543.13×8%＝1963.45（元）

总计：34851.24 元

综合单价：34851.24÷1＝34851.24（元/樘）

表 6-29　分部分项工程量清单计价表

序号	项目编号	项目名称	项目特征描述	计算单位	工程数量	综合单价	合价	其中 直接费
1	011210003001	玻璃隔断	玻璃隔断 12mm 厚钢化玻璃边框为不锈钢 0.8mm 厚玻璃胶嵌缝	m²	10.8	585.07	6318.76	4449.83
2	010805001001	电子感应门	电磁感应器（日本 ABA）钢化玻璃门 12mm 厚	樘	1	34851.24	34851.24	24543.13

表 6-30 分部分项工程量清单综合单价计算表

项目编号	011202002001	项目名称	柱面装饰抹灰	计量单位	m²	工程量	57.27

			清单综合单价组成明细						

定额编号	定额项目名称	定额单位	数量	单价/元			合价/元			
				人工费	材料费	机械费	人工费	材料费	机械费	管理费和利润
—	钢化玻璃隔断（12mm厚）	m²	10.8	16.53	322.14	17.08	178.52	3479.11	184.46	1613.68
—	不锈钢玻璃边框	m²	1.26	28.57	434.58	19.18	36	547.57	24.17	255.25
人工单价		小计					214.52	4026.68	208.63	1868.93
28元/工日		未计价材料费					—			
清单项目综合单价/（元/m²）							585.07			

表 6-31 分部分项工程量清单综合单价计算表

项目编号	010805001001	项目名称	电子感应门	计量单位	樘	工程量	1

			清单综合单价组成明细						

定额编号	定额项目名称	定额单位	数量	单价/元			合价/元			
				人工费	材料费	机械费	人工费	材料费	机械费	管理费和利润
—	电磁感应装置	套	1	72.90	15012.26	3.02	72.90	15012.26	3.02	6337.04
—	12mm厚钢化玻璃	m²	9.6	45.58	909.95	29.36	437.57	8735.52	281.86	3971.08
人工单价		小计					510.47	23747.78	284.88	10308.12
28元/工日		未计价材料费					—			
清单项目综合单价/（元/樘）							34851.24			

【例 6-6】 图 6-5 所示为一隔断，编制分部分项工程量清单计价表和综合单价计算表。

【解】

1）清单工程量计算：1.61×20＝32.2（m²）

2）消耗量定额工程量：

① 计算工程量：

铝合金玻璃隔断：0.76×20＝15.2（m²）

铝合金板条隔断：0.85×20＝17（m²）

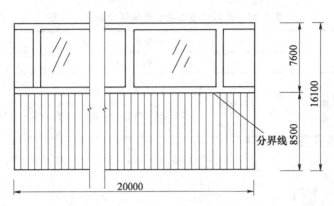

图 6-5 隔断示意图

② 计算清单项目每计量单位应包括的各项工程内容的工程数量：

铝合金玻璃隔断：$15.2÷32.2=0.47$（m^2）

铝合金板条隔断：$17÷32.2=0.53$（m^2）

3）铝合金玻璃隔断：

① 人工费：$4.41×0.47=2.07$（元）

② 材料费：$68.6×0.47=32.24$（元）

③ 机械费：$20.81×0.47=9.78$（元）

4）铝合金板条隔断：

① 人工费：$3.91×0.53=2.07$（元）

② 材料费：$100.36×0.53=53.19$（元）

③ 机械费：$1.06×0.53=0.56$（元）

5）综合

直接费合计：99.91 元

管理费：$99.91×34\%=33.97$（元）

利润：$99.91×8\%=7.99$（元）

综合单价：141.87 元

合计：$141.87×32.2=4568.21$（元）

表 6-32　分部分项工程量清单计价表

| 序号 | 项目编号 | 项目名称 | 项目特征描述 | 计算单位 | 工程数量 | 金额/元 | | 其中 |
						综合单价	合价	直接费
1	011210001001	隔断	定位弹线、下料、安装龙骨、安玻璃、嵌缝清理	m^2	32.2	141.87	4568.21	99.91

表 6-33　分部分项工程量清单综合单价计算表

项目编号	011202002001		项目名称	柱面装饰抹灰	计量单位	m²	工程量	32.2

清单综合单价组成明细

定额编号	定额项目名称	定额单位	数量	单价/元			合价/元			
				人工费	材料费	机械费	人工费	材料费	机械费	管理费和利润
—	铝合金玻璃隔断	m²	0.47	4.41	68.6	20.81	2.07	32.24	9.78	18.52
—	铝合金板条隔断	m²	0.53	3.91	100.36	1.06	2.07	53.19	0.56	23.44
人工单价		小　计					4.14	85.43	10.34	41.96
28 元/工日		未计价材料费					—			
清单项目综合单价/（元/m²）							141.87			

6.3　天棚工程

6.3.1　清单工程量计算有关问题说明

1. 天棚工程工程量清单项目的划分与编码

（1）清单项目的划分

1）天棚抹灰。

2）天棚吊顶（包括吊顶天棚、格栅吊顶、吊筒吊顶、藤条造型悬挂吊顶、织物软雕吊顶及装饰网架吊顶）。

3）采光天棚。

4）天棚其他装饰（包括灯带（槽），送风口、回风口）。

（2）清单项目的编码　一级编码 01；二级编码 13（《房屋建筑与装饰工程工程量计算规范》第十三章，天棚工程）；三级编码自 01～04（分别代表天棚抹灰、天棚吊顶、采光天棚、天棚其他装饰）；四级编码从 001 开始，第三位数字依次递增；第五级编码自 001 开始，第三位数字依次递增，比如同一个工程中天棚抹灰有混合砂浆，还有水泥砂浆，则其编码为 011301001001（天棚抹混合砂浆）、011301001002（天棚抹水泥砂浆）。

2. 清单工程量计算有关问题说明

（1）有关项目列项问题说明

1) 天棚的检查孔、天棚内的检修走道、灯槽等应包括在报价内。

2) 天棚吊顶的平面、跌级、锯齿形、阶梯形、吊挂式、藻井式以及矩形、弧形、拱形等应在清单项目中进行描述。

(2) 有关项目特征的说明

1) "天棚抹灰" 项目基层类型是指混凝土现浇板、预制混凝土板、木板条等。

2) 龙骨类型指上人或者不上人，以及平面、跌级、锯齿形、阶梯形、吊挂式、藻井式及矩形、圆弧形、拱形等类型。

3) 基层材料，是指底板或面层背后的加强材料。

4) 龙骨中距，是指相邻龙骨中线之间的距离。

5) 天棚面层适用于：石膏板（包括装饰石膏板、纸面石膏板、吸声穿孔石膏板、嵌装式装饰石膏等）、埃特板、装饰吸声罩面板（包括矿棉装饰吸声板、贴塑矿（岩）棉吸声板、膨胀珍珠岩石装饰吸声制品、玻璃棉装饰吸声板等）、塑料装饰罩面板（钙塑泡沫装饰吸声板、聚苯乙烯泡沫塑料装饰吸声板、聚氯乙烯塑料天花板等）、纤维水泥加压板（包括穿孔吸声石棉水泥板、轻质硅酸钙吊顶板等）、金属装饰板（包括铝合金罩面板、金属微孔吸声板、铝合金单体构件等）、木质饰板（胶合板、薄板、板条、水泥木丝板、刨花板等）。

6) 格栅吊顶面层适用于木格栅、金属格栅、塑料格栅等。

7) 吊筒吊顶适用于木（竹）质吊筒、金属吊筒、塑料吊筒以及圆形、矩形、扁钟形吊筒等。

8) 灯带格栅包括不锈钢格栅、铝合金格栅、玻璃类格栅等。

9) 送风口、回风口适用于金属、塑料、木质风口。

(3) 有关工程量计算的说明

1) 天棚抹灰与天棚吊顶工程量计算规则有所不同：天棚抹灰不扣除柱垛所占的面积；天棚吊顶不扣除柱垛所占的面积，但应扣除独立柱所占的面积。柱垛是指与墙体相连的柱而突出墙体部分。

2) 天棚吊顶应扣除窗帘盒与天棚吊顶相连的所占的面积。

3) 格栅吊顶、吊筒吊顶、藤条造型悬挂吊顶、织物软雕吊顶、装饰网架吊顶均按设计图示的吊顶尺寸水平投影面积计算。

6.3.2 天棚工程清单工程量计算

1. 天棚抹灰

工程量清单项目设置及工程量计算规则，应按表 6-34 的规定执行。

表 6-34 天棚抹灰（编码：011301）

项目编码	项目名称	项目特征	计量单位	工程量计算规则	工作内容
011301001	天棚抹灰	1）基层类型 2）抹灰厚度、材料种类 3）砂浆配合比	m²	按设计图示尺寸以水平投影面积计算。不扣除间壁墙、垛、柱、附墙烟囱、检查口和管道所占的面积，带梁天棚、梁两侧抹灰面积并入天棚面积内，板式楼梯底面抹灰按斜面积计算，锯齿形楼梯底板抹灰按展开面积计算	1）基层清理 2）底层抹灰 3）抹面层

2. 天棚吊顶

工程量清单项目设置及工程量计算规则，应按表 6-35 的规定执行。

表 6-35 天棚吊顶（编码：011302）

项目编码	项目名称	项目特征	计量单位	工程量计算规则	工作内容
011302001	吊顶天棚	1）吊顶形式、吊杆规格、高度 2）龙骨材料种类、规格、中距 3）基层材料种类、规格 4）面层材料品种、规格 5）压条材料种类、规格 6）嵌缝材料种类 7）防护材料种类	m²	按设计图示尺寸以水平投影面积计算。天棚面中的灯槽及跌级、锯齿形、吊挂式、藻井式天棚面积不展开计算。不扣除间壁墙、检查口、附墙烟囱、柱垛和管道所占面积，扣除单个>0.3 m²的孔洞、独立柱及与天棚相连的窗帘盒所占的面积	1）基层清理、吊杆安装 2）龙骨安装 3）基层板铺贴 4）面层铺贴 5）嵌缝 6）刷防护材料
011302002	格栅吊顶	1）龙骨材料种类、规格、中距 2）基层材料种类、规格 3）面层材料品种、规格、 4）防护材料种类			1）基层清理 2）安装龙骨 3）基层板铺贴 4）面层铺贴 5）刷防护材料
011302003	吊筒吊顶	1）吊筒形状、规格 2）吊筒材料种类 3）防护材料种类		按设计图示尺寸以水平投影面积计算	1）基层清理 2）吊筒制作安装 3）刷防护材料
011302004	藤条造型悬挂吊顶	1）骨架材料种类、规格 2）面层材料品种、规格			1）基层清理 2）龙骨安装 3）铺贴面层
011302005	织物软雕吊顶				
011302006	装饰网架吊顶	网架材料品种、规格			1）基层清理 2）网架制作安装

3. 采光天棚

工程量清单项目设置及工程量计算规则,应按表 6-36 的规定执行。

表 6-36　采光天棚 (编码: 011303)

项目编码	项目名称	项目特征	计量单位	工程量计算规则	工作内容
011303001	采光天棚	1) 骨架类型 2) 固定类型、固定材料品种、规格 3) 面层材料品种、规格 4) 嵌缝、塞口材料种类	m²	按框外围展开面积计	1) 清理基层 2) 面层制安 3) 嵌缝、塞口 4) 清洗

注: 采光天棚骨架不包括在本节中,应单独按《房屋建筑与装饰工程工程量计算规范》金属结构工程相关项目编码列项。

4. 天棚其他装饰

工程量清单项目设置及工程量计算规则,应按表 6-37 的规定执行。

表 6-37　天棚其他装饰 (编码: 011304)

项目编码	项目名称	项目特征	计量单位	工程量计算规则	工作内容
011304001	灯带 (槽)	1) 灯带型式、尺寸 2) 格栅片材料品种、规格 3) 安装固定方式	m²	按设计图示尺寸以框外围面积计算	安装、固定
011304002	送风口、回风口	1) 风口材料品种、规格 2) 安装固定方式 3) 防护材料种类	个	按设计图示数量计算	1) 安装、固定 2) 刷防护材料

6.3.3　天棚工程清单工程量计算实例

【例 6-7】 某公司会议中心吊顶平面布置图,见图 6-6。编制其分部分项工程量清单和综合单价及合价表。

【解】

1) 清单工程量计算: $17.8 \times 10 = 178$ (m²)

2) 消耗量定额工程量:

① 工程量计算:

轻钢龙骨: 178m²

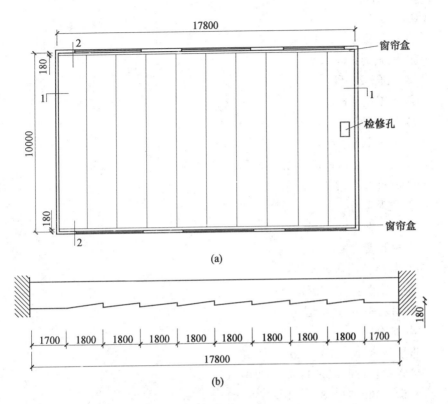

图 6-6　某会议中心吊顶平面布置图

（a）平面图；（b）剖面图

三合板：$(1.7\times2+\sqrt{1.8^2+0.18^2\times8})\times(10-0.18\times1.8)+0.18\times1.8\times$
$17.8=56.76$（m²）

石膏板：天棚装饰面层应扣除与天棚相连的窗帘盒所占的面积。

$(1.7\times2+\sqrt{1.8^2+0.18^2\times8})\times(10-0.18\times1.8)=50.99$（m²）

乳胶漆：50.99m²

基层板刷防火涂料：56.76m²

② 计算清单项目每计量单位应包含的各项工程内容的工程数量：

轻钢龙骨：178÷178＝1

三合板：56.76÷178＝0.32

石膏板：50.99÷178＝0.29

乳胶漆：50.99÷178＝0.29

基层板刷防火涂料：56.76÷178＝0.32

3）轻钢龙骨：

① 人工费：11.5 元

② 材料费：43.31 元

③ 机械费：0.12 元

4）三合板基层：

① 人工费：6.83 元

② 材料费：15.66 元

5）石膏板面层：

① 人工费：8.8 元

② 材料费：28.5 元

6）刷乳胶漆：

① 人工费：2.98 元

② 材料费：5.89 元

7）基层板刷防火涂料：

① 人工费：2.27 元

② 材料费：3.75 元

8）综合

直接费合计：129.61 元

管理费：129.61×34％＝44.07（元）

利润：129.61×8％＝10.37（元）

综合单价：184.05（元/m²）

合计：184.05×178＝32760.9（元）

表 6-38 分部分项工程量清单计价表

工程名称：××工程

序号	项目编号	项目名称	项目特征描述	计算单位	工程数量	金额/元		
						综合单价	合价	其中 直接费
1	011302001001	吊顶天棚	吊顶形式：艺术造型天棚；龙骨材料类型、中距：锯齿直线型轻钢龙骨；基层材料：三合板；面层材料：石膏板刷乳胶漆；防护：基层板刷防火涂料两遍	m²	178	184.05	32760.9	129.61

表 6-39 分部分项工程量清单综合单价计算表

工程名称：××工程

项目编号	011302001001		项目名称	吊顶天棚	计量单位	m²	工程量	178

清单综合单价组成明细

定额编号	定额项目名称	定额单位	数量	单价/元			合价/元			
				人工费	材料费	机械费	人工费	材料费	机械费	管理费和利润
—	吊件加工安装龙骨	m²	1.00	11.5	43.31	0.12	11.5	43.31	0.12	23.07
—	安装三合板基层	m²	0.32	6.83	15.66	—	6.83	15.66	—	9.45
—	安装石膏板面层	m²	0.29	8.8	28.5	—	8.8	28.5	—	15.66
—	刷乳胶漆	m²	0.29	2.98	5.89		2.98	5.89		3.73
—	基层板刷防火涂料	m²	0.32	2.27	3.75	—	2.27	3.75	—	2.53
人工单价		小计					32.38	97.11	0.12	54.44
28 元/工日		未计价材料费					—			
清单项目综合单价/（元/m²）							184.05			

【例 6-8】 如图 6-7 所示建筑物的首层平面，走廊和梯间水磨石地面，五个主房都要在水泥地面上铺硬木拼花地板；刷本色油漆两遍，需烫硬蜡，木地板下防潮层是干铺油毡一层；主房间天棚方木楞龙骨（断面为 25mm × 40mm，中距为 400mm × 400mm）胶合板（榉木胶合板厚 3mm）面层刷调合漆两遍，编制主房间分部分项工程量综合单价分析表和分部分项工程量清单与计价表。

【解】

1）清单工程量

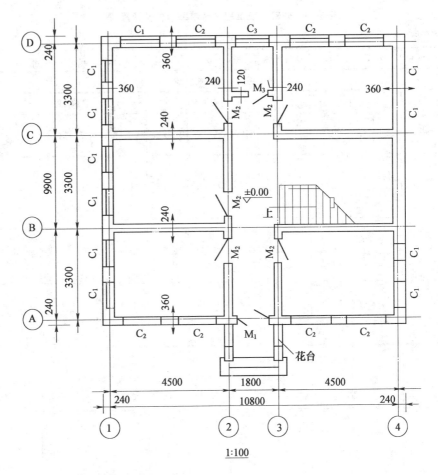

1:100

图 6-7　首层平面图

天棚吊顶平面天棚面积：

$(4.5-0.18-0.12)\times(3.3-0.18-0.12)\times4+(4.5-0.18-0.12)\times$
$(3.3-0.24)=63.25m^2$

2）消耗量定额工程量

① 木龙骨：$63.25m^2$

② 胶合板面层：$63.25m^2$

③ 刷面漆：$63.25m^2$

3）编制工程量清单综合单价分析表

根据企业情况确定管理费率170%，利润率110%，计费基础为人工费。
工程量清单综合单价分析表见表 6-40。

222

表 6-40 工程量清单综合单价分析表

工程名称：某天棚吊顶工程　　　　　　　　标段：　　　　　　　　第 页共 页

| 项目编码 | 011302001001 | 项目名称 | 吊顶天棚 | 计量单位 | m² | 工程量 | 63.25 |

清单综合单价组成明细

定额编号	定额项目名称	定额单位	数量	单价/元			合价/元			
				人工费	材料费	机械费	人工费	材料费	机械费	管理费和利润
—	方木楞龙骨吊混凝土板下	m²	1	4.68	13.98	—	4.68	13.98	—	13.1
—	胶合板面层	m²	1	3.20	40.85	—	3.20	40.85	—	8.96
—	底油一遍、调合漆二遍	m²	1	4.15	2.54	—	4.15	2.54	—	11.62
人工单价			小计				12.03	57.37	—	33.68
40 元/工日			未计价材料费				—			
清单项目综合单价/（元/m²）							103.08			

4）编制分部分项工程量清单与计价表（见表 6-41）

表 6-41 分部分项工程量清单与计价表

工程名称：某天棚吊顶工程　　　　　　　　标段：　　　　　　　　第 页共 页

项目编号	项目名称	项目特征描述	计算单位	工程数量	金额/元	
					综合单价	合价
011302001001	吊顶天棚	天棚吊顶、方木龙骨、胶合板面层、刷调和漆面漆	m²	63.25	103.08	6519.81

【例6-9】 图6-8所示为某办公室吊顶平面图，编制其分部分项工程量综合单价分析表和分部分项工程量清单与计价表。

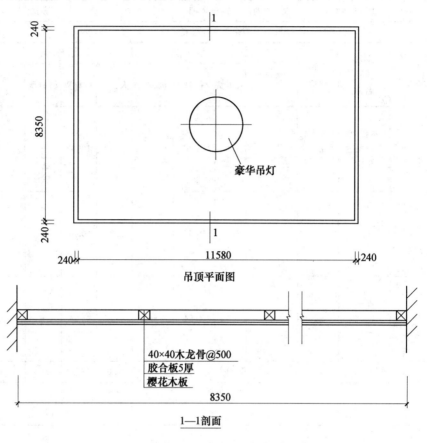

吊顶平面图

1—1剖面

图6-8 某办公室天棚

【解】

1）清单工程量

天棚吊顶清单工程量：

$$11.58 \times 8.35 = 96.69 \ (m^2)$$

2）消耗量定额工程量

① 依据"消耗量定额"计算规则，计算工程量：

a. 木龙骨：$8.35 \times 11.58 = 96.69 \ (m^2)$

b. 胶合板：$8.35 \times 11.58 = 96.69 \ (m^2)$

c. 樱桃木板：$8.35 \times 11.58 = 96.69 \ (m^2)$

d. 木龙骨刷防火涂料：$8.35 \times 11.58 = 96.69 \ (m^2)$

e. 木板面刷防火涂料：$8.35 \times 11.58 = 96.69 \ (m^2)$

② 计算清单项目每计量单位应包含的各项工程内容的工程数量：

a. 木龙骨：$96.69 \div 96.69 = 1$

b. 胶合板：$96.69 \div 96.69 = 1$

c. 樱桃木板：$96.69 \div 96.69 = 1$

d. 木龙骨刷防火涂料：$96.69 \div 96.69 = 1$

e. 木板面刷防火涂料：$96.69 \div 96.69 = 1$

3）编制工程量清单综合单价分析表

根据企业情况确定管理费率170％，利润率110％，计费基础是人工费。工程量清单综合单价分析表见表6-42至表6-43。

表6-42 工程量清单综合单价分析表（一）

工程名称：某办公室天棚吊顶工程　　　　　　标段：　　　　　　　第　页共　页

项目编码	011302001001		项目名称	吊顶天棚	计量单位	m²	工程量	96.69

清单综合单价组成明细

定额编号	定额项目名称	定额单位	数量	单价/元			合价/元			
				人工费	材料费	机械费	人工费	材料费	机械费	管理费和利润
3-018	制作、安装木楞、混凝土板下的木楞刷防腐油	m²	1	4.00	34.16	0.05	4.00	34.16	0.05	11.2
3-075	安装天棚基层五合板基层	m²	1	1.78	19.50	—	1.78	19.50	—	4.98
3-107	安装面层樱桃板面层	m²	1	3.00	34.33	—	3.00	34.33	—	8.4
人工单价		小计					8.78	87.99	0.05	24.58
22.47元/工日		未计价材料费					—			
清单项目综合单价/（元/m²）							121.4			

225

表 6-43 工程量清单综合单价分析表 (二)

工程名称：某办公室天棚吊顶工程　　　　　　　标段：　　　　　　　　第　页共　页

项目编码	011404005001	项目名称	天棚面油漆	计量单位	m²	工程量	96.69

清单综合单价组成明细

定额编号	定额项目名称	定额单位	数量	单价/元			合价/元			
				人工费	材料费	机械费	人工费	材料费	机械费	管理费和利润
5-060	面层清扫、磨砂纸、刮腻子、刷底油、油色、刷清漆两遍	m²	1	3.65	2.38	—	3.65	2.38	—	10.22
5-159	木龙骨刷防火涂料两遍	m²	1	3.88	5.59	—	3.88	5.59	—	10.86
5-164	木板面单面刷防火涂料两遍	m²	1	2.24	3.71	—	2.24	3.71	—	6.27
人工单价		小　计					9.77	11.68	—	27.35
22.47元/工日		未计价材料费					—			
清单项目综合单价/ (元/m²)							48.8			

4) 编制分部分项工程量清单与计价表 (见表 6-44)

表 6-44 分部分项工程量清单与计价表

工程名称：某办公室天棚吊顶工程　　　　　　　标段：　　　　　　　　第　页共　页

项目编号	项目名称	项目特征描述	计算单位	工程数量	金额/元	
					综合单价	合价
011302001001	吊顶天棚	1) 吊顶形式：平面天棚 2) 龙骨材料类型、中距：木龙骨、面层规格 450×450 3) 基层、面层材料：五合板、樱桃木板	m²	96.69	121.4	11738.17
011404005001	天棚面油漆	油漆、防护：刷清漆两遍、刷防火涂料两遍	m²	96.69	48.8	4719.44

6.4 门窗工程

6.4.1 清单工程量计算有关问题说明

1. 门窗工程工程量清单项目的划分与编码

（1）清单项目的划分

1）木门（包括木质门、木质门带套、木质连窗门、木质防火门、木门框、门锁安装）。

2）金属门（包括金属（塑钢）门、彩板门、钢质防火门，防盗门）。

3）金属卷帘（闸）门（包括金属卷帘（闸）门、防火卷帘（闸）门）。

4）厂库房大门、特种门（包括木板大门、钢木大门、全钢板大门、防护铁丝门、金属格栅门、钢质花饰大门、特种门）。

5）其他门（包括电子感应门、旋转门、电子对讲门、电动伸缩门、全玻自由门、镜面不锈钢饰面门、复合材料门）。

6）木窗（包括木质窗、木飘（凸）窗、木橱窗、木纱窗）。

7）金属窗（包括金属（塑钢、断桥）窗、金属防火窗、金属百叶窗、金属纱窗、金属格栅窗、金属（塑钢、断桥）橱窗、金属（塑钢、断桥）飘（凸）窗、彩板窗、复合材料窗）。

8）门窗套（包括木门窗套、木筒子板、饰面夹板筒子板、金属门窗套、石材门窗套、门窗木贴脸、成品木门窗套）。

9）窗台板（包括木、铝塑、金属、石材窗台板）。

10）窗帘、窗帘盒、轨（包括窗帘，木窗帘盒，饰面夹板、塑料窗帘盒，铝合金窗帘盒、窗帘轨）。

（2）清单项目的编码 一级编码01；二级编码08（《房屋建筑与装饰工程工程量计算规范》第八章，门窗工程）；三级编码自01～10（从木门至窗帘、窗帘盒、轨）；四级编码从001开始，根据同一个全部项目中清单项目多少，四级编码的第三位数字依次递增，如木门项目中，从木质门至门锁安装四级编码为001～006；五级编码从001开始，对洞口大小不同的同一类型门窗，其第五级编码应分别设置。

2. 清单工程量计算有关问题说明

（1）有关项目列项问题说明

1）木门窗五金包括：折页、插销、门碰珠、弓背拉手、搭机、木螺丝、弹簧折页（自动门）、管子拉手（自由门、地弹门）、地弹簧（地弹门）、角钢、门轧头（地弹门、自由门）、风钩、滑楞滑轨（推拉窗）等。

2）铝合金门窗五金包括：地弹簧、门锁、拉手、门插、门铰、螺丝、折页、执手、卡锁、风撑、滑轮、滑轨、拉把、角码、牛角制等。

3）金属门五金包括：L 型执手插锁（双舌）、执手锁（单舌）、门轨头、地锁、防盗门机、门眼（猫眼）、门碰珠、电子锁（磁卡锁）、闭门器、装饰拉手等。

4）实木装饰门项目也适用于竹压板装饰门。

5）旋转门项目适用于电子感应和人力推动转门。

（2）有关项目特征的说明

1）项目特征中的门窗代号是指带亮子或不带亮子，带纱或不带纱，单扇、双扇或三扇，半百叶或全百叶，半玻或全玻，全玻自由门或半玻自由门，带门框或不带门框、单独门框和开启方式（平开、推拉、折叠）等。

2）框截面尺寸（或面积）指边立梃截面尺寸或面积。

3）凡面层材料有品种、规格要求的，应在工程量清单中进行描述。

4）门窗套、贴脸板、筒子板和窗台板项目，包括底层抹灰，如底层抹灰已包括在墙、柱面底层抹灰内，应在工程量清单中进行描述。

（3）有关工程量计算说明

1）门窗工程量均以"樘"计算，如遇框架结构的连续长窗也以"樘"计算，但对连续长窗的扇数和洞口尺寸应在工程量清单中进行描述。

2）门窗套、门窗贴脸、筒子板"以展开面积计算"，即指按其铺钉面积计算。

3）窗帘盒、窗台板，若为弧形时，其长度以中心线计算。

（4）有关工程内容的说明

1）木门窗的制作应考虑木材的干燥损耗、刨光损耗、下料后备长度、门窗走头增加的体积等。

2）防护材料可分为防火、防腐、防虫、防潮、耐磨、耐老化等材料，应根据清单项目要求报价。

6.4.2 门窗工程清单工程量计算

1. 木门

工程量清单项目设置及工程量计算规则，应按表 6-45 的规定执行。

2. 金属门

工程量清单项目设置及工程量计算规则，应按表 6-46 的规定执行。

表 6-45 木门（编码：010801）

项目编码	项目名称	项目特征	计量单位	工程量计算规则	工作内容
010801001	木质门	1）门代号及洞口尺寸 2）镶嵌玻璃品种、厚度	1）樘 2）m²	1）以樘计量，按设计图示数量计算 2）以平方米计量，按设计图示洞口尺寸以面积计算	1）门安装 2）玻璃安装 3）五金安装
010801002	木质门带套				
010801003	木质连窗门				
010801004	木质防火门				
010801005	木门框	1）门代号及洞口尺寸 2）框截面尺寸 3）防护材料种类	1）樘 2）m	1）以樘计量，按设计图示数量计算 2）以米计量，按设计图示框的中心线以延长米计算	1）木门框制作、安装 2）运输 3）刷防护材料
010801006	门锁安装	1）锁品种 2）锁规格	个（套）	按设计图示数量计算	安装

注：1. 木质门应区分镶板木门、企口木板门、实木装饰门、胶合板门、夹板装饰门、木纱门、全玻门（带木质扇框）、木质半玻门（带木质扇框）等项目，分别编码列项。
2. 木门五金应包括：折页、插销、门碰珠、弓背拉手、搭机、木螺丝、弹簧折页（自动门）、管子拉手（自由门、地弹门）、地弹簧（地弹门）、角钢、门轧头（地弹门、自由门）等。
3. 木质门带套计量按洞口尺寸以面积计算，不包括门套的面积，但门套应计算在综合单价中。
4. 以樘计量，项目特征必须描述洞口尺寸；以平方米计量，项目特征可不描述洞口尺寸。
5. 单独制作安装木门框按木门框项目编码列项。

表 6-46 金属门（编码：010802）

项目编码	项目名称	项目特征	计量单位	工程量计算规则	工作内容
010802001	金属（塑钢）门	1）门代号及洞口尺寸 2）门框或扇外围尺寸 3）门框、扇材质 4）玻璃品种、厚度	1）樘 2）m²	1）以樘计量，按设计图示数量计算 2）以平方米计量，按设计图示洞口尺寸以面积计算	1）门安装 2）五金安装 3）玻璃安装
010802002	彩板门	1）门代号及洞口尺寸 2）门框或扇外围尺寸			
010802003	钢质防火门	1）门代号及洞口尺寸 2）门框或扇外围尺寸 3）门框、扇材质			1）门安装 2）五金安装
010802004	防盗门	1）门代号及洞口尺寸 2）门框或扇外围尺寸 3）门框、扇材质			

注：1. 金属门应区分金属平开门、金属推拉门、金属地弹门、全玻门（带金属扇框）、金属半玻门（带扇框）等项目，分别编码列项。
2. 铝合金门五金包括：地弹簧、门锁、拉手、门插、门铰、螺丝等。
3. 金属门五金包括 L 型执手插锁（双舌）、执手锁（单舌）、门轧头、地锁、防盗门机、门眼（猫眼）、门碰珠、电子锁（磁卡锁）、闭门器、装饰拉手等。
4. 以樘计量，项目特征必须描述洞口尺寸，没有洞口尺寸必须描述门框或扇外围尺寸，以平方米计量，项目特征可不描述洞口尺寸及框、扇的外围尺寸。
5. 以平方米计量，无设计图示洞口尺寸，按门框、扇外围以面积计算。

3. 金属卷帘（闸）门

工程量清单项目设置及工程量计算规则，应按表 6-47 的规定执行。

表 6-47　金属卷帘（闸）门（编码：010803）

项目编码	项目名称	项目特征	计量单位	工程量计算规则	工作内容
010803001	金属卷帘（闸）门	1）门代号及洞口尺寸 2）门材质 3）启动装置品种、规格	1）樘 2）m²	1）以樘计量，按设计图示数量计算 2）以平方米计量，按设计图示洞口尺寸以面积计算	1）门运输、安装 2）启动装置、活动小门、五金安装
010803002	防火卷帘（闸）门				

注：以樘计量，项目特征必须描述洞口尺寸；以平方米计量，项目特征可不描述洞口尺寸。

4. 厂库房大门、特种门

工程量清单项目设置及工程量计算规则，应按表 6-48 的规定执行。

表 6-48　厂库房大门、特种门（编码：010804）

项目编码	项目名称	项目特征	计量单位	工程量计算规则	工作内容
010804001	木板大门	1）门代号及洞口尺寸 2）门框或扇外围尺寸 3）门框、扇材质 4）五金种类、规格 5）防护材料种类	1）樘 2）m²	1）以樘计量，按设计图示数量计算 2）以平方米计量，按设计图示门框或扇以面积计算	1）门（骨架）制作、运输 2）门、五金配件安装 3）刷防护材料
010804002	钢木大门				
010804003	全钢板大门				
010804004	防护铁丝门			1）以樘计量，按设计图示数量计算 2）以平方米计量，按设计图示洞口尺寸以面积计算	
010804005	金属格栅门	1）门代号及洞口尺寸 2）门框或扇外围尺寸 3）门框、扇材质 4）启动装置的品种、规格	1）樘 2）m²	1）以樘计量，按设计图示数量计算 2）以平方米计量，按设计图示洞口尺寸以面积计算	1）门安装 2）启动装置、五金配件安装
010804006	钢质花饰大门	1）门代号及洞口尺寸 2）门框或扇外围尺寸 3）门框、扇材质		1）以樘计量，按设计图示数量计算 2）以平方米计量，按设计图示门框或扇以面积计算	1）门安装 2）五金配件安装
010804007	特种门			1）以樘计量，按设计图示数量计算 2）以平方米计量，按设计图示洞口尺寸以面积计算	

注：1. 特种门应区分冷藏门、冷冻间门、保温门、变电室门、隔音门、防射电门、人防门、金库门等项目，分别编码列项。

2. 以樘计量，项目特征必须描述洞口尺寸，没有洞口尺寸必须描述门框或扇外围尺寸；以平方米计量，项目特征可不描述洞口尺寸及框、扇的外围尺寸。

3. 以平方米计量，无设计图示洞口尺寸，按门框、扇外围以面积计算。

5. 其他门

工程量清单项目设置及工程量计算规则，应按表 6-49 的规定执行。

表 6-49　其他门（编码：010805）

项目编码	项目名称	项目特征	计量单位	工程量计算规则	工作内容
010805001	电子感应门	1）门代号及洞口尺寸 2）门框或扇外围尺寸 3）门框、扇材质 4）玻璃品种、厚度 5）启动装置的品种、规格 6）电子配件品种、规格	1）樘 2）m²	1）以樘计量，按设计图示数量计算 2）以平方米计量，按设计图示洞口尺寸以面积计算	1）门安装 2）启动装置、五金、电子配件安装
010805002	旋转门				
010805003	电子对讲门	1）门代号及洞口尺寸 2）门框或扇外围尺寸 3）门材质 4）玻璃品种、厚度 5）启动装置的品种、规格 6）电子配件品种、规格			
010805004	电动伸缩门				
010805005	全玻自由门	1）门代号及洞口尺寸 2）门框或扇外围尺寸 3）框材质 4）玻璃品种、厚度			1）门安装 2）五金安装
010805006	镜面不锈钢饰面门				
010805007	复合材料门				

注：1. 以樘计量，项目特征必须描述洞口尺寸，没有洞口尺寸必须描述门框或扇外围尺寸；以平方米计量，项目特征可不描述洞口尺寸及框、扇的外围尺寸。

　　2. 以平方米计量，无设计图示洞口尺寸，按门框、扇外围以面积计算。

6. 木窗

工程量清单项目设置及工程量计算规则，应按表 6-50 的规定执行。

表 6-50 木窗（编码：010806）

项目编码	项目名称	项目特征	计量单位	工程量计算规则	工作内容
010806001	木质窗	1）窗代号及洞口尺寸 2）玻璃品种、厚度		1）以樘计量，按设计图示数量计算 2）以平方米计量，按设计图示洞口尺寸以面积计算	1）窗安装 2）五金、玻璃安装
010806002	木飘（凸）窗				
010806003	木橱窗	1）窗代号 2）框截面及外围展开面积 3）玻璃品种、厚度 4）防护材料种类	1）樘 2）m²	1）以樘计量，按设计图示数量计算 2）以平方米计量，按设计图示尺寸以框外围展开面积计算	1）窗制作、运输、安装 2）五金、玻璃安装 3）刷防护材料
010806004	木纱窗	1）窗代号及框的外围尺寸 2）窗纱材料品种、规格		1）以樘计量，按设计图示数量计算 2）以平方米计量，按框的外围尺寸以面积计算	1）窗安装 2）五金安装

注：1. 木质窗应区分木百叶窗、木组合窗、木天窗、木固定窗、木装饰空花窗等项目，分别编码列项。

2. 以樘计量，项目特征必须描述洞口尺寸，没有洞口尺寸必须描述窗框外围尺寸；以平方米计量，项目特征可不描述洞口尺寸及框的外围尺寸。

3. 以平方米计量，无设计图示洞口尺寸，按窗框外围以面积计算。

4. 木橱窗、木飘（凸）窗以樘计量，项目特征必须描述框截面及外围展开面积。

5. 木窗五金包括：折页、插销、风钩、木螺丝、滑楞滑轨（推拉窗）等。

7. 金属窗

工程量清单项目设置及工程量计算规则，应按表 6-51 的规定执行。

表 6-51 金属窗 （编码：010807）

项目编码	项目名称	项目特征	计量单位	工程量计算规则	工作内容
010807001	金属（塑钢、断桥）窗	1）窗代号及洞口尺寸 2）框、扇材质 3）玻璃品种、厚度		1）以樘计量，按设计图示数量计算 2）以平方米计量，按设计图示洞口尺寸以面积计算	1）窗安装 2）五金、玻璃安装
010807002	金属防火窗				
010807003	金属百叶窗				
010807004	金属纱窗	1）窗代号及框的外围尺寸 2）框材质 3）窗纱材料品种、规格		1）以樘计量，按设计图示数量计算 2）以平方米计量，按框的外围尺寸以面积计算	1）窗安装 2）五金安装
010807005	金属格栅窗	1）窗代号及洞口尺寸 2）框外围尺寸 3）框、扇材质	1）樘 2）m²	1）以樘计量，按设计图示数量计算 2）以平方米计量，按设计图示洞口尺寸以面积计算	
010807006	金属（塑钢、断桥）橱窗	1）窗代号 2）框外围展开面积 3）框、扇材质 4）玻璃品种、厚度 5）防护材料种类		1）以樘计量，按设计图示数量计算 2）以平方米计量，按设计图示尺寸以框外围展开面积计算	1）窗制作、运输、安装 2）五金、玻璃安装 3）刷防护材料
010807007	金属（塑钢、断桥）飘（凸）窗	1）窗代号 2）框外围展开面积 3）框、扇材质 4）玻璃品种、厚度			1）窗安装 2）五金、玻璃安装
010807008	彩板窗	1）窗代号及洞口尺寸 2）框外围尺寸 3）框、扇材质 4）玻璃品种、厚度		1）以樘计量，按设计图示数量计算 2）以平方米计量，按设计图示洞口尺寸或框外围以面积计算	
010807009	复合材料窗				

注：1. 金属窗应区分金属组合窗、防盗窗等项目，分别编码列项。

2. 以樘计量，项目特征必须描述洞口尺寸，没有洞口尺寸必须描述窗框外围尺寸；以平方米计量，项目特征可不描述洞口尺寸及框的外围尺寸。

3. 以平方米计量，无设计图示洞口尺寸，按窗框外围以面积计算。

4. 金属橱窗、飘（凸）窗以樘计量，项目特征必须描述框外围展开面积。

5. 金属窗五金包括：折页、螺丝、执手、卡锁、风撑、滑轮、滑轨、拉把、拉手、角码、牛角制等。

8. 门窗套

工程量清单项目设置及工程量计算规则，应按表 6-52 的规定执行。

表 6-52　门窗套（编码：010808）

项目编码	项目名称	项目特征	计量单位	工程量计算规则	工作内容
010808001	木门窗套	1）窗代号及洞口尺寸 2）门窗套展开宽度 3）基层材料种类 4）面层材料品种、规格 5）线条品种、规格 6）防护材料种类	1）樘 2）m² 3）m	1）以樘计量，按设计图示数量计算 2）以平方米计量，按设计图示尺寸以展开面积计算 3）以米计量，按设计图示中心以延长米计算	1）清理基层 2）立筋制作、安装 3）基层板安装 4）面层铺贴 5）线条安装 6）刷防护材料
010808002	木筒子板	1）筒子板宽度 2）基层材料种类 3）面层材料品种、规格 4）线条品种、规格 5）防护材料种类			
010808003	饰面夹板筒子板				
010808004	金属门窗套	1）窗代号及洞口尺寸 2）门窗套展开宽度 3）基层材料种类 4）面层材料品种、规格 5）防护材料种类			1）清理基层 2）立筋制作、安装 3）基层板安装 4）面层铺贴 5）刷防护材料
010808005	石材门窗套	1）窗代号及洞口尺寸 2）门窗套展开宽度 3）粘结层厚度、砂浆配合比 4）面层材料品种、规格 5）线条品种、规格			1）清理基层 2）立筋制作、安装 3）基层抹灰 4）面层铺贴 5）线条安装
010808006	门窗木贴脸	1）门窗代号及洞口尺寸 2）贴脸板宽度 3）防护材料种类	1）樘 2）m	1）以樘计量，按设计图示数量计算 2）以米计量，按设计图示尺寸以延长米计算	安装
010808007	成品木门窗套	1）门窗代号及洞口尺寸 2）门窗套展开宽度 3）门窗套材料品种、规格	1）樘 2）m² 3）m	1）以樘计量，按设计图示数量计算 2）以平方米计量，按设计图示尺寸以展开面积计算 3）以米计量，按设计图示中心以延长米计算	1）清理基层 2）立筋制作、安装 3）板安装

注：1. 以樘计量，项目特征必须描述洞口尺寸、门窗套展开宽度。
　　2. 以平方米计量，项目特征可不描述洞口尺寸、门窗套展开宽度。
　　3. 以米计量，项目特征必须描述门窗套展开宽度、筒子板及贴脸宽度。
　　4. 木门窗套适用于单独门窗套的制作、安装。

9. 窗台板

工程量清单项目设置及工程量计算规则，应按表 6-53 的规定执行。

表 6-53　窗台板（编码：010809）

项目编码	项目名称	项目特征	计量单位	工程量计算规则	工作内容
010809001	木窗台板	1）基层材料种类 2）窗台面板材质、规格、颜色 3）防护材料种类	m²	按设计图示尺寸以展开面积计算	1）基层清理 2）基层制作、安装 3）窗台板制作、安装 4）刷防护材料
010809002	铝塑窗台板				
010809003	金属窗台板				
010809004	石材窗台板	1）粘结层厚度、砂浆配合比 2）窗台板材质、规格、颜色			1）基层清理 2）抹找平层 3）窗台板制作、安装

10. 窗帘、窗帘盒、轨

工程量清单项目设置及工程量计算规则，应按表 6-54 的规定执行。

表 6-54　窗帘、窗帘盒、轨（编码：010810）

项目编码	项目名称	项目特征	计量单位	工程量计算规则	工作内容
010810001	窗帘	1）窗帘材质 2）窗帘高度、宽度 3）窗帘层数 4）带幔要求	1）m 2）m²	1）以米计量，按设计图示尺寸以成活后长度计算 2）以平方米计量，按图示尺寸以成活后展开面积计算	1）制作、运输 2）安装
010810002	木窗帘盒	1）窗帘盒材质、规格 2）防护材料种类	m	按设计图示尺寸以长度计算	1）制作、运输、安装 2）刷防护材料
010810003	饰面夹板、塑料窗帘盒				
010810004	铝合金窗帘盒				
010810005	窗帘轨	1）窗帘轨材质、规格 2）轨的数量 3）防护材料种类			

注：1. 窗帘若是双层，项目特征必须描述每层材质。
　　2. 窗帘以米计量，项目特征必须描述窗帘高度和宽。

6.4.3　门窗工程清单工程量计算实例

【例 6-10】　某推拉式钢木大门，见图 6-9。两面板、两扇门，取定洞口尺寸是 3.4m×3.8m，共有 10 樘，刷底油两遍、调合漆一遍，请计算其清单工程量。

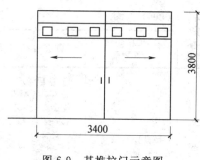

图 6-9　某推拉门示意图

【解】

清单工程量：

3.4×3.8×10＝129.2（m²）

因门扇制作安装对应综合定额子目计量单位是"100m²"，刷油漆对应综合定额子目计量单位是"100m²"，所以，先按定额计算规则计算工程量，然后再折合成每樘的综合计价。

每樘工程量＝3.4×3.8＝12.92（m²）

清单工程量计算见下表：

表 6-55　清单工程量计算表

项目编码	项目名称	项目特征描述	计量单位	工程量
010804002001	钢木大门	推拉式，无框，两扇门，刷底油两遍，调合漆一遍	m²	129.2

【例 6-11】　某仓库冷藏库门尺寸如图 6-10 所示，保温层厚为 150mm，共 1 樘，请计算其清单工程量。

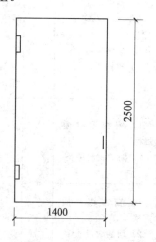

图 6-10　某仓库冷藏库门示意图

【解】

清单工程量：

$$S=1.4\times2.5=3.50 \ (m^2)$$

清单工程量计算见表 6-56。

表 6-56 清单工程量计算表

项目编码	项目名称	项目特征描述	计量单位	工程量
010804007001	特种门	平开，有框，一扇门，保温 层厚 150mm	m²	3.50

【例 6-12】 某推拉木板大门尺寸如图 6-11 所示，请编制工程量清单计价表和综合单价计算表。

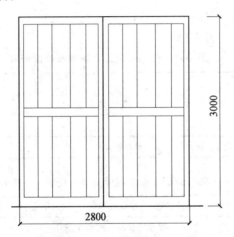

图 6-11 推拉木板大门

【解】

依据某省建筑工程消耗量定额价目表计取有关费用。

1）清单工程量计算：1 樘

2）消耗量定额工程量：

门扇制作安装：3×2.8＝8.4（m²）

门配件：1 樘

3）门扇制作：

① 人工费：8.4×115.94/10＝97.39（元）

② 材料费：8.4×800.72/10＝672.6（元）

③ 机械费：8.4×29.15/10＝24.486（元）

合价：794.476 元

4）门扇安装：

① 人工费：8.4×109.78/10＝92.22（元）

② 材料费：8.4×32.46/10＝27.27（元）

合价：119.49 元

5）门配件：

材料费：1×2 143.80/10＝214.38（元）

6）综合

直接费：1 128.346 元

管理费：1 128.346×6.5％＝73.34（元）

利润：1 128.346×1.4％＝15.8（元）

合价：1 217.486 元

综合单价：1 217.486÷1＝1 217.486（元/樘）

结果见表 6-57 和表 6-58。

表 6-57 分部分项工程量清单计价表

序号	项目编号	项目名称	项目特征描述	计算单位	工程数量	金额/元		
						综合单价	合价	其中直接费
1	010804001001	推拉木板大门	推拉板木门	樘	1	1217.486	1217.486	1128.346

表 6-58 分部分项工程量清单综合单价计算表

项目编号	010804001001	项目名称	推拉板木门	计量单位	樘	工程量	1

定额编号	定额项目名称	定额单位	数量	单价/元			合价/元			
				人工费	材料费	机械费	人工费	材料费	机械费	管理费和利润
5－2－7	门扇制作	10m²	0.84	111.54	800.72	29.15	97.39	672.6	24.486	62.76
5－2－8	门扇安装	10m²	0.84	109.78	108.68	—	92.22	27.27	—	9.44
5－9－18	门配件	10樘	0.1	—	2143.8			214.38		16.94
人工单价		小计					189.61	914.25	24.486	89.14
28 元/工日		未计价材料费					—			
清单项目综合单价/（元/樘）							1217.486			

【**例 6-13**】 如图 6-12 所示，请编制冷藏库门工程量清单综合单价和合价
（保温层厚 120mm，防护材料略）。

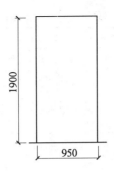

图 6-12 冷藏库门

【解】

1）清单工程量计算：1 樘

2）定额工程量计算：

门扇制作、安装：

$1.9 \times 0.95 = 1.805$（m²）

门配件：1 樘

3）冷藏库门：

人工费：$98.87 \times 1 = 98.87$（元）

材料费：$616.44 \times 1 = 616.44$（元）

机械费：无

4）综合

直接费：715.31 元

管理费：$715.31 \times 6.5\% = 46.50$（元）

利润：$715.31 \times 1.4\% = 10.01$（元）

合价：$715.31 + 46.50 + 10.01 = 771.82$（元）

综合单价：$771.82 \div 1 = 771.82$（元/樘）

5）分部分项工程量清单计价表见表 6-59。

表 6-59 分部分项工程量清单计价表

序号	项目编号	项目名称	项目特征描述	计算单位	工程数量	金额/元		
						综合单价	合价	其中 直接费
1	010804007001	冷藏库门	开启方式：推拉式有框、一扇门	樘	1	771.82	771.82	715.31

6）分部分项工程量清单综合单价计算表见表 6-60。

表 6-60　分部分项工程量清单综合单价计算表

项目编号	010804007001		项目名称	冷藏库门	计量单位	橙	工程量	1

清单综合单价组成明细

定额编号	定额项目名称	定额单位	数量	单价/元			合价/元			
				人工费	材料费	机械费	人工费	材料费	机械费	管理费和利润
—	冷藏库门	橙	1	98.87	616.44	—	98.87	616.44	—	56.51
人工单价		小　计					98.87	616.44	—	56.51
28 元/工日		未计价材料费					—			
清单项目综合单价/（元/橙）							771.82			

【例 6-14】　某工程有 20 个窗户，其窗帘盒是木制的，见图 6-13。请编制工程量清单计价表及综合单价计算表。

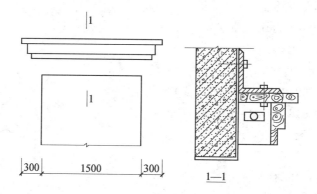

图 6-13　××工程木制窗帘盒立面及剖面示意图

【解】

1）业主根据施工图计算：

窗帘盒的工程量为：（1.5＋0.3×2）×20＝42（m）

2）投标人根据施工图及施工方案计算：

① 明装硬木单轨窗帘盒

人工费：11.89×42＝499.38（元）

材料费：31.52×42＝1 323.84（元）

机械费：3.61×42＝151.62（元）

② 综合

直接费合计：499.38＋1 323.84＋151.62＝1 974.84（元）

管理费：1 974.84×34％＝671.45（元）

利润：1 974.84×8％＝157.99（元）

总计：1 974.84＋671.45＋157.99＝2 804.28（元）

综合单价：2 804.28÷42＝66.77（元/m）

表 6-61　分部分项工程量清单计价表

序号	项目编号	项目名称	项目特征描述	计量单位	工程数量	金额/元		
						综合单价	合价	其中直接费
1	010810002001	木窗帘盒	硬木、单轨道、明装	m	42	66.77	2804.28	1974.84

表 6-62　分部分项工程量清单综合单价计算表

项目编号	010810002001	项目名称	木窗帘盒	计量单位	m	工程量	42

<table>
<thead>
<tr><th colspan="8">清单综合单价组成明细</th></tr>
<tr><td rowspan="2">定额编号</td><td rowspan="2">定额项目名称</td><td rowspan="2">定额单位</td><td rowspan="2">数量</td><td colspan="3">单价/元</td><td rowspan="2">合价/元</td></tr>
</thead>
</table>

定额编号	定额项目名称	定额单位	数量	单价/元			合价/元			
				人工费	材料费	机械费	人工费	材料费	机械费	管理费和利润
—	明装硬木单轨道窗帘盒	m	42	11.89	31.52	3.61	499.38	1323.84	151.62	829.44
人工单价		小计					499.38	1323.84	151.62	829.44
28 元/工日		未计价材料费					—			
清单项目综合单价/（元/m）							66.77			

6.5　油漆、涂料、裱糊工程

6.5.1　清单工程量计算有关问题说明

1. 油漆、涂料、裱糊工程工程量清单项目的划分与编码

（1）清单项目的划分

1）门油漆（包括木门油漆、金属门油漆）。

2）窗油漆（包括木窗油漆、金属窗油漆）。

3）木扶手及其他板条、线条油漆（木扶手及其他板条、线条包括木扶手油漆，窗帘盒油漆，封檐板、顺水板油漆，挂衣板、黑板框油漆，挂镜线、窗帘棍、单独木线油漆）。

4）木材面油漆［包括木护墙、木墙裙油漆，窗台板、筒子板、盖板、门窗套、踢脚线油漆，清水板条天棚、檐口油漆，木方格吊顶天棚油漆，吸音板墙面、天棚面油漆，暖气罩油漆，其他木材面，木间壁、木隔断油漆，玻璃间壁露明墙筋油漆，木栅栏、木栏杆（带扶手）油漆，衣柜、壁柜油漆，

梁柱饰面油漆，零星木装修油漆，木地板油漆，木地板烫硬蜡面]。

5）金属面油漆。

6）抹灰面油漆（包括抹灰面油漆、抹灰线条油漆、满刮腻子）。

7）喷刷涂料（包括墙面喷刷涂料，天棚喷刷涂料，空花格、栏杆刷涂料，线条刷涂料，金属构件刷防火涂料，木材构件喷刷防火涂料）。

8）裱糊（包括墙纸裱糊、织锦缎裱糊）。

（2）清单项目的编码

一级编码 01；二级编码 14（《房屋建筑与装饰工程工程量计算规范》第十四章，油漆、涂料、裱糊工程）；三级编码自 01～08（包括门窗油漆、木材面油漆、金属面油漆等八个分部）；四级编码从 001 开始，根据每个分部内包含的清单项目多少，第三位数字依次递增；五级编码自 001 开始。

2. 清单工程量计算有关问题说明

（1）有关项目列项问题说明

1）有关项目中已包括油漆、涂料的不再单独列项。

2）连窗门可按门油漆项目编码列项。

3）木扶手应区分带托板与不带托板，分别编码列项，若是木栏杆带扶手，木扶手不应单独列项，应包含在木栏杆油漆中。

（2）有关工程特征的说明

1）门类型应分为镶板门、木板门、胶合板门、装饰实木门、木纱门、木质防火门、连窗门、平开门、推拉门、单扇门、双扇门、带纱门、全玻门（带木扇框）、半玻门、半百叶门、全百叶门以及带亮子、不带亮子、有门框、无门框和单独门框等油漆。

2）窗类型可分为平开窗、推拉窗、提拉窗、固定窗、空花窗、百叶窗以及单扇窗、双扇窗、多扇窗、单层窗、双层窗、带亮子、不带亮子等。

3）腻子种类分为石膏油腻子（熟桐油、石膏粉、适量水）、胶腻子（大白、色粉、羧甲基纤维素）、漆片腻子（漆片、酒精、石膏粉、适量色粉）、油腻子（矾石粉、桐油、脂肪酸、松香）等。

4）刮腻子要求，分为刮腻子遍数（道数）或满刮腻子或找补腻子等。

（3）有关工程量计算的说明

1）楼梯木扶手工程量按中心线斜长计算，弯头长度应计算在扶手长度内。

2）挡风板工程量按中心线斜长计算，有大刀头的，每个大刀头增加长度 50cm。

3）木护墙、木墙裙油漆按垂直投影面积计算。

4）台板、筒子板、盖板、门窗套、踢脚线油漆按水平或垂直投影面积

（门窗套的贴脸板和筒子板垂直投影面积合并）计算。

5）清水板条天棚、檐口油漆、木方格吊顶天棚油漆以水平投影面积计算，不扣除空洞面积。

6）暖气罩油漆，垂直面按垂直投影面积计算，突出墙面的水平面按水平投影面积计算，不扣除空洞面积。

7）工程量以面积计算的油漆、涂料项目，线角、线条、压条等不展开计算。

（4）有关工程内容的说明

1）有线角、线条、压条的油漆、涂料面的工料消耗应包括在报价内。

2）灰面的油漆、涂料，应注意其基层的类型，例如：一般抹灰墙柱面与拉条灰、拉毛灰、甩毛灰等油漆、涂料的耗工量与材料消耗量的不同。

3）空花格、栏杆刷涂料工程量按外框单面垂直投影面积计算，应注意其展开面积，工料消耗应包括在报价内。

4）刮腻子时应注意刮腻子遍数，是满刮还是找补腻子。

5）墙纸和织锦缎的裱糊，应注意要求对花还是不对花。

6.5.2 油漆、涂料、裱糊工程清单工程量计算

1. 门油漆

工程量清单项目设置及工程量计算规则，应按表 6-63 的规定执行。

表 6-63　门油漆（编码：011401）

项目编码	项目名称	项目特征	计量单位	工程量计算规则	工作内容
011401001	木门油漆	1）门类型 2）门代号及洞口尺寸 3）腻子种类 4）刮腻子遍数 5）防护材料种类 6）油漆品种、刷漆遍数	1）樘 2）m²	1）以樘计量，按设计图示数量计量 2）以平方米计量，按设计图示洞口尺寸以面积计算	1）基层清理 2）刮腻子 3）刷防护材料、油漆
011401002	金属门油漆				1）除锈、基层清理 2）刮腻子 3）刷防护材料、油漆

注：1. 木门油漆应区分木大门、单层木门、双层（一玻一纱）木门、双层（单裁口）木门、全玻自由门、半玻自由门、装饰门及有框门或无框门等项目，分别编码列项。

2. 金属门油漆应区分平开门、推拉门、钢制防火门等项目，分别编码列项。

3. 以平方米计量，项目特征可不必描述洞口尺寸。

2. 窗油漆

工程量清单项目设置及工程量计算规则，应按表 6-64 的规定执行。

表 6-64　窗油漆（编码：011402）

项目编码	项目名称	项目特征	计量单位	工程量计算规则	工作内容
011402001	木窗油漆	1) 窗类型 2) 窗代号及洞口尺寸 3) 腻子种类 4) 刮腻子遍数 5) 防护材料种类 6) 油漆品种、刷漆遍数	1) 樘 2) m²	1) 以樘计量，按设计图示数量计量 2) 以平方米计量，按设计图示洞口尺寸以面积计算	1) 基层清理 2) 刮腻子 3) 刷防护材料、油漆
011402002	金属窗油漆				1) 除锈、基层清理 2) 刮腻子 3) 刷防护材料、油漆

注：1. 木窗油漆应区分单层木门、双层（一玻一纱）木窗、双层框扇（单裁口）木窗、双层框三层（二玻一纱）木窗、单层组合窗、双层组合窗、木百叶窗、木推拉窗等项目，分别编码列项。
　　2. 金属窗油漆应区分平开窗、推拉窗、固定窗、组合窗、金属隔栅窗等项目，分别编码列项。
　　3. 以平方米计量，项目特征可不必描述洞口尺寸。

3. 扶手及其他板条、线条油漆

工程量清单项目设置及工程量计算规则，应按表 6-65 的规定执行。

表 6-65　木扶手及其他板条、线条油漆（编码：011403）

项目编码	项目名称	项目特征	计量单位	工程量计算规则	工作内容
011403001	木扶手油漆	1) 断面尺寸 2) 腻子种类 3) 刮腻子遍数 4) 防护材料种类 5) 油漆品种、刷漆遍数	m	按设计图示尺寸以长度计算	1) 基层清理 2) 刮腻子 3) 刷防护材料、油漆
011403002	窗帘盒油漆				
011403003	封檐板、顺水板油漆				
011403004	挂衣板、黑板框油漆				
011403005	挂镜线、窗帘棍、单独木线油漆				

注：木扶手应区分带托板与不带托板，分别编码列项，若是木栏杆带扶手，木扶手不应单独列项，应包含在木栏杆油漆中。

4. 木材面油漆

工程量清单项目设置及工程量计算规则，应按表 6-66 的规定执行。

表 6-66 木材面油漆 (编码：011404)

项目编码	项目名称	项目特征	计量单位	工程量计算规则	工作内容
011404001	木护墙、木墙裙油漆				
011404002	窗台板、筒子板、盖板、门窗套、踢脚线油漆				
011404003	清水板条天棚、檐口油漆			按设计图示尺寸以面积计算	
011404004	木方格吊顶天棚油漆				
011404005	吸音板墙面、天棚面油漆	1）腻子种类 2）刮腻子遍数 3）防护材料种类 4）油漆品种、刷漆遍数	m²		1）基层清理 2）刮腻子 3）刷防护材料、油漆
011404006	暖气罩油漆				
011404007	其他木材面				
011404008	木间壁、木隔断油漆			按设计图示尺寸以单面外围面积计算	
011404009	玻璃间壁露明墙筋油漆				
011404010	木栅栏、木栏杆（带扶手）油漆				
011404011	衣柜、壁柜油漆			按设计图示尺寸以油漆部分展开面积计算	
011404012	梁柱饰面油漆				
011404013	零星木装修油漆				
011404014	木地板油漆			按设计图示尺寸以面积计算。空洞、空圈、暖气包槽、壁龛的开口部分并入相应的工程量内	
011404015	木地板烫硬蜡面	1）硬蜡品种 2）面层处理要求			1）基层清理 2）烫蜡

5. 金属面油漆

工程量清单项目设置及工程量计算规则，应按表 6-67 的规定执行。

表 6-67　金属面油漆（编码：011405）

项目编码	项目名称	项目特征	计量单位	工程量计算规则	工作内容
011405001	金属面油漆	1）构件名称 2）腻子种类 3）刮腻子要求 4）防护材料种类 5）油漆品种、刷漆遍数	1）t 2）m²	1）以吨计量，按设计图示尺寸以质量计算 2）以平方米计量，按设计展开面积计算	1）基层清理 2）刮腻子 3）刷防护材料、油漆

6. 抹灰面油漆

工程量清单项目设置及工程量计算规则，应按表 6-68 的规定执行。

表 6-68　抹灰面油漆（编码：011406）

项目编码	项目名称	项目特征	计量单位	工程量计算规则	工作内容
011406001	抹灰面油漆	1）基层类型 2）腻子种类 3）刮腻子遍数 4）防护材料种类 5）油漆品种、刷漆遍数 6）部位	m²	按设计图示尺寸以面积计算	1）基层清理 2）刮腻子 3）刷防护材料、油漆
011406002	抹灰线条油漆	1）线条宽度、道数 2）腻子种类 3）刮腻子遍数 4）防护材料种类 5）油漆品种、刷漆遍数	m	按设计图示尺寸以长度计算	
011406003	满刮腻子	1）基层类型 2）腻子种类 3）刮腻子遍数	m²	按设计图示尺寸以面积计算	1）基层清理 2）刮腻子

7. 喷刷涂料

工程量清单项目设置及工程量计算规则，应按表 6-69 的规定执行。

表 6-69　喷刷涂料（编码：011407）

项目编码	项目名称	项目特征	计量单位	工程量计算规则	工作内容
011407001	墙面喷刷涂料	1）基层类型 2）喷刷涂料部位 3）腻子种类 4）刮腻子要求 5）涂料品种、喷刷遍数	m²	按设计图示尺寸以面积计算	1）基层清理 2）刮腻子 3）刷、喷涂料
011407002	天棚喷刷涂料				
011407003	空花格、栏杆刷涂料	1）腻子种类 2）刮腻子遍数 3）涂料品种、刷喷遍数		按设计图示尺寸以单面外围面积计算	
011407004	线条刷涂料	1）基层清理 2）线条宽度 3）刮腻子遍数 4）刷防护材料、油漆	m	按设计图示尺寸以长度计算	
011407005	金属构件刷防火涂料	1）喷刷防火涂料构件名称 2）防火等级要求 3）涂料品种、喷刷遍数	1）m² 2）t	1）以吨计量，按设计图示尺寸以质量计算 2）以平方米计量，按设计展开面积计算	1）基层清理 2）刷防护材料、油漆
011407006	木材构件喷刷防火涂料		m²	以平方米计量，按设计图示尺寸以面积计算	1）基层清理 2）刷防火材料

注：喷刷墙面涂料部位要注明内墙或外墙。

8. 裱糊

工程量清单项目设置及工程量计算规则，应按表 6-70 的规定执行。

表 6-70　裱糊（编码：011408）

项目编码	项目名称	项目特征	计量单位	工程量计算规则	工作内容
011408001	墙纸裱糊	1）基层类型 2）裱糊部位 3）腻子种类 4）刮腻子遍数 5）粘结材料种类 6）防护材料种类 7）面层材料品种、规格、颜色	m²	按设计图示尺寸以面积计算	1）基层清理 2）刮腻子 3）面层铺粘 4）刷防护材料
011408002	织锦缎裱糊				

6.5.3 油漆、涂料、裱糊工程清单工程量计算实例

【例 6-15】 某工程一单层木窗长为 1.5m，宽为 1.5m，共有 56 樘，润油粉，刮一遍腻子，调和漆三遍，磁漆一遍。请编制工程量清单计价表及综合单价计算表。

【解】

1）工程量计算规则

依据《全国统一建筑装饰装修工程消耗量定额》套用定额，进行计算。

2）分部分项工程量清单与计价表

① 清单工程量计算：56 樘

② 单层木窗涂润油粉，刮一遍腻子，一遍调和漆，二遍磁漆，其工程量为：$1.5 \times 1.5 \times 56 = 126$（m²）

③ 费用计算

a. 单层以木窗涂润油粉

人工费：$126 \times 12.32 \div 1 = 1\ 552.32$（元）

材料费：$126 \times 10.71 \div 1 = 1\ 349.46$（元）

机械费：$126 \times 0.7 \div 1 = 88.2$（元）

合价：2 989.98 元

b. 单层木窗增加两遍调和漆

人工费：$126 \times 1.61 \times 2 \div 1 = 405.72$（元）

材料费：$126 \times 2.66 \times 2 \div 1 = 670.32$（元）

机械费：$126 \times 0.13 \times 2 \div 1 = 32.76$（元）

合价：1 108.8 元

c. 单层木窗减少一遍磁漆

人工费：$126 \times 2.15 \div 1 = 270.9$（元）

材料费：$126 \times 3.02 \div 1 = 380.52$（元）

机械费：$126 \times 0.16 \div 1 = 20.16$（元）

合价：671.58 元

d. 综合

直接费：3 427.2 元

管理费：$3\ 427.2 \times 35\% = 1\ 199.52$（元）

利润：$3\ 427.2 \times 5\% = 171.36$（元）

合价：$3\ 427.2 + 1\ 199.52 + 171.36 = 4\ 798.08$（元）

综合单价：$4\ 798.08 \div 56 = 85.68$（元）

3）分部分项工程量清单与计价表（表 6-71）。

表 6-71　分部分项工程量清单与计价表

工程名称：木窗油漆工程　　　　　　　　　　标段：　　　　　　　　　　　　第　页共　页

序号	项目编号	项目名称	项目特征描述	计算单位	工程数量	综合单价	合价	其中直接费
1	011402001001	木窗油漆	窗类型：单层推拉窗；刮一遍腻子；润油粉；调和漆三遍；磁漆一遍。	樘	56	86.68	4798.08	3427.2

4）分部分项工程量清单综合单价分析表（表 6-72）。

表 6-72　分部分项工程量清单综合单价分析表

工程名称：木窗油漆工程　　　　　　　　　　标段：　　　　　　　　　　　　第　页共　页

项目编号	011402001001		项目名称	木窗油漆	计量单位	樘	工程量	56

清单综合单价组成明细

定额编号	定额项目名称	定额单位	数量	单价/元			合价/元			
				人工费	材料费	机械费	人工费	材料费	机械费	管理费和利润
11-61	单层木窗涂润油粉，刮一遍腻子，一遍调和漆，两遍磁漆	m²	1	12.32	10.71	0.7	1552.32	1349.46	88.2	1195.99
11-154	单层木窗增加两遍调和漆	m²	1	1.61	2.66	0.13	405.72	670.32	32.76	443.52
11-176	单层木窗减少一遍磁漆	m²	1	2.15	3.02	0.16	270.9	380.52	20.16	268.63
人工单价		小计					2228.94	2400.3	141.12	1908.14
28元/工日		未计价材料费					—			
清单项目综合单价/（元/樘）							85.68			

【例 6-16】　某宾馆要安装实木门扇 18 樘，见图 6-14。门扇面层刷亚光面漆（做法：底油、刮腻子、聚氨酯清漆两遍、漆片两遍、亚光面漆两遍）；编制其分部分项工程量综合单价分析表和分部分项工程量清单与计价表。

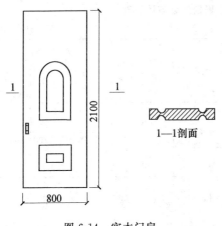

图 6-14　实木门扇

【解】

实木门油漆

1）清单工程量

门油漆清单工程量：18 樘。

2）消耗量定额工程量

① 根据"消耗量定额"计量单位和计算规则，计算工程量：

单扇门刷油漆的工程量：

$$0.8 \times 2.1 = 1.68 \ (m^2)$$

② 计算清单项目每计量单位包含的各项工程内容的工程量：

木门制作安装：

$$1.68 \div 18 = 0.093 \ (m^2)$$

3）编制工程量清单综合单价分析表

根据企业情况确定管理费率 170%，利润率 110%，计费基础为人工费。工程量清单综合单价分析表见表 6-73。

表 6-73　工程量清单综合单价分析表

工程名称：实木门油漆工程　　　　　　标段：　　　　　　　　　　第　页共　页

项目编码	011401001001	项目名称	实木门油漆	计量单位	樘	工程量	18

清单综合单价组成明细

定额编号	定额项目名称	定额单位	数量	单价/元			合价/元			
				人工费	材料费	机械费	人工费	材料费	机械费	管理费和利润
5－137	清扫、刷底油、打磨、刷腻子、修色、刷油等	m²	0.093	22.09	54.83	—	2.05	5.1	—	5.75
人工单价		小　计					2.05	5.1	—	5.75
22.47 元/工日		未计价材料费					—			
清单项目综合单价/（元/樘）							12.9			

4）编制分部分项工程量清单与计价表（表 6-74）

表 6-74　分部分项工程量清单与计价表

工程名称：实木门油漆工程　　　　　　　标段：　　　　　　　　　　第　页共　页

项目编号	项目名称	项目特征描述	计算单位	工程数量	金额/元	
					综合单价	合价
011401001001	实木门油漆	1）基层类型：实木有凹凸装饰门　2）油漆种类刷油要求：亚光面漆；底油、刮腻子、漆片两遍、聚氨酯清漆两遍	樘	18	12.9	232.2

6.6　其他装饰工程

6.6.1　清单工程量计算有关问题说明

1. 其他装饰工程工程量清单项目的划分与编码

（1）清单项目的划分

1）柜类、货架（包括柜台、酒柜、衣柜、酒吧吊柜、收银台、试衣间等）。

2）压条、装饰线（包括金属、木质、石材、石膏、镜面玻璃、铝塑、塑料装饰线、GRC 装饰线条）。

3）扶手、栏杆、栏板装饰（包括金属扶手、栏杆、栏板，硬木扶手、栏杆、栏板，塑料扶手、栏杆、栏板，GRC 栏杆、扶手，金属靠墙扶手，硬木靠墙扶手，塑料靠墙扶手，玻璃栏板）。

4）暖气罩（包括饰面板暖气罩、塑料板暖气罩、金属暖气罩）。

5）浴厕配件（包括洗漱台、晒衣架、帘子杆、卫生纸盒、镜面玻璃、镜箱等）。

6）雨篷、旗杆（包括雨篷吊挂饰面、金属旗杆、玻璃雨篷）。

7）招牌、灯箱（包括平面、箱式招牌，竖式标箱，灯箱，信报箱）。

8）美术字（包括泡沫塑料字、有机玻璃字、木质字、金属字、吸塑字）。

（2）清单项目的编码

一级编码为 01；二级编码为 15（《房屋建筑与装饰工程工程量计算规范》第十五章，其他装饰工程）；三级编码自 01～08（从柜类、货架至美术字）；四级编码从 001 开始，第三位数字依次递增；五级编码从 001 开始，第三位数字依次递增。

2. 清单工程量计算有关问题说明

（1）有关项目列项的说明

1）厨房壁柜及厨房吊柜以嵌入墙内为壁柜，以支架固定在墙上的为吊柜。

2）压条、装饰线项目已经包括在门扇、墙柱面、天棚等项目内的，不再单独列项。

3）洗漱台项目适用于石质（天然石材、人造石材等）、玻璃等。

4）旗杆的砌砖或混凝土台座，台座的饰面可按清单计价规范相关附录的章节另行编码列项，也可纳入旗杆报价内。

5）美术字不分字体，应按大小规格分类。

（2）有关项目特征的说明

1）台柜的规格以能分离的成品单体长、宽、高来表示，例如：一个组合书柜分上下两部分，下部为独立的矮柜，上部为敞开式的书柜，可以分上、下两部分标注尺寸。

2）镜面玻璃和灯箱等的基层材料是指玻璃背后的衬垫材料，例如：胶合板、油毡等。

3）装饰线和美术字的基层类型是指装饰线、美术字依托体的材料，例如砖墙、木墙、石墙、混凝土墙、墙面抹灰、钢支架等。

4）旗杆高度指旗杆台座上表面至杆顶的尺寸（包括球珠）。

5）美术字的字体规格以字的外接矩形长、宽和字的厚度表示。固定方式指粘贴、焊接以及铁钉、螺栓、铆钉固定等方式。

（3）有关工程量计算的说明

1）台柜工程量以"个"计算，即能分离的同规格的单体个数计算，例如：柜台有相同规格为 1500mm×400mm×1200mm 的 5 个单体，另有 1 个柜台规格为 1500mm×400mm×1150mm，台底安装 4 个胶轮，以便柜台内营业员由此出入，这样 1500mm×400mm×1200mm 规格的柜台数为 5 个，1500mm×400mm×1150mm 柜台数为 1 个。

2）洗漱台放置洗面盆的地方必须要挖洞，根据洗漱台摆放的位置有些还需选形，产生挖弯、削角，为此洗漱台的工程量按外接矩形计算。挡板是指镜面玻璃下边沿至洗漱台面和侧墙与台面接触部位的竖挡板（一般挡板与台面使用同种材料品种，不同材料品种应另行计算）。吊沿指台面外边沿下方的竖挡板。挡板和吊沿均以面积并入台面面积内计算。

（4）有关工程内容的说明

1）台柜项目以"个"计算，应按设计图纸或说明，包括台柜、台面材料

（石材、皮草、金属、实木等）、内隔板材料、连接件、配件等，均应包括在报价内。

2）洗漱台现场制作、切割、磨边等人工、机械的费用也应包括在报价内。

3）金属旗杆也可将旗杆台座及台座面层一并纳入报价中。

6.6.2　其他装饰工程清单工程量计算

1. 柜类、货架

工程量清单项目设置及工程量计算规则，应按表6-75的规定执行。

表6-75　柜类、货架（编码：011501）

项目编码	项目名称	项目特征	计量单位	工程量计算规则	工作内容
011501001	柜台				
011501002	酒柜				
011501003	衣柜				
011501004	存包柜				
011501005	鞋柜				
011501006	书柜				
011501007	厨房壁柜	1）台柜规格 2）材料种类、规格 3）五金种类、规格 4）防护材料种类 5）油漆品种、刷漆遍数	1）个 2）m 3）m³	1）以个计量，按设计图示数量计量 2）以米计量，按设计图示尺寸以延长米计算 3）以立方米计量，按设计图示尺寸以体积计算	1）台柜制作、运输、安装（安放） 2）刷防护材料、油漆 3）五金件安装
011501008	木壁柜				
011501009	厨房低柜				
011501010	厨房吊柜				
011501011	矮柜				
011501012	吧台背柜				
011501013	酒吧吊柜				
011501014	酒吧台				
011501015	展台				
011501016	收银台				
011501017	试衣间				
011501018	货架				
011501019	书架				
011501020	服务台				

2. 压条、装饰线

工程量清单项目设置及工程量计算规则，应按表6-76的规定执行。

表 6-76　压条、装饰线（编码：011502）

项目编码	项目名称	项目特征	计量单位	工程量计算规则	工作内容
011502001	金属装饰线	1）基层类型 2）线条材料品种、规格、颜色 3）防护材料种类	m	按设计图示尺寸以长度计算	1）线条制作、安装 2）刷防护材料
011502002	木质装饰线				
011502003	石材装饰线				
011502004	石膏装饰线				
011502005	镜面玻璃线	1）基层类型 2）线条材料品种、规格、颜色 3）防护材料种类			
011502006	铝塑装饰线				
011502007	塑料装饰线				
011502008	GRC装饰线条	1）基层类型 2）线条规格 3）线条安装部位 4）填充材料种类			线条制作安装

3. 扶手、栏杆、栏板装饰

工程量清单项目设置及工程量计算规则，应按表 6-77 的规定执行。

表 6-77　扶手、栏杆、栏板装饰（编码：011503）

项目编码	项目名称	项目特征	计量单位	工程量计算规则	工作内容
011503001	金属扶手、栏杆、栏板	1）扶手材料种类、规格 2）栏杆材料种类、规格 3）栏板材料种类、规格、颜色 4）固定配件种类 5）防护材料种类	m	按设计图示以扶手中心线长度（包括弯头长度）计算	1）制作 2）运输 3）安装 4）刷防护材料
011503002	硬木扶手、栏杆、栏板				
011503003	塑料扶手、栏杆、栏板				
011503004	GRC栏杆、扶手	1）栏杆的规格 2）安装间距 3）扶手类型规格 4）填充材料种类			
011503005	金属靠墙扶手	1）扶手材料种类、规格 2）固定配件种类 3）防护材料种类			
011503006	硬木靠墙扶手				
011503007	塑料靠墙扶手				
011503008	玻璃栏板	1）栏杆玻璃的种类、规格颜色 2）固定方式 3）固定配件种类			

4. 暖气罩

工程量清单项目设置及工程量计算规则，应按表 6-78 的规定执行。

表 6-78　暖气罩（编码：011504）

项目编码	项目名称	项目特征	计量单位	工程量计算规则	工作内容
011504001	饰面板暖气罩	1) 暖气罩材质 2) 防护材料种类	m²	按设计图示尺寸以垂直投影面积（不展开）计算	1) 暖气罩制作、运输、安装 2) 刷防护材料
011504002	塑料板暖气罩				
011504003	金属暖气罩				

5. 浴厕配件

工程量清单项目设置及工程量计算规则，应按表 6-79 的规定执行。

表 6-79　浴厕配件（编码：011505）

项目编码	项目名称	项目特征	计量单位	工程量计算规则	工作内容
011505001	洗漱台	1) 材料品种、规格、颜色 2) 支架、配件品种、规格	1) m² 2) 个	1) 按设计图示尺寸以台面外接矩形面积计算。不扣除孔洞、挖弯、削角所占面积，挡板、吊沿板面积并入台面面积内 2) 按设计图示数量计算	1) 台面及支架、运输、安装 2) 杆、环、盒、配件安装 3) 刷油漆
011505002	晒衣架	1) 材料品种、规格、颜色 2) 支架、配件品种、规格	个	按设计图示数量计算	1) 台面及支架制作、运输、安装 2) 杆、环、盒、配件安装 3) 刷油漆
011505003	帘子杆				
011505004	浴缸拉手				
011505005	卫生间扶手				
011505006	毛巾杆（架）		套		
011505007	毛巾环		副		
011505008	卫生纸盒		个		
011505009	肥皂盒				
011505010	镜面玻璃	1) 镜面玻璃品种、规格 2) 框材质、断面尺寸 3) 基层材料种类 4) 防护材料种类	m²	按设计图示尺寸以边框外围面积计算	1) 基层安装 2) 玻璃及框制作、运输、安装
011505011	镜箱	1) 箱材质、规格 2) 玻璃品种、规格 3) 基层材料种类 4) 防护材料种类 5) 油漆品种、刷漆遍数	个	按设计图示数量计算	1) 基层安装 2) 箱体制作、运输、安装 3) 玻璃安装 4) 刷防护材料、油漆

6. 雨篷、旗杆

工程量清单项目设置及工程量计算规则，应按表 6-80 的规定执行。

表 6-80　雨篷、旗杆（编码：011506）

项目编码	项目名称	项目特征	计量单位	工程量计算规则	工作内容
011506001	雨篷吊挂饰面	1）基层类型 2）龙骨材料种类、规格、中距 3）面层材料品种、规格 4）吊顶（天棚）材料品种、规格 5）嵌缝材料种类 6）防护材料种类	m²	按设计图示尺寸以水平投影面积计算	1）底层抹灰 2）龙骨基层安装 3）面层安装 4）刷防护材料、油漆
011506002	金属旗杆	1）旗杆材料、种类、规格 2）旗杆高度 3）基础材料种类 4）基座材料种类 5）基座面层材料、种类、规格	根	按设计图示数量计算	1）土石挖、填、运 2）基础混凝土浇注 3）旗杆制作、安装 4）旗杆台座制作、饰面
011506003	玻璃雨篷	1）玻璃雨篷固定方式 2）龙骨材料种类、规格、中距 3）玻璃材料品种、规格 4）嵌缝材料种类 5）防护材料种类	m²	按设计图示尺寸以水平投影面积计算	1）龙骨基层安装 2）面层安装 3）刷防护材料、油漆

7. 招牌、灯箱

工程量清单项目设置及工程量计算规则，应按表 6-81 的规定执行。

表 6-81　招牌、灯箱（编码：011507）

项目编码	项目名称	项目特征	计量单位	工程量计算规则	工作内容
011507001	平面、箱式招牌	1）箱体规格 2）基层材料种类 3）面层材料种类 4）防护材料种类	m²	按设计图示尺寸以正立面边框外围面积计算。复杂形的凸凹造型部分不增加面积	1）基层安装 2）箱体及支架制作、运输、安装 3）面层制作、安装 4）刷防护材料、油漆
011507002	竖式标箱		个	按设计图示数量计算	
011507003	灯箱				
011507004	信报箱	1）箱体规格 2）基层材料种类 3）面层材料种类 4）防护材料种类 5）户数	个	按设计图示数量计算	

8. 美术字

工程量清单项目设置及工程量计算规则，应按表 6-82 的规定执行。

表 6-82　美术字（编码：011508）

项目编码	项目名称	项目特征	计量单位	工程量计算规则	工作内容
011508001	泡沫塑料字	1）基层类型 2）镶字材料品种、颜色 3）字体规格 4）固定方式 5）油漆品种、刷漆遍数	个	按设计图示数量计算	1）字制作、运输、安装 2）刷油漆
011508002	有机玻璃字				
011508003	木质字				
011508004	金属字				
011508005	吸塑字				

6.6.3　其他装饰工程清单工程量计算实例

【例 6-17】　图 6-15 所示为某卫生间，分别编制卫生间镜面玻璃、石材饰线、镜面不锈钢饰线、毛巾环清单工程量表。

【解】

1）镜面玻璃工程清单工程量为

$$1.1 \times 1.5 = 1.65 \text{（m}^2\text{）}$$

毛巾环清单工程量为：1 副。

不锈钢饰线清单工程量为：

$$2 \times (1.1 + 2 \times 0.05 + 1.5) = 5.4 \text{（m）}$$

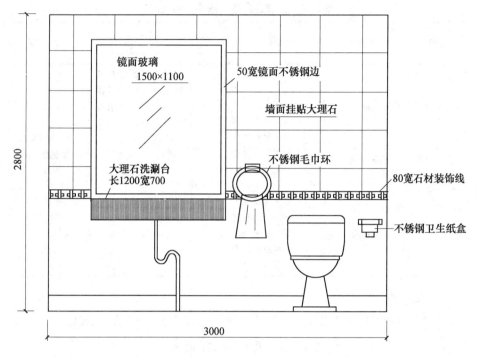

图 6-15　卫生间

石材饰线清单工程量为：

$$3-(1.1+0.05\times2)=1.8\ (m)$$

2）消耗量定额工程量及费用计算

① 该项目发生的工程内容：安装镜面玻璃、毛巾环、镜面不锈钢装饰线、石材装饰线。

② 依据消耗量定额计算规则，计算工程量：

镜面玻璃：$1.1\times1.5=1.65\ (m^2)$

毛巾环：1 副

不锈钢饰线：$2\times(1.1+2\times0.05+1.5)=5.4\ (m)$

石材饰线：$3-(1.1+0.05\times2)=1.8\ (m)$

③ 分别计算清单项目每计量单位应包含的各项工程内容的工程数量：

镜面玻璃安装：$1.65\div1.65=1$

毛巾环：$1\div1=1$

镜面玻璃线安装：$5.4\div5.4=1$

石料装饰线：$1.8\div1.8=1$

④ 参考《全国统一建筑装饰装修工程消耗量定额》套用定额，并计算清单项目每计量单位所含各项工程内容人工、材料、机械价款。

3）分部分项工程量清单与计价表（见表 6-83）

表 6-83 分部分项工程量清单与计价表

工程名称：镜面玻璃工程　　　　　　　　标段：　　　　　　　　第 页共 页

序号	项目编号	项目名称	项目特征描述	计算单位	数量	金额/元	
						综合单价	合价
1	011505010001	镜面玻璃	镜面玻璃品种、规格：6mm 厚，1 400mm×1 100m	m²	1.65	266.49	439.71
2	011505007001	毛巾环	材料品种、规格：毛巾环	副	1	38.44	38.44
3	011502005001	镜面玻璃线	1）基层类型：3mm 厚胶合板 2）线条材料品种、规格：50mm 宽镜面不锈钢板 3）结合层材料种类：水泥砂浆 1：3	m	5.4	25.27	136.46
4	011502003001	石材装饰线	线条材料品种、规格：80mm 宽石材装饰线	m	1.8	312.67	562.81
			本页小计				1 177.42
			合计				1 177.42

4）工程量清单综合单价分析表（见表 6-84 至表 6-87）

根据企业情况确定管理费率 170%，利润率 110%，计费基础为人工费。

表 6-84 工程量清单综合单价分析表

工程名称：镜面玻璃工程　　　　　　　　标段：　　　　　　　　第 页共 页

项目编号	011505010001		项目名称	镜面玻璃	计量单位	m²	工程量	1.65

清单综合单价组成明细

定额编号	定额项目名称	定额单位	数量	单价/元			合价/元			
				人工费	材料费	机械费	人工费	材料费	机械费	管理费和利润
6-112	镜面玻璃	m²	1	10.70	225.17	0.66	10.70	225.17	0.66	29.96
人工单价			小计				10.70	225.17	0.66	29.96
28 元/工日			未计价材料费				—			
清单项目综合单价/（元/m²）							266.49			

259

表 6-85 工程量清单综合单价分析表

工程名称：镜面玻璃工程　　　　　　标段：　　　　　　　　第　页共　页

项目编号	011505007001	项目名称	毛巾环	计量单位	副	工程量	1

清单综合单价组成明细

定额编号	定额项目名称	定额单位	数量	单价/元			合价/元			
				人工费	材料费	机械费	人工费	材料费	机械费	管理费和利润
6-201	毛巾环	副	1	0.45	36.72	0.00	0.45	36.72	0.00	1.27
人工单价			小计				0.45	36.72	0.00	1.27
25元/工日			未计价材料费				—			
清单项目综合单价/（元/副）							38.44			

表 6-86 工程量清单综合单价分析表

工程名称：镜面玻璃工程　　　　　　标段：　　　　　　　　第　页共　页

项目编号	011502005001	项目名称	镜面玻璃线	计量单位	m	工程量	5.4

清单综合单价组成明细

定额编号	定额项目名称	定额单位	数量	单价/元			合价/元			
				人工费	材料费	机械费	人工费	材料费	机械费	管理费和利润
6-064	镜面不锈钢装饰线	m	1	1.39	19.99	0.00	1.39	19.99	0.00	3.89
人工单价			小计				1.39	19.99	0.00	3.89
25元/工日			未计价材料费				—			
清单项目综合单价/（元/m）							25.27			

表 6-87 工程量清单综合单价分析表

工程名称：镜面玻璃工程　　　　　　标段：　　　　　　　　第　页共　页

项目编号	011502003001	项目名称	石材装饰线	计量单位	m	工程量	1.8

清单综合单价组成明细

定额编号	定额项目名称	定额单位	数量	单价/元			合价/元			
				人工费	材料费	机械费	人工费	材料费	机械费	管理费和利润
6-087	镜面不锈钢装饰线	m	1	1.39	307.23	0.16	1.39	307.23	0.16	3.89
人工单价			小计				1.39	307.23	0.16	3.89
25元/工日			未计价材料费				—			
清单项目综合单价/（元/m）							312.67			

【例 6-18】 展台样式见图 6-16，编制其分部分项工程量清单及综合单价及合价表。

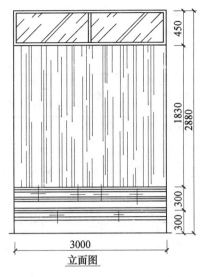 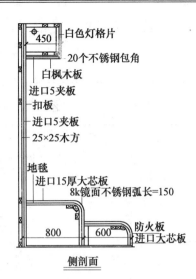

图 6-16　展台示意图

【解】

1）清单工程量

柜类、货架清单工程数量：1 个

2）消耗量定额工程量

展台工程量：3（m）

3）清单项目每计量单位应包含的各项工程内容的工程数量

展台制作：3÷1＝3

4）编制工程量清单综合单价分析表（表 6-88）

根据企业情况确定管理费率 170％，利润率 110％，计费基础是人工费。
工程量清单综合单价分析表见表 6-88。

表 6-88　工程量清单综合单价分析表

工程名称：某展台安装工程　　　　　　　　标段：　　　　　　　　第　页共　页

项目编码	011501015001	项目名称		展台	计量单位	个	工程量	1

清单综合单价组成明细

定额编号	定额项目名称	定额单位	数量	单价/元			合价/元			
				人工费	材料费	机械费	人工费	材料费	机械费	管理费和利润
6-129	展台	个	3	150.5	650	30	451.5	1950	90	1264.2
人工单价		小计					451.5	1950	90	1264.2
25 元/工日		未计价材料费					—			
清单项目综合单价/（元/个）							3665.7			

5）编制分部分项工程量清单与计价表（表 6-89）

表 6-89　分部分项工程量清单与计价表

工程名称：某展台安装工程　　　　　　　　标段：　　　　　　　　　　第　页共　页

序号	项目编号	项目名称	项目特征描述	计算单位	数量	金额/元	
						综合单价	合价
1	011501015001	展台	1）台柜规格：3000mm × 2880mm ×1000mm 2）材料种类、规格：白枫木贴面板、防火板	个	1	3665.7	3665.7

7 装饰装修工程施工图预算的编制与审查

7.1 施工图预算的编制

7.1.1 施工图预算的概念

施工图预算指的是在设计的施工图完成以后，以施工图为依据，按照预算定额、费用标准和工程所在地区的人工、材料及施工机械设备台班的预算价格编制的，确定建筑工程造价的文件。

7.1.2 施工图预算的作用

施工图预算是建设工程建设程序中的一个重要的技术经济文件，其在工程建设实施过程中具有非常重要的作用。

1. 施工图预算对投资方的作用

1）施工图预算是控制造价和资金合理使用的依据。它所确定的预算造价是工程的计划成本，投资方按施工图预算造价筹备建设资金，并控制资金的合理使用。

2）施工图预算是确定工程招标控制价的根据。在设置招标控制价的情况下，建筑安装工程的招标控制价可以按照施工图预算来确定。招标控制价一般是在施工图预算的基础上考虑工程的特殊施工措施、目标工期、工程质量要求、招标工程范围以及自然条件等因素进行编制的。

3）施工图预算是拨付工程款以及办理工程结算的依据。

2. 施工图预算对施工企业的作用

1）施工图预算是建筑施工企业投标时报价的参考依据。建筑市场竞争激烈，建筑施工企业需要根据施工图预算造价，结合企业的投标策略，确定投标报价。

2）施工图预算是建筑工程预算包干的依据以及签订施工合同的主要内容。若采用总价合同，施工单位通过与建设单位协商，可以在施工图预算的基础上考虑设计或施工变更后可能发生的费用以及其他风险因素，增加一定的系数作为工程造价的一次性包干。同样，施工单位和建设单位签订施工合同时，其中工程价款的相关条款也必须以施工图预算为依据。

3) 施工图预算是施工企业安排调配施工力量，是组织材料供应的依据。施工单位各职能部门可以根据施工图预算编制劳动力及材料供应计划，并由此做好施工前的准备工作。

4) 施工图预算是施工企业控制工程成本的依据。按照施工图预算确定的中标价格是施工企业收取工程款的依据，企业只要合理地利用各项资源，采用先进的技术和管理方法，将成本控制在施工图预算价格以内，才能获得良好的经济效益。

5) 施工图预算是进行"两算"对比的依据。施工企业可以通过施工图预算及施工预算的对比分析，找出差距，进而采取必要的措施。

3. 施工图预算对其他方面的作用

1) 对工程咨询单位来说，可以客观、准确地给委托方做出施工图预算，用以强化投资方对工程造价的控制，有利于节省投资，提高建设项目的投资效益。

2) 对工程造价管理部门来说，施工图预算是其监督检查执行定额标准、合理确定工程造价、测算造价指数和审定工程招标控制价的重要依据。

7.1.3 施工图预算的内容

施工图预算包括单位工程预算、单项工程预算以及建设项目总预算。

单位工程预算是根据施工图设计文件、现行预算定额、单位估价表、费用定额以及人工、设备、材料以及机械台班等预算价格资料，用以一定的方法，编制单位工程的施工图预算；然后汇总所有单位工程施工图预算，成为单项工程施工图预算；再汇总所有单项工程施工图预算，变成最终的建设项目建筑安装工程的总预算。

单位工程预算包括建筑工程预算以及设备安装工程预算。建筑工程预算依据其工程性质可以分为一般土建工程预算、采暖通风工程预算、给排水工程预算、煤气工程预算、电气照明工程预算、弱电工程预算、特殊构筑物（例如炉窑等）工程预算和工业管道工程预算等。设备安装工程预算可划分为机械设备安装工程预算、电气设备安装工程预算以及热力设备安装工程预算等。

7.1.4 施工图预算的编制

1. 施工图预算的编制依据

1) 国家、行业和地方政府有关工程建设和造价管理的法律、法规和规定。

2) 经过批准和会审的施工图设计文件和有关标准图集。

3) 工程地质勘察资料。

4) 企业定额、现行建筑工程和安装工程预算定额和费用定额、单位估价表以及有关费用规定等文件。

　　5）材料与构配件市场价格和价格指数。

　　6）施工组织设计或施工方案。

　　7）经批准的拟建项目的概算文件。

　　8）现行的有关设备原价以及运杂费率。

　　9）建设场地中的自然条件和施工条件。

　　10）工程承包合同和招标文件。

　　2. 施工图预算的编制方法

　　（1）工料单价法

　　工料单价法指的是以分部分项工程的单价作为直接工程费单价，以分部分项工程量乘以相应分部分项工程单价后合计为单位直接工程费，直接工程费汇总后另加措施费、间接费、利润以及税金生成施工图预算造价。

　　按照分部分项工程单价产生的方法不同，工料单价法可划分成预算单价法和实物法。

　　1）预算单价法

　　预算单价法指的是采用地区统一单位估价表中的各分项工程的工料预算单价（基价）乘以对应的各分项工程的工程量，求和后得到包括材料费、人工费和施工机械使用费在内的单位工程直接工程费，措施费、间接费、利润和税金可以根据统一规定的费率乘以对应的计费基数得到，把上述费用汇总后得到该单位工程的施工图预算造价。

　　预算单价法编制施工图预算的基本步骤如下。

　　① 编制前的准备工作。编制施工图预算的过程就是明确具体确定建筑安装工程预算造价的过程。在编制施工图预算时，不但要严格遵守国家计价法规、政策，严格按图样计量，还要考虑施工现场条件因素，这是一项复杂的工作，也是一项政策性和技术性都很强的工作，因此，必须事前做好充分的准备。准备工作主要包括以下两大方面：一是组织准备；二是资料的收集和现场情况的调查。

　　② 熟悉图样和预算定额及单位估价表。图样是编制施工图预算的依据。熟悉图样不但要弄清图样的内容，还要对图样进行审核：图样间相关的尺寸是否有误，设备与材料表上的规格、数量是否与图示相符；详图、说明、尺寸及其他符号是否正确等。如果发现错误应及时纠正。以外，还要熟悉标准图以及设计变更通知（或类似文件），这些都是图样的组成部分，不能遗漏。通过熟悉图样，来了解工程的性质及系统的构成、设备和材料的规格型号及品种，以及有无新材料和新工艺的采用。

　　预算定额和单位估价表是编制施工图预算的计价标准，对它的适用范围、工程量计算规则及定额系数等都需要充分地了解，做到心中有数，才能准确又迅速的编制预算。

③ 了解施工组织设计和施工现场情况。在编制施工图预算前，要了解施工组织设计中影响工程造价的相关内容。如，各分部分项工程的施工方法，土方工程中余土外运所使用的工具和运距，施工平面图对建筑材料、构件等堆放点到施工操作地点的距离等，以正确计算工程量和套用或确定某些分项工程的基价。这对于正确计算工程造价，提高施工图预算的质量，有很重要的意义。

④ 划分工程项目和计算工程量。

a. 划分工程项目。划分的工程项目一定要与定额规定的项目相同，如此才能正确地套用定额。不可重复列项计算，也不能漏项少算。

b. 计算并整理工程量。必须按定额规定的工程量计算规则来计算，该扣除的部分要扣除，不该扣除的部分不能扣除。如果按照工程项目将工程量全部计算完以后，要对工程项目以及工程量进行整理，即合并同类项和按序排列，为套用定额、计算直接工程费以及进行工料分析打下基础。

⑤ 套单价（计算定额基价）。它指的是将定额子项中的基价填入预算表单价栏内，并把单价乘以工程量得出合价，将结果填入合价栏。

⑥ 工料分析。工料分析即按照分项工程项目，依据定额或单位估价表，计算出人工以及各种材料的实物的耗量，并把主要材料汇总成表。工料分析的方法如下：首先从定额项目表中分别将各分项工程消耗的每项材料以及人工的定额消耗量查出；再分别乘以该工程项目的工程量，得出分项工程工料消耗量，最后将各分项工程工料消耗量汇总，得出单位工程人工、材料的消耗数量。

⑦ 计算主材费（未计价材料费）。由于许多定额项目基价为不完全价格，也就是未包括主材费用。计算所在地定额基价费之后，还要计算出主材费，以便计算工程造价。

⑧ 按费用定额取费。它是指按相关规定计取措施费，并按当地费用定额的取费规定计取间接费、利润和税金等。

⑨ 计算汇总工程造价。

将直接费、间接费、利润和税金相加即为工程预算造价。

预算单价法施工图预算编制程序如图7-1所示。图中双线箭头表示施工图预算编制的主要程序。施工图预算编制依据的代号为：a、t、k、l、m、n、p、q、r。施工图预算编制内容的代号为：b、c、d、e、f、g、h、i、s、j。

2）实物法

用实物法编制单位工程施工图预算，指的是根据施工图计算的各分项工

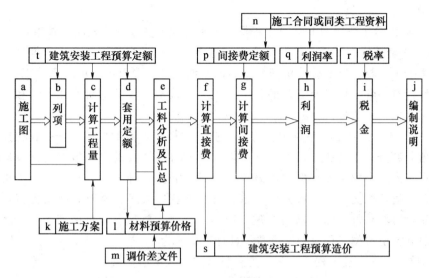

图 7-1　预算单价法施工图预算编制程序示意图

程量分别乘以地区定额中人工、材料以及施工机械台班的定额消耗量，并分类汇总得到该单位工程所需要的全部人工、材料以及施工机械台班消耗数量，接下来再乘以当时当地人工工日单价、各种材料单价和施工机械台班单价，计算出相应的人工费、材料费和机械使用费，再加上措施费，便可求出该工程的直接费。间接费、利润以及税金等费用计取方法与单价法相同。

单位工程直接工程费的计算可以按照下列公式计算：

$$人工费 = 综合工日消耗量 \times 综合工日单价 \qquad (7\text{-}1)$$
$$材料费 = \sum（各种材料消耗量 \times 相应材料单价）\qquad (7\text{-}2)$$
$$机械费 = \sum（各种机械消耗量 \times 相应机械台班单价）\qquad (7\text{-}3)$$
$$单位工程直接工程费 = 人工费 + 材料费 + 机械费 \qquad (7\text{-}4)$$

实物法的优点是可以比较及时地将反映各种材料、人工和机械的当时当地市场单价计入预算价格，不用调价，反映当时当地的工程价格水平。

实物法编制施工图预算的基本步骤如下。

① 编制前的准备工作。具体的工作内容同预算单价法相应步骤的内容。这时要全面地收集各种人工、材料以及机械台班的当时当地的市场价格，包含不同品种、规格的材料预算单价；不同工种、等级的人工工日单价；不同种类、型号的施工机械台班单价等。要求获得的各种价格内容全面、真实、可靠。

② 熟悉图样以及预算定额。该步骤与预算单价法相应步骤相同。

③ 了解施工组织设计和施工现场情况。该步骤与预算单价法相应步骤

相同。

④ 划分工程项目和计算工程量。该步骤与预算单价法相应步骤相同。

⑤ 套用定额消耗量，计算人工、材料以及机械台班消耗量。依据地区定额中人工、材料以及施工机械台班的定额消耗量，乘以各分项工程的工程量，分别计算出各分项工程需要的各类人工工日数量、各类材料消耗数量和各类施工机械台班数量。

⑥ 计算并且汇总单位工程的人工费、材料费和施工机械台班费。在计算出各分部分项程的各类人工工日数量以及材料消耗数量以及施工机械台班数量后。先按类别相加汇总求出该单位工程所需的各种人工、材料和施工机械台班的消耗数量，然后再分别乘以当时当地相应人工、材料和施工机械台班的实际市场单价，即可求出单位工程的人工费、材料费和机械使用费，最后汇总计算出单位工程直接工程费。其计算公式为：

单位工程直接工程费＝∑（工程量×定额人工消耗量×市场工日单价）

＋∑（工程量×定额材料消耗量×市场材料单价）

＋∑（工程量×定额机械台班消耗量×市场机械台班单价）　　（7-5）

⑦ 计算其他费用，汇总工程造价。针对于措施费、间接费、利润和税金等费用的计算，可以用和预算单价法相似的计算程序，只是相关费率是依据当时当地建设市场的供求情况确定。将直接费、间接费、利润和税金等汇总即是单位工程预算造价。

（2）综合单价法　综合单价法指的是分项工程单价综合了直接工程费及其以外的多项费用，它依据单价综合的内容不同可分成全费用综合单价和清单综合单价。

1）全费用综合单价

全费用综合单价指的是单价中综合了分项工程人工费、机械费、材料费，管理费、利润、规费及有关文件规定的调价、税金以及一定范围的风险等全部费用。用各分项工程量乘以全费用单价的合价汇总后，然后再加上措施项目的完全价格，即用单位工程施工图造价。其计算公式如下：

建筑安装工程预算造价＝∑（分项工程量×分项工程全费用单价）

＋措施项目完全价格　　（7-6）

2）清单综合单价

分部分项工程清单综合单价中综合了材料费、人工费、施工机械使用费、企业管理费、利润，并考虑到一定范围的风险费用，但是并不包括措施费、规费和税金，因此它是一种不完全单价。以各分部分项工程量乘以该综合单价的合价汇总后，再加上措施项目费、规费和税金后，就是单位工程的造价。其计算公式如下：

建筑安装工程预算造价＝Σ（分项工程量×分项工程不完全单价）

＋措施项目不完全价格＋规费＋税金 (7-7)

7.2 施工图预算的审查

7.2.1 审查施工图预算的意义

1）它有利于控制工程造价，克服、防止预算超概算。

2）它有利于加强固定资产投资管理，节约建设资金。

3）它有利于施工承包合同价的合理确定和控制。施工图预算对于招标工程来说是编制招标控制价的依据。对于不适合招标的工程来说，它又是合同价款结算的基础。

4）它有利于积累和分析各项技术经济指标，有利于提高设计水平。通过审查工程预算，核实了预算价值，为积累以及分析技术经济指标提供了准确数据，进一步通过有关指标的比较，找出设计中的薄弱环节，以利于及时改进，不断提高设计水平。

7.2.2 施工图预算的审查内容

审查施工图预算的重点，要放在工程量计算、预算单价套用以及设备材料预算价格取定是否正确，还有各项费用标准是否符合现行规定等方面。

1. 审查工程量

（1）土方工程需审查的工程量包括：

1）平整场地、挖地槽、挖地坑、挖土方工程量的计算是否与现行的定额计算规定相符以及施工图样标注尺寸，土壤类别是否与勘察资料一致，地槽与地坑放坡、带挡土板是否符合设计要求，有没有重算和漏算。

2）回填土工程量应该注意地槽、地坑回填土的体积是否除去了基础所占体积，地面和室内填土的厚度是否符合设计要求。

3）运土方的审查除了要注意运土距离，还要注意运土数量是否扣除了就地回填的土方。

（2）打桩工程需审查的工程量包括：

1）注意审查各种不同桩料，一定要分别计算，施工方法必须符合设计要求。

2）桩料长度必须符合设计要求，桩料长度若超过一般桩料长度需要接桩时，要注意审查接头数正确与否。

（3）砖石工程需审查的工程量包括：

1）墙基和墙身的划分是否符合规定。

2）不同厚度的内、外墙是否分开计算，要除去的门窗洞口和埋入墙体的各种钢筋混凝土梁、柱等是不是已经扣除。

3）不同砂浆强度等级的墙及按定额规定 m^3 或 m^2 计算的墙，是否有混淆、错算或漏算。

（4）混凝土及钢筋混凝土工程需审查的工程量包括：

1）现浇与预制构件是否分别计算，是否有混淆。

2）现浇柱与梁、主梁与次梁以及各种构件计算是不是符合规定，是否有重算或漏算。

3）有筋与无筋构件是否按设计规定分别计算，有无混淆。

4）若钢筋混凝土的含钢量和预算定额的含钢量产生差异，是否依规定进行增减调整。

（5）木结构工程需审查的工程量包括：

1）门窗是否分类，按门、窗洞口面积计算。

2）木装修的工程量是否按规定分别以延长米或平方米计算。

（6）楼地面工程需审查的工程量包括：

1）楼梯抹面是否按踏步和休息平台部分的水平投影面积计算。

2）若细石混凝土地面找平层的设计厚度和定额厚度不一致，是否按其厚度来换算。

（7）屋面工程需审查的工程量包括：

1）卷材屋面工程是否与屋面找平层工程量相等。

2）屋面保温层的工程量是否依据屋面层的建筑面积乘以保温层的平均厚度计算，及不做保温层的挑檐部分是否按规定不作计算。

（8）构筑物工程需审查的工程量包括：

当烟囱和水塔定额是以"座"编制时，地下部分已经包含在定额内，依据规定不可以再另行计算，应审查是否符合要求，有无重算。

（9）装饰工程需审查的工程量包括：

内墙抹灰的工程量是否按墙面的净高及净宽计算，有无重算或漏算。

（10）金属构件制作工程需审查的工程量包括：

金属构件制作工程量多数以"吨"为单位。计算的时候，型钢按图示尺寸求出长度，再乘以每米的重量；钢板要求计算出面积，然后乘以每平方米的重量。审查是否符合规定。

（11）水暖工程需审查的工程量包括：

1）室内外排水管道、暖气管道的划分是否符合规定。

2）各种管道的长度、口径是否按设计规定计算。

3）室内给水管道不应扣除阀门、接头零件的长度，但是要扣除卫生设备（浴盆、卫生盆、冲洗水箱、淋浴器等）自身附带的管道长度，审查是否符合要求，有无重算。

4）室内排水工程采用承插铸铁管，不能扣除异形管和检查口所占长度，应审查是否符合要求，有无漏算。

5）室外排水管道是否已经扣除了检查井和连接井所占的长度。

6）暖气片的数量是否与设计时一致。

（12）电气照明工程需审查的工程量包括：

1）灯具的种类、型号、数量是否与设计图一致。

2）线路的敷设方法、线材品种等，是否符合设计标准，工程量计算是否正确。

（13）设备及其安装工程需审查的工程量包括：

1）设备的种类、规格、数量是否符合设计，工程量计算是否正确。

2）需要安装的设备和不需要安装的设备是不是已经分清，是不是把不需安装的设备作为安装的设备计算在安装工程费用内。

2. 审查设备、材料的预算价格

设备、材料预算价格是施工图预算造价中比重最大，变化最大的内容，应当重点审查。

1）审查设备、材料的预算价格是不是符合工程所在地的真实价格和价格水平。如果采用市场价，要核实其真实性、可靠性；若采用有关部门公布的信息价，要注意信息价的时间、地点是否符合要求，是否要按规定调整。

2）设备、材料的原价确定方法正确与否。非标准设备的原价计价依据及方法是否正确、合理。

3）设备的运杂费率及其运杂费的计算正确与否，材料预算价格的各项费用的计算是否符合规定、有无差错。

3. 审查预算单价的套用

审查预算单价套用是否正确时应注意以下内容：

1）预算中所列各分项工程预算单价是否符合现行预算定额的预算单价，其名称、规格、计量单位及其含的工程内容是否与单位估价表一致。

2）审查换算的单价，首先要审查换算的分项工程是不是定额中允许换算的，其次审查换算是否正确。

3）审查补充定额以及单位估价表是否按照编制原则编制，单位估价表计算是否正确。

4. 审查有关费用项目及其计取

有关费用项目计取的审查，要注意以下内容：

1）措施费的计算是否符合有关的规定标准，间接费及利润的计取基础是否符合现行规定，有没有不可作为计费基础的费用列入到计费的基础。

2）预算外调增的材料差价是否计取了间接费。在直接工程费或人工费增减后，有关费用是否也做了相应调整。

3）有无巧立名目乱计费和乱摊费用现象。

7.2.3 施工图预算的审查方法

审查施工图预算的方法主要有全面审查法、分组计算审查法、标准预算审查法、对比审查法、重点抽查法、筛选审查法、利用手册审查法和分解对比审查法八种。

（1）全面审查法 它又称逐项审查法，指的是按预算定额顺序或施工的先后顺序，逐一、全面地进行审查的方法。它的具体计算方法和审查过程与编制施工图预算基本一致。它的优点是全面、细致，经审查的工程预算差错比较少，质量比较高；其缺点是工作量比较大。因此，在一些工程量比较小、工艺比较简单的工程中，编制工程预算的技术力量又比较薄弱的，采用全面审查法的比较多。

（2）标准预算审查法 它是指对于利用标准图样或通用图样施工的工程，首先集中力量，编制标准预算，以此作为标准审查预算的方法。按照标准图样设计或通用图样施工的工程一般上部结构和做法相同，可集中力量细审或编制一份预算，作为这种标准图样的标准预算，或用这种标准图样的工程量为标准，对照审查，针对局部不同部分作单独审查即可。其优点是时间短、效果好、好定案；缺点是只能用于按标准图样设计的工程，适用范围小。

（3）分组计算审查法 它是一种加快审查工程量速度的方法，指的是把预算中的项目划分为若干个组，并把相邻具有一定内在联系的项目编为一组，审查或计算同一组中某个分项工程量，用工程量间具有相同或相似计算基础的关系，判断出同组中其他几个分项工程量计算的准确程度的方法。

（4）对比审查法 它是用已建成工程的预算或虽然没有建成但已经审查修正的工程预算出对比审查拟建的类似工程预算的一种方法。一般有下述几种情况，应根据工程的不同条件，区别对待。

1）两个工程采用同一个施工图，但是基础部分与现场条件不同。其新建工程基础以上部分可采用对比审查法；不同部分可以分别采用相应的审查方法进行审查。

2）两个工程设计相同，但是建筑面积不同。根据两个工程建筑面积之比和两个工程分部分项工程量之比例基本相同的特点，可以审查新建工程各分部分项工程的工程量。或是用两个工程每平方米建筑面积造价以及每平方米建筑面积的各分部分项工程量，进行对比审查，如果基本一致，说明新建工程预算是正确的，反之，说明新建工程预算有问题，找出差错原因，加以更正。

3）两个工程的面积相同，但是设计图样不完全相同的，可将相同的部分，进行工程量的对比审查，不能对比的分部分项工程按图样计算。

（5）筛选审查法 它不仅是一种统筹法，也是一种对比方法。建筑工程虽的建筑面积和高度虽然不同，但它们的各个分部分项工程的工程量、造价、用工量在每个单位面积上的数值变化不大，把这些数据加以汇集，优选，总结为工程量、造价（价值）、用工三个单方基本值表，并注明其适用的建筑标准。这些基本值就像"筛子孔"，用来筛选各分部分项工程，筛除的就不审查了，剩下的就意味着此分部分项的单位建筑面积数值不在基本值范围之内，应对该分部分项工程详细地审查。若所审查的预算的建筑面积标准与"基本值"所适用标准不同，就要对其进行调整。

筛选法的优点是简单易懂，便于掌握，可以快速审查速度和发现问题。但是要解决差错、分析其原因时需继续审查。所以，此法适用于住宅工程或不具备全面审查条件的工程。

（6）重点抽查法 它是指抓住工程预算中的重点进行审查的方法。审查的重点一般是工程量大或造价较高和工程结构复杂的工程，补充单位估价表，计取的各项费用（计费基础、取费标准等）。其优点是重点突出、审查时间短、效果好。

（7）利用手册审查法 它是指把工程中常用的构件和配件，事先整理成预算手册，按手册对照审查的方法。如我们可以将工程常用的预制构件配件按标准图集计算出工程量，套上单价，编制成预算手册使用，能够大量简化预结算的编审工作。

（8）分解对比审查法 一个单位工程，按直接费与间接费进行分解，再把直接费按工种和分部工程进行解，分别与审定的标准预算进行对比分析的方法，称为分解对比审查法。其审查步骤如下。

第一步，全面审查某种建筑的定型标准施工图或重复使用的施工图的工程预算。经审定后作为审查其他类似工程预算的对比基础。并且将审定预算按照直接费与应取费用分解成两部分，再将直接费分解为各工种工程和分部工程预算，分别计算出每平方米预算价格。

第二步，把拟审的工程预算与同类型预算单方造价做对比，如果出入在1%～3%（根据本地区要求），再按照分部分项工程进行分解，边分解边对比，如果存在出入较大者，应进一步审查。

第三步，对比审查。其方法是：

1）经分析对比，若发现应取费用相差较大，要考虑建设项目的投资来源和工程类别及其取费项目和取费标准是否符合现行规定；如果材料调价相差较大，则应进一步审查《材料调价统计表》，将各种调价材料的用量、单位差价及其调增数量等进行对比。

2）经过分解对比，如果发现土建工程预算价格出入较大，首先审查其土方和基础工程，因为±0.00以下的工程通常相差较大。其次对比其余各个分部工程，若发现某一分部工程预算价格相差较大，进一步对比各分项工程或工程细目。对比时要先检查所列工程细目是否正确，预算价格是否相同。如果发现相差较大者，再进一步审查所套预算单价，最后审查该项工程细目的工程量。

7.2.4 施工图预算的审查步骤

（1）做好审查前的准备工作

1）熟悉施工图样。施工图是编审预算分项数量的重要依据，一定要全面的熟悉了解，核对所有图样，清点无误后，依次识读。

2）了解预算包括的范围。根据预算编制说明，熟悉预算包括的工程内容。如：配套设施、室外管线、道路以及会审图样后的设计变更等。

3）弄清预算采用的单位估价表。任何单位估价表或预算定额都有一定的适用范围，应该根据工程性质，搜集熟悉对应的单价和定额资料。

（2）选择合适的审查方法，按相应内容审查。因为工程规模和繁简程度不同，施工方法和施工企业情况不一样，而且工程预算和质量也就不同，因此，需选择适当的审查方法进行审查。

（3）调整预算。综合整理审查资料，并与编制单位交换意见，定案后编制调整预算。审查后有需要进行增加或核减的，与编制单位协商，统一意见后进行修正。

8 装饰装修工程竣工结算与竣工决算

8.1 工程竣工验收

8.1.1 工程竣工验收的概念

工程竣工验收是指由建设单位、施工单位和项目验收委员会,依据项目批准的设计任务书和设计文件,以及国家或部门颁发的施工验收规范以及质量检验标准为依据,依据一定的程序和手续,在项目建成并且试生产合格后(工业生产性项目),对工程项目的总体进行检验及认证、综合评价及鉴定的活动。它是建设工程的最后阶段。一个单位工程或一个建设项目在全部竣工后进行检查验收及交工,是建设、施工、生产准备工作进行检查评定的重要环节,也是对建设成果及投资效果的总检验。

8.1.2 工程竣工验收的内容

工程项目竣工验收的内容根据工程项目的不同而不同,一般包括工程资料验收和工程内容验收。

工程资料验收包括工程技术资料、工程综合资料及工程财务资料。

1. 工程技术资料验收内容

1)工程地质、水文、气象、地形、地貌、建筑物、构筑物以及重要设备安装位置勘察报告、记录。

2)初步设计、技术设计或扩大初步设计、关键的技术试验、总体规划设计。

3)土质试验报告和基础处理。

4)建筑工程施工记录、单位工程质量检验记录、管线强度、密封性试验报告、设备及管线安装施工记录以及质量检查、仪表安装施工记录。

5)设备试车、验收运转和维修记录。

6)产品的技术参数、性能、图样、工艺说明、工艺规程、技术总结、产品检验、包装及工艺图。

7)设备的图样和说明书。

8)涉外合同、谈判协议和意向书。

9)各单项工程以及全部管网竣工图等的资料。

2. 工程综合资料验收内容

项目建议书及批件、可行性研究报告及批件、项目评估报告、环境影响评估报告书和设计任务书。土地征用申报及批准的文件、承包合同、招标投标文件、施工执照、项目竣工验收报告和验收鉴定书。

3. 工程财务资料验收内容

1) 历年建设资金供应 (拨、贷) 情况和应用情况。

2) 历年批准的年度财务决算。

3) 历年年度投资计划和财务收支计划。

4) 建设成本资料。

5) 支付使用的财务资料。

6) 设计概算和预算资料。

7) 施工决算资料。

4. 工程内容验收

工程内容验收包括建筑工程验收以及安装工程验收。对于设备安装工程 (这里指民用建筑物中的给排水管道、暖气、煤气、通风和电气照明等安装工程),主要验收内容包括检查设备的规格、型号、数量和质量是否符合设计要求,检查安装时的材料、材质、材种,检查试压、闭水试验和照明工程等。

8.1.3 工程竣工验收的条件和依据

1. 竣工验收的条件

工程验收应当具备以下条件。

1) 完成建设工程设计和合同约定的各项内容。

2) 有完整的技术档案和施工管理资料。

3) 有工程使用的主要建筑材料、建筑构配件和设备的进场试验报告。

4) 有勘察、设计、施工和工程监理等单位分别签署的质量合格文件。

5) 有施工单位签署的工程保修书。

2. 竣工验收的标准

按照国家规定,工程项目竣工验收、交付生产使用,必须满足以下要求。

1) 生产性项目和辅助性公用设施,已按照设计要求完成,并且可以满足生产使用。

2) 主要工艺设备配套经联动负荷试车合格,形成生产能力,能够生产出设计文件所规定的产品。

3) 必要的生产设施,已按设计要求完成。

4) 生产准备工作能适应投产的需要。

5) 环境保护设施、劳动安全卫生设施、消防设施已按设计要求与主体工程同时建成使用。

6）生产性投资项目，例如工业项目的土建工程、安装工程、人防工程、管道工程和通信工程等的施工和竣工验收，必须按照国家和行业施工及验收规范执行。

3. 竣工验收的范围

1）国家颁布的建设法规规定，凡新建、扩建、改建的基本工程项目和技术改造项目（所有列入固定资产投资计划的工程项目或单项工程），已经按照国家批准的设计文件所规定的内容建成，符合验收标准，即工业投资项目经负荷试车考核，同时试生产期间能够正常地生产出合格产品，并且形成生产能力的；非工业投资项目符合设计要求，能够正常使用的，不管是属于哪种建设性质，都应及时组织验收，办理固定资产移交手续。有的工期较长、建设设备装置较多的大型工程，为了及时发挥其经济效益，对可以独立生产的单项工程，也可以按建成时间的先后顺序，分期、分批地组织竣工验收；对能生产中间产品的一些单项工程，不能提前投料试车，可以按照生产要求与生产最终产品的工程同步建成竣工后，再进行全部验收。另外，针对某些特殊情况，工程施工虽没有全部按设计要求完成，也应进行验收。这些特殊情况主要是由于少数非主要设备或某些特殊材料短期内不能提供，虽然工程内容尚未全部完成，但是已能够投产或使用的工程项目。

2）规定要求的内容已完成，但因外部条件的制约，如流动资金不足、生产所需原材料不能满足等，而使已建工程不能投入使用的项目。

3）有些工程项目或单项工程，已形成部分生产能力，但是近期内不能按原设计规模续建，要实际出发，经主管部门批准后，可缩小规模对已完成的工程和设备组织竣工验收，移交固定资产。

4. 竣工验收的依据

1）上级主管部门对该项目批准的各种文件。

2）可行性研究报告。

3）施工图设计文件以及设计变更洽商记录。

4）国家颁布的各种标准和现行的施工验收规范。

5）工程承包合同文件。

6）技术设备说明书。

7）建筑安装工程统一规定以及主管部门关于工程竣工的规定。

8）从国外引进的新技术和成套设备的项目以及中外合资工程项目，要按照签订的合同和进口国提供的设计文件等进行验收。

9）利用世界银行等国际金融机构贷款的工程项目，应按照世界银行规定，按时编制《项目完成报告》。

8.1.4 工程竣工验收的形式与程序

1. 工程项目竣工验收的形式

根据工程的性质和规模，工程项目竣工验收分为以下三种形式：

1）事后报告验收形式，对一些小型项目或单纯的设备安装项目适用。

2）委托验收形式，对一般工程项目，委托某个具备资格的机构为建设单位验收。

3）成立竣工验收委员会验收。

2. 工程项目竣工验收的程序

工程项目全部建成，经过各单项工程的验收满足设计的要求，且具备竣工图表、竣工决算和工程总结等必要的文件资料，由工程项目主管部门或建设单位向负责验收的单位提出竣工验收申请报告，依据程序验收。竣工验收的一般程序如下。

（1）承包商申请交工验收 承包商若完成了合同工程或按照合同约定可分步移交工程的，可以申请交工验收。竣工验收通常为单项工程，但是在某些特殊情况下也可以是单位工程的施工内容，如特殊基础处理工程、发电站单机机组完成后的移交等。承包商施工的工程达到竣工条件后，首先进行要预检验，对不符合要求的部位和项目，要确定修补措施及标准，修补有缺陷的工程部位；对于设备安装工程，要同甲方和监理工程师共同进行无负荷的单机和联动试车。承包商在完成上述工作和准备好竣工资料后，就可以向甲方提交竣工验收申请报告。一般由基层施工单位先进行自验、项目经理自验、公司级预验三个层开展行竣工验收预验收，也称竣工预验，为正式验收做好准备。

（2）监理工程师现场初验 施工单位通过竣工预验收，处理发现的问题进行处理后，决定正式提请验收，要向监理工程师提交验收申请报告，监理工程师审查验收申请报告，如果认为可以验收，就由监理工程师组成验收组，对竣工的工程项目进行初验。如果初验中发现有质量问题，要及时地书面通知施工单位，令其修理甚至返工。

3. 正式验收

正式验收是指由业主或监理工程师组织，由业主、设计单位、监理单位、施工单位以及工程质量监督站等参加的验收。工作程序如下。

1）参加工程项目竣工验收的各方对已竣工的工程进行目测检查以及逐一的核对工程资料所列内容是否齐备和完整。

2）举行各方参加的现场验收会议，由项目经理对工程的施工情况、自验情况以及竣工情况进行介绍，并提供竣工资料，包括竣工图和各种原始资料和记录。由项目总监理工程师通报工程监理中的主要内容，发表竣工验收的监理意见。业主根据在竣工项目目测中发现的问题，按照合同规定对施工单位提出限期处理的意见。暂时休会后，由质检部门会同业主及监理工程师讨论正式验收是否合格。然后复会，由业主或总监理工程师宣布验收结果，质检站人员宣布工程质量等级。

3）办理竣工验收签证书，三方签字盖章。

4. 单项工程验收

单项工程验收又称交工验收，也就是验收合格后业主方可投入使用。由业主组织的交工验收，要根据国家颁布的有关技术规范及施工承包合同，对以下几方面进行检查或检验。

1）检查、核实竣工项目，确保将要移交给业主的所有技术资料的完整性和准确性。

2）按照设计文件和合同，检查已完工程是否有漏项。

3）检查工程质量、隐蔽工程验收资料，主要部位的施工记录等，考察施工质量是否达到合同的要求。

4）检查试车记录以及试车中所发现的问题是否得到改正。

5）在交工验收中发现需要返工和修补的工程，明确规定完成期限。

6）其他涉及的有关问题。

经验收合格后，业主和承包商共同签署交工验收证书。然后由业主将有关技术资料、试车记录及报告以及交工验收报告一齐上报主管部门，经批准后该部分工程就可以投入使用。验收合格的单项工程，在全部工程验收时，原则上不再办理验收手续。

5. 全部工程的竣工验收

全部施工完成后由国家主管部门组织的竣工验收称作全部工程的竣工验收，也称动用验收。全部工程竣工验收分为验收准备、预验收和正式验收三个阶段。正式验收在自验的基础上，确保工程都符合验收标准，具备了交付使用的条件后，即可开始正式竣工验收工作。

1）发出《竣工验收通知书》。施工单位要于正式竣工验收之日10天内，向建设单位发送《竣工验收通知书》。

2）组织验收工作。工程竣工验收工作由建设单位邀请设计单位及其有关方面参加，与施工单位一起进行检查验收。国家重点工程的大型工程项目，由国家有关部门邀请有关方面参加，组成工程验收委员会，进行验收。

3）签发《竣工验收证明书》并且办理移交。在建设单位验收完毕并确认工程符合竣工标准和合同条款规定要求后，向施工单位签发《竣工验收证明书》。

4）进行工程质量评定。建筑工程按照设计要求和建筑安装工程施工的验收规范与质量标准进行质量评定验收。验收委员会或验收组在确定工程符合竣工标准和合同条款规定后，签发竣工验收合格证书。

5）整理各种技术文件材料，办理工程档案资料移交。在工程项目竣工验收前，有关单位应将所有技术文件进行系统的整理，由建设单位分类立卷；在竣工验收时，交生产单位统一保管，同时把与所在地区有关的文件交当地档案管理部门，以适应生产和维修的需要。

6）办理固定资产移交手续。在对工程检查验收完毕后，施工单位要向建设单位逐项办理工程移交以及其他固定资产移交手续，增强固定资产的管理，并应签认交接验收证书，办理工程结算手续。工程结算由施工单位提出，送建设单位审查无误后，由双方共同办理结算签认手续。工程结算手续办理完毕，除施工单位要承担保修工作（通常保修期为一年），另外，甲乙双方的经济关系和法律责任予以解除。

7）办理工程决算。整个项目完工验收后，并办完工程结算手续，要由建设单位编制工程决算，上报有关部门。

8）签署竣工验收鉴定书。竣工验收鉴定书是表示工程项目已经竣工，并已交付使用的重要文件，是全部固定资产交付使用及工程项目正式动用的依据，也是承包商对工程项目去除法律责任的证件。竣工验收鉴定书也包括：工程名称、地点、验收委员会成员、工程总说明、工程据以修建的设计文件、竣工工程是否与设计相符合、全部工程质量鉴定、总的预算造价和实际造价、结论，验收委员会对工程动用时的意见及要求等主要内容。

整个工程项目进行竣工验收后，业主应及时地办理固定资产交付使用手续。在进行竣工验收时，已验收过的单项工程可以不再办理验收手续，但应把单项工程交工验收证书作为最终验收的附件加以说明。

8.2　工程竣工结算

8.2.1　工程竣工结算的概念

竣工结算指的是承包人依照合同约定的内容完成全部工作，经过发包人或有关机构验收合格后，发承包双方依据约定的合同价款的确定以及调整、索赔等事项，最终计算和确定竣工项目工程价款的文件。

8.2.2　工程竣工结算的文件组成

1. 结算编制文件组成

1）工程结算文件通常应由封面、签署页、工程结算汇总表、单项工程结算汇总表、单位工程结算表和工程结算编制说明等组成。

2）工程结算文件的封面应包含工程名称、编制单位等内容。工程造价咨询企业接受委托编制的工程结算文件应在编制单位上签署企业执业印章。

3）工程结算文件的签署页应包含编制、审核、审定人员姓名及技术职称等内容，并应签署造价工程师或造价员执业或从业印章。

4）工程结算汇总表、单项工程结算汇总表、单位工程结算表等内容要详细编制。

5）工程结算编制说明可根据委托工程的实际情况，以单位工程、单项工程或建设项目为对象进行编制，并应说明以下内容。

① 工程概况。

② 编制范围。

③ 编制依据。

④ 编制方法。

⑤ 有关材料、设备、参数和费用说明。

⑥ 其他有关问题的说明。

6）工程结算文件提交时，受托人要一同提供与工程结算相关的附件，包括所依据的发承包合同调价条款、设计变更、工程洽商、材料及设备定价单、调价后的单价分析表等与工程结算相关的其他书面证明材料。

2. 结算审查文件组成

1）工程结算审查文件通常由封面、签署页、工程结算审查报告、工程结算审定签署表、工程结算审查汇总对比表、单项工程结算审查汇总对比表、单位工程结算审查对比表等组成。

2）工程结算审查文件的封面应包含工程名称、编制单位等内容。工程造价咨询企业接受委托编制的工程结算审查文件应在编制单位上签署企业执业印章。

3）工程结算审查文件的签署页应包含编制、审核、审定人员姓名及技术职称等内容，并应签署造价工程师或造价员执业或从业印章。

4）工程结算审查报告可依据该委托工程项目的实际情况，以单位工程、单项工程或建设项目为对象进行编制，并应说明以下内容：

① 概述。

② 审查范围。

③ 审查原则。

④ 审查依据。

⑤ 审查方法。

⑥ 审查程序。

⑦ 审查结果。

⑧ 主要问题。

⑨ 有关建议。

5）工程结算审定结果签署表由结算审查受托人编制，并由结算审查委托人、结算编制人以及结算审查受托人签字盖章，如果结算编制委托人与建设单位不一致，按工程造价咨询合同要求或结算审查委托人的要求在结算审定签署表上签字盖章。

6）工程结算审查汇总对比表、单项工程结算审查汇总对比表、单位工程结算审查对比表等内容应详细编制。

8.2.3　工程竣工结算的编制

1. 竣工结算的编制依据

1）工程结算编制的依据是编制工程结算时需要工程计量、价格确定、工程计价有关参数、率值确定的基础资料。

2）工程结算的编制依据主要有以下几个方面：

① 建设期内影响合同价格的法律、法规和规范性文件。

② 施工合同、专业分包合同急补充合同，有关资料、设备采购合同。

③ 与工程结算编制相关的国务院建设行政主管部门和各省、自治区、直辖市和有关部门发布的建设工程造价计价标准、计价方法、计价定额、价格信息、相关规定等计价依据。

④ 招标文件、投标文件。

⑤ 工程施工图或竣工图、经批准的施工组织设计、设计变更、工程洽商、索赔与现场签证，以及相关的会议纪要。

⑥ 工程材料及设备中标价、认价单。

⑦ 双方确认追加（减）的工程价款。

⑧ 经批准的开、竣工报告或停、复工报告。

⑨ 影响工程造价的其他相关资料。

2. 竣工结算的编制程序

1）工程结算编制应按准备、编制以及定稿三个工作阶段进行，并应实行编制人、审核人而后审定人分别署名盖章确认的编审签署制度。

2）工程结算编制准备阶段主要工作包括：

① 收集与工程结算相关的编制依据。

② 熟悉招标文件、投标文件、施工合同、施工图纸等相关资料。

③ 掌握工程项目发承包方式、现场施工条件、要采用的工程评价标准、定额、费用标准、材料价格变化等情况。

④ 对工程结算编制依据进行分类、归纳、整理。

⑤ 召集工程结算人员对工程结算有关的内容进行核对、补充和完善。

3）工程结算编制阶段主要工作包括：

① 根据工程施工图或竣工图和施工组织设计进行现场进行踏勘，并做好书面或摄影记录。

② 按招标文件、施工合同约定方式以及相应的工程量计算规则计算部分分项工程项目、措施项目或其他项目的工程量。

③ 按招标文件、施工合同规定的计价原则和计价办法对分部分项工程项目、措施项目或其他项目进行计价。

④ 对于工程量清单或定额缺项以及采用新材料、新设备、新工艺，要根据施工过程的合理消耗和市场价格，编制综合单价或单价估价分析表。

⑤ 工程索赔应按合同约定的索赔处理原则、程序以及计算方法，提出索赔费用。

⑥ 汇总计算工程费用，包括编制分部分项工程费、措施项目费、其他项目费、规费和税金，初步确定工程结算价格。

⑦ 编写编制说明。

⑧ 计算和分析主要技术经济指标。

⑨ 工程结算编制人编制编制工程结算的初步成果文件。

4）工程结算编制定稿阶段主要工作包括：

① 工程结算审核人对初步成果文件进行审核。

② 工程结算审定人对审核后的初步成果进行审定。

③ 工程结算编制人、审核人、审定人分别在工程结算成果文件上署名，并要签署造价工程师或造价员执业或从业印章。

④ 工程结算文件经编制、审核、审定后，工程造价咨询企业的法定代表人或其授权人在成果文件上签字或盖章。

⑤ 工程造价咨询企业在正式的工程结算文件上签署工程造价咨询企业执业印章。

5）工程结算编制人、审核人、审定人应各尽其职，其职责和责任分别为：

① 工程结算编制人员按其专业分别承担其工作范围内的工作结算有关编制依据收集、整理工作，编制对应的初步成果文件，并对其编制的成果文件质量负责。

② 工程审核人员应由专业负责人或技术负责人担任，审核其专业范围内的内容，并对其审核专业的工程结算成果文件的质量负责。

③ 工程审定人员应由专业负责人或技术负责人担任，审定其工程结算的全部内容，并对工程结算成果文件的质量负责。

3. 竣工结算的编制方法

1）采用工程量清单计价方式计价的工程，通常采用单价合同，应按工程量清单单价编制工程结算。

2）分部分项工程费应依据施工合同相关约定和实际完成的工程量、投标时的综合单价等进行计算。

3）工程结算编制时原招标工程量清单描述模糊或项目特征发生变化，以及变更工程、新增工程的综合单价应按下列方法确定：

① 合同中已有适用的综合单价，应按已有的综合单价确定。

② 合同中有类似的综合单价，可参照类似的综合单价确定。

③ 合同中没有适度或类似的综合单价，由承包人提出综合单价等，经发包人确认后执行。

4）工程结算编制时措施项目费要按照合同约定的项目和金额计算，发生变更、新增的措施项目，以发承包双方合同约定的计价方式计算，其中措施项目清单中的安全文明施工费用应按照国家或省级、行业建设主管部门的规定计算。施工合同中未约定措施项目费结算方法时，措施项目费可按以下方法结算：

① 与分部分项实体消耗相关的措施项目，要随该分部分项工程的实体工程量的变化，依据双方确定的工程量、合同约定的综合单价进行结算。

② 独立性的措施项目，应充分体现其竞争性，通常应固定的不变，按合同中相应的措施项目费用进行结算。

③ 与整个建设项目相关的综合取定的措施项目费用，可以参照投标时的取费基数及费率进行结算。

5）其他项目费应按以下方法进行结算：

① 计日工按发包人实际签证的数量和确认的事项进行结算。

② 暂估价中的材料单价按发承包双方最终的确认价在分部分项工程费中对相应综合单价进行调整，计入相应的分部分项工程费用。

③ 专业工程结算价应按中标价或发包人、承包人和分包人最终确认的分包工程价进行结算。

④ 总承包服务费应依据合同约定的结算方式进行结算。

⑤ 暂列金额应按合同约定计算实际发生的费用，并且分别列入相应的分部分项工程费、措施项目费中。

6）招标工程量清单漏项、设计变更、工程洽商等费用应依据施工图，还有发承包双方签证资料确认的数量和合同约定的计价方式进行结算，其费用列入相应的分部分项工程费或措施项目费中。

7）工程索赔费用应依据发承包双方确认的索赔事项以及合同约定的计价方式进行结算，其费用列入相应的分部分项工程费或措施项目费中。

8）规费和税金应按国家、省级或行业建设主管部门的规定计算。

8.2.4　工程竣工结算的审查

1）工程结算审查应按准备、审查及审定三个工作阶段进行，并实行审查编制人、审核人和审定人分别署名盖章确认的审核签署制度。

2）工程结算审查准备阶段主要包括以下工作内容：

① 审查工程结算书序的完备性及资料内容的完整性，对不符合要求的应退回，限时补正。

② 审查计价依据及资料与工程结算的相关性、有效性。

③ 熟悉施工合同、招标文件、投标文件、主要材料设备采购合同及相关文件。

④ 熟悉竣工图样或施工图样及施工组织设计、工程概况，以及设计变更、工程洽商和工程索赔情况等。

⑤ 掌握工程量清单计价规范、工程预算定额等和工程相关的国家和当地建设行政主管部门发布的工程计价依据及相关规定。

3）工程结算审查阶段主要包括以下工作内容：

① 审查工程结算的项目范围、内容与合同约定的项目范围、内容一致性。

② 审查分部分项工程项目、措施项目或其他项目工程量的计算准确性、工程量计算规则与计价规范保持一致性。

③ 审查分部分项综合单价、措施项目或其他的项目时要严格执行合同约定或现行的计价原则、方法。

④ 对于工程量清单或定额缺项及新材料、新工艺，应根据要按照施工过程中的合理消耗和市场价格，审核结算综合单价或单位估价分析表。

⑤ 审查变更签证凭证的真实性、有效性，核准变更工程费用。

⑥ 审查索赔是否依据合同约定的处理索赔原则、程序以及计算方法还有索赔费用的真实性、合法性、准确人。

⑦ 审查分部分项工程费、措施项目费、其他项目费或定额直接费、措施费、规费、企业管理费、利润及税金等结算价格时，要严格执行合同约定或相关费用计取标准及有关规定，并审查费用计取依据的时效性、相符性。

⑧ 提交工程结算审查初步成果文件，包含编制与工程结算相对应的工程结算审查对比表，待校对、复核。

4）工程结算审定阶段。

① 工程结算审查初稿编制完成后，要召开由工程结算编制人、工程结算审查委托人以及工程结算审查人共同参加的会议，听取意见，并进行合理的调整。

② 由工程结算审查人的部门负责人针对工程结算审查的初步成果文件进行检查校对。

③ 由工程结算审查人的审定人审核批准。

④ 发承包双方代表人或其授权委托人以及工程结算审查单位的法定代表人应分别在"工程结算审定签署表"上签认并加盖公章。

⑤ 对工程结算审查结论有分歧的，要在出具工程结算审查报告前至少组织两次协调会；如不能共同签认的，审查人可适时结束审查工作，并作出必要说明。

⑥ 在合同约定的期限内，向委托人提交经过工程结算审查编制人、校对人、审核人签署执业或从业印章，还有工程结算审查人单位盖章确认的正式工程结算审查报告。

5) 工程结算审查编制人、审核人、审定人的各自职责和任务分别为：

① 工程结算审查编制人员按其专业分别承担其工作范围内的工程结算相关编制依据的收集、整理工作，编制相应的初步成果文件，并对其编制的成果文件质量负责。

② 工程结算审查审核人员应由专业负责人或技术负责人担任，对其专业范围内的内容进行校对、复核，及对其审核专业内的工程结算审查成果文件的质量负责。

③ 工程结算审定审核人员应由专业负责人担任，对工程审查的全部内容进行审定，并对工程审查成果文件的质量负责。

8.3 工程竣工决算

8.3.1 工程竣工决算的概念

竣工决算是以实物数量及货币指标为计量单位，综合反映竣工项目从筹建到项目竣工交付使用对全部建设费用、投资效果以及财务情况的总结性文件，是竣工验收报告的重要组成部分。是正确核定新增固定资产价值，考核分析投资效果，建立健全经济责任制的依据，及反映建设项目实际造价和投资效果的文件。通过竣工决算，既可正确反映建设工程的实际造价和投资结果；又能通过竣工决算与概算、预算的对比分析，考核投资控制的工作成效，为工程建设提供重要的基础资料，提高未来工程建设的投资效益。

8.3.2 工程竣工决算的内容

建设项目竣工决算应包含从筹集到竣工投产全过程的全部实际费用，也就是包括建筑工程费、安装工程费、设备工器具购置费和预备费等费用。按财政部、发改委、住房和城乡建设部的有关文件规定，竣工决算是由竣工财务决算说明书、竣工财务决算报表、工程竣工图及工程竣工造价对比分析组成的。其中，竣工财务决算说明书及竣工财务决算报表两部分也称建设项目竣工财务决算，它是竣工决算的核心内容。

1. 竣工财务决算说明书

竣工财务决算说明书主要反映竣工工程建设成果和经验，它是对竣工决算报表进行分析及补充说明的文件，是全面考核分析工程投资及造价的书面总结，是竣工决算报告的重要组成部分，其主要内容包括：

1）建设项目概况，它是对工程总的评价。一般从进度、质量、安全及造价方面进行分析说明。进度方面主要表明开工和竣工时间，对照合理工期及要求工期分析是提前还是延期；质量方面主要依据竣工验收委员会或相当一级质量监督部门的验收评定等级、合格率和优良品率进行说明；安全方面主要根据劳动工资和施工部门的记录，对有无设备及人身事故进行说明；造价方面主要比照概算造价，说明节约或超支的状况，用金额和百分率进行分析说明。

2）资金来源及运用等财务分析。它主要包含工程价款结算、会计账务的处理、财产物资情况和债权债务的清偿情况。

3）基本建设收入、投资包干结余、竣工结余资金的上交分配情况。通过分析基本建设投资包干情况，说明投资包干数、实际支用数和节约额、投资包干节余的有机构成和包干节余的分配情况。

4）各项经济技术指标的分析，概算执行情况的分析，依据实际投资完成额与概算进行对比分析；新增生产能力的效益分析，要说明支付使用财产占总投资额的比例和占支付使用财产的比例，不提高固定资产的造价占投资总额的比例，分析有机构成和成果。

5）工程建设的经验及项目管理及财务管理工作和竣工财务决算中有待解决的问题。

6）需要说明的其他事项。

2. 竣工财务决算报表

建设项目竣工财务决算报表根据大、中型建设项目和小型建设项目分别制定。大、中型建设项目竣工决算报表包含：建设项目竣工财务决算审批表；大、中型建设项目概况表；大、中型建设项目竣工财务决算表；大、中型建设项目交付使用资产总表；建设项目交付使用资产明细表。小型建设项目竣工财务决算报表包含：建设项目竣工财务决算审批表、竣工财务决算总表和建设项目交付使用资产明细表等。

1）建设项目竣工财务决算审批表，如表 8-1 所示。它在竣工决算上报有关部门审批时使用，其格式是依据中央级小型项目审批要求设计的，地方级项目可依照审批要求作适当修改，大、中、小型项目都要按照下列要求填报此表。

① 表中"建设性质"按照新建、改建、扩建、迁建及恢复建设项目等分类填列。

② 表中"主管部门"是指建设单位的主管部门。

③ 所有建设项目都须经过开户银行签署意见后，依照有关要求进行报批：中央级小型项目由主管部门签署审批意见；中央级大、中型建设项目报所在地财政监察专员办事机构签署意见后，进一步由主管部门签署意见报财政部审批；地方级项目由同级财政部门签署审批意见。

④ 已具备竣工验收条件的项目，三个月内应尽快地填报审批表，如果三个月内不办理竣工验收及固定资产移交手续的视同项目已正式投产，其费用不得从基本建设投资中支付，其所实现的收入作为经营收入，不再作为基本建设收入。

表 8-1 建设项目竣工财务决算审批表

建设项目法人（建设单位）		建设性质	
建设项目名称		主管部门	

开户银行意见：

（盖章）
年 月 日

专员办审批意见：

（盖章）
年 月 日

主管部门或地方财政部门审批意见：

（盖章）
年 月 日

2）大、中型建设项目概况表见表 8-2。它综合反映了大、中型项目的基本情况，其内容包括该项目的总投资、建设起止时间、新增生产能力、主要材料消耗、建设成本、完成主要工程量及主要技术经济指标，给全面考核及分析投资的效果提供了依据，可以按下列要求填写：

表 8-2　大、中型建设项目概况表

建设项目（单项项目）名称				建设地址			项目	概算/元	实际/元	备注
主要设计单位				主要施工企业			建筑安装工程投资			
							设备、工具、器具			
占地面积	设计	实际	总投资/万元	设计	实际	基本建设支出	待摊投资			
							其中：建设单位管理费			
新增生产能力	能力（效益）名称			设计	实际		其他投资			
							待核销基建支出			
建设起止时间	设计	从　年　月开工至　年　月竣工					非经营项目转出投资			
	实际	从　年　月开工至　年　月竣工					合计			
设计概算批准文号										
完成主要工程量	建设规模				设备（台、套、吨）						
	设计	实际			设计	实际					
收尾工程	工程项目、内容		已完成投资额		尚需投资额		完成时间				

① 建设项目名称、建设地址、主要设计单位和主要承包人，按照全称填列。

② 表中各项目的设计、概算、计划等指标，按批准的设计文件和概算、计划等确定的数字填列。

③ 表中列出的新增生产能力、完成主要工程量的实际数据，根据建设单位统计的资料和承包人提供的有关成本核算资料填列。

④ 表中基建支出是指建设项目从开工起至竣工为止发生的所有基本建设支出，它包括形成资产价值的交付使用资产，如固定资产、流动资产、无形资产及其他资产支出，还包括不形成资产价值按照规定应核销的非经营项目的待核销基建支出及转出投资。上述支出，应按财政部门历年批准的基建投资表中的有关数据填列。根据财政部印发财基字〔1998〕4 号关于《基本建设财务管理若干规定》的通知，应注意以下几点内容：

a. 建筑安装工程投资支出、设备工器具投资支出、待摊投资支出和其他投资支出构成建设项目的建设成本。

b. 待核销基建支出指的是非经营性项目发生的例如江河清障、补助群众造林、水土保持、城市绿化、取消项目可行性研究费及项目报废等难以形成资产部分的投资。对于能够形成资产部分的投资，要计入交付使用资产价值。

c. 非经营性项目转出投资支出指的是非经营项目为项目配套的专用设施投资，它包括专用道路、专用通信设施、送变电站及地下管道等，它的产权不属于本单位的投资支出，对产权属于本单位的，要计入交付使用资产价值。

⑤ 表中"初步设计和概算批准文号"，依照最后经批准的日期和文件号填列。

⑥ 表中收尾工程指的是全部工程项目验收后尚遗留的少量工程，在表中应明确填写收尾工程的内容、完成时间及这部分工程的实际成本，结合实际情况进行估算并进行说明，完工后不再编制竣工决算。

3）大、中型建设项目竣工财务决算表见表 8-3。它也是一种竣工财务决算报表，大、中型建设项目竣工财务决算表是反映建设项目的全部资金来源和资金占用情况的，也是考核及分析投资效果的依据。它反映竣工的大、中型建设项目从开工到竣工全部资金来源及资金运用的情况，是考核和分析投资效果，落实结余资金，并作为报告上级核销基本建设支出及基本建设拨款的依据。编制此表前，要首先编制出项目竣工年度财务决算，根据编制出的竣工年度财务决算和历年财务决算编制项目的竣工财务决算。此表采用平衡表，即资金来源合计等于资金支出合计。具体编制方法如下：

表 8-3 大、中型建设项目竣工财务决算表

资金来源	金额	资金占用	金额	补充资料
一、基建拨款		一、基础建设支出		1）基建投资借款期末余额
1）预算拨款		1）交付使用资产		
2）基建资金拨款		2）在建工程		
其中：国债专项资金拨款		3）待核销基建支出		
3）专项建设资金拨款		4）非经营性项目转出投资		
4）进口设备转账拨款		二、应收生产单位投资借款		2）应收生产单位投资借款期末数
5）器材转账拨款		三、拨付所属投资借款		
6）煤代油专用资金拨款		四、器材		
7）自筹资金拨款		其中：待处理器材损失		
8）其他拨款		五、货币资金		
二、项目资本金		六、预付及应收款		3）基建结余资金
1）国家资本		七、有价证券		
2）法人资本		八、固定资产		
3）个人资本		固定资产原价		
三、项目资本公积金		减：累计折旧		
四、基建借款		固定资产净值		
其中：国债转贷		固定资产清理		
五、上级拨入投资借款		待处理固定资产损失		
六、企业债券资金				
七、待冲基建支出				
八、应付款				
九、未交款				
1）未交税金				
2）其他未交款				
十、上级拨入资金				
十一、留成收入				
合计		合计		

① 资金来源包括基建拨款、项目资本金、项目资本公积金、基建借款、上级拨入投资借款、企业债券资金、待冲基建支出、应付款及未交款以及上级拨入资金和企业留成收入等。

a. 项目资本金指的是经营性项目投资者依照国家有关项目资本金的规定，筹集并投入项目的非负债资金，项目竣工以后，便转成生产经营企业的国家

资本金、法人资本金、个人资本金以及外商资本金。

b. 项目资本公积金是指经营性项目投资者实际缴付的出资额高出其资金的差额（包括发行股票的溢价净收入）、资产评估确认价值或合同协议约定的价值和原账面净值的差额、接受捐赠的财产、资本汇率折算差额，其在项目建设期间作为资本公积金，项目建成交付使用并办理竣工决算后，转成生产经营企业的资本公积金。

c. 基建收入指的是基建过程中形成的各项工程建设副产品变价净收入、负荷试车的试运行收入以及其他收入，在表内它以实际销售收入扣除销售过程中产生的费用和税后的实际纯收入填写。

② 表中"交付使用资产""预算拨款""自筹资金拨款""其他拨款""项目资本金""基建投资借款"及"其他借款"等项目指的是自开工建设至竣工的累计数，以上有关指标要根据历年批复的年度基本建设财务决算及竣工年度的基本建设财务决算中资金平衡表对应项目的数字进行汇总填写。

③ 表中其余项目费用办理竣工验收时的结余数，按照竣工年度财务决算中资金平衡表的有关项目期末数填写。

④ 资金支出反映建设项目从开工准备到竣工全过程资金支出的情况，其内容有基建支出、应收生产单位投资借款、库存器材、货币资金、有价证券和预付及应收款以及拨付所属投资借款和库存固定资产等，资金支出总额应该等于资金来源总额。

⑤ 基建结余资金可以按以下公式计算：

基建结余资金＝基建拨款＋项目资本金＋项目资本公积金＋基建投资借款＋企业债券基金＋待冲基建支出－基本建设支出 －应收生产单位投资借款

(8-1)

4）大、中型建设项目交付使用资产总表见表 8-4。它反映建设项目建成后新增固定资产、流动资产、无形资产及其他资产价值的情况和价值，作为财产交接、检查投资计划完成情况和分析投资效果的依据。小型项目不编制交付使用资产总表，直接编制交付使用资产明细表，大、中型项目在编制交付使用资产总表的同时，还要编制交付使用资产明细表，大、中型建设项目交付使用资产总表具体编制方法如下：

表 8-4　大、中型建设项目交付使用资产总表

序号	单项工程项目名称	总计	固定资产				流动资产	无形资产	其他资产
			合计	建安工程	设备	其他			

交付单位：　　　　负责人：　　　　　接收单位：　　　　负责人：

盖　章　　　　年 月 日　　　　盖　章　　　　年 月 日

① 表中各栏目数据按照交付使用明细表的固定资产、流动资产、无形资产及其他资产的各项相应项目的汇总数分别填写，表为总计栏的总计数应该与竣工财务决算表中的交付使用资产的金额相同。

② 表中第 3 栏、第 4 栏，第 8、9、10 栏的合计数，要分别与竣工财务决算表交付使用的固定资产、流动资产、无形资产及其他资产的数据相符。

5）建设项目交付使用资产明细表见表 8-5。它反映交付使用的固定资产、流动资产、无形资产及其他资产及其价值的明细情况，其是办理资产交接和接收单位登记资产账目的依据，也是使用单位建立资产明细账及登记新增资产价值的依据。大、中型和小型建设项目都要编制该表。编制时要做到齐备完整，数字精准，各栏目价值应当与会计账目中相应科目的数据一致。建设项目交付使用资产明细表具体编制方法如下：

表 8-5　建设项目交付使用资产明细表

单项工程名称	建筑工程			设备、工具、器具、家具						流动资产		无形资产		其他资产	
	结构	面积/m²	价值/元	名称	规格型号	单位	数量	价值/元	设备安装费/元	名称	价值/元	名称	价值/元	名称	价值/元

① 表中"建筑工程"项目要依据单项工程名称填列其结构、面积和价值。其中"结构"按照钢结构、钢筋混凝土结构、混合结构等结构形式填写；面积需按照各项目实际完成面积填列；价值按照交付使用资产的实际价值填写。

② 表中"固定资产"部分要在逐项盘点后，依据盘点实际情况填写，工具、器具和家具等低值易耗品可以分类填写。

③ 表中"流动资产""无形资产"及"其他资产"项目应根据建设单位实际交付的名称和价值分别填列。

6）小型建设项目竣工财务决算总表见表8-6。因为小型建设项目内容比较简单，所以可将工程概况与财务情况合并编制一张竣工财务决算总表，此表主要体现小型建设项目的全部工程和财务情况。在具体编制时可参照大、中型建设项目概况表中指标和大、中型建设项目竣工财务决算表相应指标内容填写。

表 8-6　小型建设项目竣工财务决算总表

建设项目名称			建设地址			资金来源		资金运用	
初步设计概算批准文件						项目	金额/元	项目	金额/元
占地面积	计划	实际	总投资/万元	计划	实际	一、基建拨款，其中：预算拨款		一、交付使用资产	
				固定资产	流动资金	固定资产	流动资金	二、项目资本金	二、待核销基建支出	
								三、项目资本公积金	三、非经营项目转出投资	
新增生产力	能力（效益）名称		设计	实际		四、基建借款		四、应收生产单位投资借款	
						五、上级拨入借款			
建设起止时间	计划		从　年　月开工至　年　月竣工			六、企业债券资金		五、拨付所属投资借款	
	实际		从　年　月开工至　年　月竣工			七、待冲基建资金		六、器材	

续表

建设项目名称		建设地址		资金来源	资金运用
	项目	概算/元	实际/元	八、应付款	七、货币资金
	建筑安装工程			九、未付款，其中包括：未交基建收入、未交包干收入	八、预付及应收款
	设备、工具、器具				九、有价证券
基建支出	待摊投资其中：建设单位管理费			十、上级拨入资金	十、原有固定资产
	其他投资			十一、留成收入	
	待核销基建支出				
	非经营性项目转出投资				
	合计			合计	合计

3. 建设工程竣工图

建设工程竣工图指的是真实地记录各种地上、地下建筑物、构筑物等情况的技术文件，是工程进行交工验收、维护、改建和扩建的依据，也是国家的重要技术档案。全国各建设、设计、施工单位及各主管部门都要认真地做好竣工图的编制工作。国家规定：各项新建、扩建及改建的基本建设工程，尤其是基础、地下建筑、管线、结构、井巷、桥梁、隧道、港口、水坝及设备安装等隐蔽部位，都需编制竣工图。为确保竣工图质量，必须在施工过程中及时地做好隐蔽工程检查记录，整理好设计变更文件。编制竣工图的形式和深度，视具体情况区别对待，其具体要求如下：

1) 凡按图竣工没有变动的，由承包人（包含总包和分包承包人，下同）在原施工图上加盖"竣工图"标志后，作为竣工图。

2) 凡在施工过程中，虽有一般性设计变更，但能把原施工图加以修改补充作为竣工图的，可以不用新绘制；由承包人负责在原施工图（必须是新蓝图）上注明修改的部分，并附上设计变更通知单和施工说明，加盖"竣工图"标志后，作为竣工图。

3) 凡结构形式、施工工艺、平面布置和项目改变以及其他重大改变，不宜再在原施工图上修改和补充时，要重新绘制改变后的竣工图。如果是原设计的原因，由设计单位负责重新绘制；由施工原因造成的，由承包人负责重新绘图；由其他原因引起的，由建设单位自行绘制或委托设计单位绘制。承包人负责在新图上加盖"竣工图"标志，并附上有关记录和说明，作为竣工图。

4）为了满足竣工验收和竣工决算需要，还要绘制反映竣工程全部内容的工程设计平面示意图。

（5）如果重大的改建和扩建工程项目涉及原有工程项目变更时，应把相关项目的竣工图资料统一整理归档，并在原图案卷内增补必要的说明。

4. 工程造价对比分析

对控制工程造价所采取的措施、效果和其动态的变化需要进行认真地对比总结。批准的概算是考核建设工程造价的依据。分析时，可先对比整个项目的总概算，然后将建筑安装工程费、设备工器具费以及其他工程费用逐一地与竣工决算表中所提供的实际数据和相关资料及批准的概算、预算指标、实际的工程造价进行对比分析，来确定竣工项目总造价是节约还是超支，并在对比基础上，总结经验，找出节约和超支的内容和原因，并提出改进措施。在实际工作中，主要应分析以下内容：

1）主要实物工程量。对于实物工程量出入较大的情况，必须查明原因。

2）主要材料消耗量，考核主要材料消耗量，要依照竣工决算表中所列明的三大材料实际超概算的消耗量，查出是在工程的哪个环节超出量最大，进而查明超耗的原因。

3）考核建设单位管理费、措施费和间接费的取费标准。建设单位管理费、措施费和间接费的取费标准应该按照国家和各地的有关规定，根据竣工决算报表中所列的建设单位管理费与概预算所列的建设单位管理费数额进行比较，根据规定查明多列或少列的费用项目，确定其节约超支的数额，并且查明原因。

8.3.3　工程竣工决算的编制

1. 竣工决算的编制依据

1）经批准的可行性研究报告、投资估算书，初步设计或扩大初步设计，修正总概算及其批复文件。

2）经批准的施工图设计及施工图预算书。

3）设计交底或图样会审会议纪要。

4）设计变更记录、施工记录或施工签证单及其他施工发生的费用记录。

5）招标控制价，承包合同和工程结算等有关资料。

6）历年基建计划、历年财务决算以及批复文件。

7）设备、材料调价文件和调价记录。

8）有关财务核算制度、办法和其他有关资料。

2）竣工决算的编制要求

为了严格地执行建设项目竣工验收制度，正确核定新增固定资产价值，考核分析投资效果，建立健全经济责任制，全部新建、扩建和改建等建设项目竣工后，都应该及时、完整、正确地编制好竣工决算。建设单位要做好以下工作。

1）按照规定组织竣工验收，保证竣工决算的及时性。竣工结算是对建设工程的全面考核。所有的建设项目（或单项工程）依照批准的设计文件所规定的内容建成后，具有投产和使用条件后，都要及时地组织验收。对于竣工验收中发现的问题，应尽快地查明原因，采取措施解决，以保证建设项目准时交付使用并及时编制竣工决算。

2）积累和整理竣工项目资料，保证竣工决算的完整性。因此，在建设过程中，建设单位必须随时收集项目建设的各种资料，并在竣工验收前，对各种资料进行系统的整理，分类立卷，为编制竣工决算提供完整的数据资料，为投产后加强固定资产管理提供依据。在工程竣工时，建设单位应把各种基础资料与竣工决算一起移交给生产单位或使用单位。

3）清理和核对各项账目，保证竣工决算的正确性。在工程竣工后，建设单位要认真地核实各项交付使用资产的建设成本；做好各项账务、物资以及债权的清理结余工作，应偿还的要及时偿还，应收回的要及时收回，对各种结余的材料、设备和施工机械工具等，需逐项核实，妥善保管，依照国家有关规定进行处理，不得任意侵占；对竣工后的结余资金，要按照规定上交财政部门或上级主管部门。完成上述工作，核实了各项数字的后，正确地编制从年初起到竣工月份止的竣工年度财务决算，以利于根据历年的财务决算和竣工年度财务决算进行整理汇总，编制建设项目决算。

按照规定，竣工决算应在竣工项目办理验收交付手续后的一个月内编好，并且上报主管部门，有关财务成本部分，还要该送经办行审查签证。主管部门和财政部门对报送的竣工决算审批后，建设单位便可办理决算调整和结束有关工作。

3. 竣工决算的编制步骤

1）收集、整理和分析有关依据资料。在编制竣工决算文件之前，要全面地整理所有的技术资料、工料结算的经济文件、施工图样和各种变更与签证资料，并且分析它们的准确性。资料的完整、齐全是准确快速地编制竣工决算的必要条件。

2）清理各项财务、债务和结余物资。在收集、整理和分析有关资料时，要十分注意建设工程从筹建到竣工投产或使用中全部费用的各项账务，债权和债务的清理，要做到工程完毕账目清晰，要核对账目，同时还要查点库存实物的数量，做到账与物相等，账与账相符，对结余的各种材料、工器具和设备，需逐项清点核实，妥善管理，并按规定及时处理，收回资金。对各种往来款项要及时地进行全面清理，为编制竣工决算提供准确的数据和结果。

3）核实工程变动情况。重新核实各单位工程以及单项工程造价，将竣工资料与原设计图样进行核对。必要时可实地测量，确认实际变更情况；根据经审定的承包人竣工结算等原始资料，依据有关规定对预算进行增减调整，重新核定工程造价。

4）编制建设工程竣工决算说明。依据建设工程竣工决算说明的内容要求，根据编制依据材料填写在报表中的结果，来编写文字说明。

5）填写竣工决算报表。按照建设工程决算表格中的内容，根据编制依据中的有关资料进行统计、计算各个项目及数量，并把其结果填写到相应表格的栏目内，完成所有报表的填写。

6）做好工程造价对比分析。

7）清理和装订好竣工图。

8）上报主管部门审查、存档。

将上述编写的文字说明和填写的表格经核对无误后装订成册，即是建设工程竣工决算文件。将文件上报主管部门审查，并把其中财务成本部分送交开户银行签证。竣工决算在上报主管部门的同时，抄送有关设计单位。大、中型建设项目的竣工决算还要抄送财政部、建设银行总行以及省、自治区、直辖市的财政局和建设银行分行各一份。建设工程竣工决算的文件，是由建设单位负责组织人员编写，要在竣工建设项目办理验收使用一个月之内完成。

参考文献

[1] 中华人民共和国住房和城乡建设部. 建设工程工程量清单计价规范 GB 50500—2013［S］. 北京：中国计划出版社，2013.

[2] 中华人民共和国住房和城乡建设部. 房屋建筑与装饰工程工程量计算规范 GB 50854—2013［S］. 北京：中国计划出版社，2013.

[3] 中华人民共和国住房和城乡建设部. 全国统一建筑装饰装修工程消耗量定额 GYD—901—2002［S］. 北京：中国计划出版社，2005.

[4] 中华人民共和国建设部. 全国统一建筑工程预算工程量计算规则（土建工程）GJDGZ—101—95［S］. 北京：中国计划出版社，2002.

[5] 中华人民共和国建设部. 全国统一建筑工程基础定额（土建工程）GJD—101—95［S］. 北京：中国计划出版社，2002.

[6] 中华人民共和国建设部. 建筑工程建筑面积计算规范 GB/T 50353—2005［S］. 北京：中国计划出版社，2005.

[7] 中华人民共和国住房和城乡建设部. 总图制图标准 GB/T 50103—2010［S］. 北京：中国建筑工业出版社，2011.

[8] 中华人民共和国住房和城乡建设部. 建筑制图标准 GB/T 50104—2010［S］. 北京：中国计划出版社，2011.

[9] 中华人民共和国住房和城乡建设部. 房屋建筑制图统一标准 GB/T 50001—2010［S］. 北京：中国建筑工业出版社，2011.

[10] 赵莹华. 装饰装修工程造价员速学手册（第二版）［M］. 北京：知识产权出版社，2011.

[11] 杜贵成. 装饰装修工程造价［M］. 北京：中国电力出版社，2012.

[12] 张毅. 装饰装修工程识图与工程量清单计价［M］. 哈尔滨：哈尔滨工业大学出版社，2012.